再生能源與
永續性設計

Renewable Energy & Sustainable Design

Scott Grinnell 著

周仁祥・許志明 譯

Australia • Brazil • Mexico • Singapore • United Kingdom • United States

```
再生能源與永續性設計 / Scott Grinnell著；周仁祥
    許志明譯. -- 初版. -- 臺北市：新加坡商聖智學習,
    2017.05
        面；  公分
    譯自：Renewable Energy & Sustainable Design
    ISBN 978-986-94626-2-4 (平裝)

    1.綠建築  2.能源技術

441.577                            106005347
```

再生能源與永續性設計

© 2017 年，新加坡商聖智學習亞洲私人有限公司台灣分公司著作權所有。本書所有內容，未經本公司事前書面授權，不得以任何方式（包括儲存於資料庫或任何存取系統內）作全部或局部之翻印、仿製或轉載。

© 2017 Cengage Learning Asia Pte. Ltd.

Original: Renewable Energy & Sustainable Design, 1e
    By Scott Grinnell
    ISBN: 9781111542702
    ©2016 Cengage Learning
    All rights reserved.

1 2 3 4 5 6 7 8 9 20 19 8 7

出 版 商	新加坡商聖智學習亞洲私人有限公司台灣分公司
	10448 臺北市中山區中山北路二段 129 號 3 樓之 1
	http://cengageasia.com
	電話：(02) 2581-6588 傳眞：(02) 2581-9118
原　　著	Scott Grinnell
譯　　者	周仁祥・許志明
總 經 銷	台灣東華書局股份有限公司
	地址：100 臺北市中正區重慶南路一段 147 號 3 樓
	http://www.tunghua.com.tw
	郵撥：00064813
	電話：(02) 2311-4027
	傳眞：(02) 2311-6615
出版日期	西元 2017 年 5 月　初版一刷

ISBN 978-986-94626-2-4

(17CMS0)

譯者序

由於核能發電的安全疑慮及石化燃料發電的空汙問題，以目前的科技尚無法得到妥善的解決，所以代表潔淨能源的太陽能、風力、生質能、潮汐能，以及地熱等發電方式已經逐漸獲得世界各國重視。我國政府也在近日宣布再生能源將於未來扮演國內發電的重要角色，以取代危險的核能發電。

但是好的政策也需要全民認同與支持方能成功，而全民認同的基礎就在於知識的認知。鑒於國內缺乏再生能源的相關中文書籍，遂起翻譯一本適合專業人士及一般民眾參考的全民工具書，期盼對於國內再生能源的發展有所助益。

本書以 Scott Grinnell 博士所著 Renewable Energy and Sustainable Design 一書為基礎，並加入國內相關能源法規資料，務期更臻完善。本書從綠建築簡介開始，舉凡建築材料、能源形式，以及基本電學等知識深入淺出，就算是非專業人士也可一窺堂奧。另外，Grinnell 博士也在太陽能、風力、生質能、潮汐能，以及地熱等各章節中加入美國相關再生能源發展的個案研究，讓專業人士也能輕鬆地吸取相關經驗，實為不可多得的參考工具書。

本翻譯工作得以順利完成，首先要感謝東華書局儲方經理的鼓勵，他在高品質圖書出版上的努力令人十分感動。也要謝謝東華書局出版團隊，他們細心的編校使得本書的可讀性更高。然譯者才疏學淺，誤謬之處在所難免，尚祈先進們不吝指教。

周仁祥博士
許志明博士
謹識於國立臺北科技大學
2017 年 3 月 20 日

譯者簡介

周仁祥博士

學歷：
- 國立臺北科技大學電機博士
- 國立臺北科技大學電機碩士
- 國立臺北科技大學技職教育碩士
- 國立臺灣科技大學電機學士

經歷：
目前任職於國立臺北科技大學電機系，曾先後任教於龍華、景文及東南等科技大學的電機及電子科系

許志明博士

學歷：
- 國立臺灣大學電機博士
- 國立交通大學電機碩士
- 國立臺灣科技大學電機學士

經歷：
目前為國立臺北科技大學機械系助理教授

目錄 Contents

01 再生能源及永續性設計

簡介	1
綠建築的原理	3
居住舒適	4
居住者健康	5
能量	6
資源	9
長壽	11
環境影響	11
建築物選址	12
氣候注意事項	13
本章總結	16
複習題	17

02 建築材料

簡介	19
處理過的木材	23
複合板	23
屋頂	24
壁板	28
地板	30
熱的傳播與隔熱	34
熱量傳播	34
常見的隔熱種類	37

窗戶	42
常見的窗戶種類	42
窗戶性能	44
本章總結	55
複習題	56
練習題	57

03 被動式太陽能設計

簡介	59
太陽於不同季節及每日的軌道路徑	60
被動式太陽能設計	64
透光	66
吸熱表面	66
熱質量	66
熱分佈	67
控制機制	67
被動式太陽能系統的類型	69
直接增益	70
間接增益	71
熱虹吸管	72
日光空間	74
主動式系統	77
被動式太陽能住宅的內部空間	80
本章總結	81

複習題	82
練習題	83

04 替代性建造

簡介	85
常見形式	87
土磚	88
捏土	89
積木式建造	91
沙包	92
夯土輪胎	94
稻草捆	99
本章總結	102
複習題	105
練習題	106

05 能量

簡介	109
太陽能	109
潮汐能	111
地熱能	112
各類能量的形式	113
動能	113
重力勢能	114
電能	114
核能	115
能源轉換	116
傳統發電	118
再生能源	119
基本電學	121
歐姆定律	122
電力和能量	122
標準單位	122
交直流	125
太陽能資源	125
太陽高度角	125
遮蔽	128
本章總結	129
複習題	130
練習題	130

06 太陽能熱水器

簡介	133
太陽能熱水器的種類	135
整體式收集儲存	136
熱虹吸管	138
開環式直接系統	139
閉環式加壓	141
回排	142
集熱器的種類	144
平板集熱器	144
真空管集熱器	145
性能比較	146
安裝選項	147
太陽能熱水器系統的大小	150
工業熱水系統	153
本章總結	155
複習題	156
練習題	156

07 太陽能電力

簡介	159
光伏效應	161
矽太陽能電池	162

單晶矽電池	163
多晶矽電池	164
非晶電池	165
對效率的限制	166
非矽太陽能電池	167
光伏發電	168
串聯/並聯連接	168
額定輸出功率	169
光伏系統	170
光伏陣列安裝選項	172
調整光伏系統	176
太陽能資源	176
連網系統	177
離網系統	180
守恆	184
太陽熱能發電	185
拋物線槽	186
太陽能塔	187
本章總結	188
複習題	189
練習題	189

08 風力

簡介	193
駕馭風力	195
風之力	198
風力品質	201
現代風力渦輪	202
軸心水平型風力渦輪	204
軸心垂直型風力渦輪	205
運作限制	207
選址	209
環境影響	210

本章總結	216
複習題	217
練習題	217

09 水力

簡介	219
來自水的力量	221
現代水渦輪機	224
反應渦輪機	225
衝擊式渦輪機	226
水力發電系統	227
微型水力	229
商業水力發電	232
環境影響	233
本章總結	236
複習題	237
練習題	237

10 生質能

簡介	239
光合作用	240
生質能能源	241
生質能的直接燃燒	242
垃圾焚化發電	243
穀物廢料發電	245
生質能的生物轉換	246
厭氧消化	246
發酵作用	249
生質能的熱轉換 (乾餾)	251
木炭生產	251
氣化	252
液態燃料熱解	253

熱轉換摘要	254	本章總結	284
化學轉換生質能	255	複習題	285
能源作物種植	257	練習題	285
本章總結	259		
複習題	260		
練習題	261		

附錄

11 非太陽能之再生能源

簡介	263	附錄一：能源發展綱領(核定本)	289
潮汐能	263	附錄二：能源發展綱領(101年核定版)架構	293
潮汐壩	266	附錄三：能源發展綱領(修正草案)	294
水下渦輪機	269	附錄四：能源發展綱領(修正草案)架構	299
地熱能	273	附錄五：能源管理法	300
地熱的來源和取用	274	附錄六：永續能源政策綱領(核定本)	306
發電	277		
直接供熱	281	附錄七：再生能源發展條例	309
環境影響	281		
新興技術	281	索引	315

再生能源及永續性設計

Chapter 1

Courtesy of Scott Grinnell.

簡介

　　自最早的文明以來，作為家庭、寺廟和商業中心的建築物一直是人類生存的重要議題。早期人們透過修改天然庇護所開始 (圖 1.1)。後來，人們從當地現有材料修建簡單的結構 (圖 1.2 和圖 1.3)。隨著資源變得更加廣泛分佈和所製造的產品普及，建築物變得更大，並且更複雜 (圖 1.4)。其結果是，建築物對環境產生越來越大的影響，因此需要更多的資源和能量來建構及運作。目前的許多建築被開發時，石化燃料是廉價且豐富的，但是這種條件並不會延續到未來。

　　如今，在美國，有超過 7600 萬棟住宅建築和 500 萬棟商業建築物。每年，平均而言，美國建構超過 100 萬的新家園。[1] 這些房屋建造與營運的方式深深地影響著人類健康和環境的健康 (圖 1.5)。建築需要能量和資源來建構與運作，資源則必須開採取得，而這些資源的提取卻會影響我們的環境和生活品質。

　　綠建築 (green building) 是負責任且可持續性建造的努力成果。隨著人口的增加及可用的自然資源枯竭，綠建築的實現對於個人、社區的健康和全球環境而言變得日益重要。

圖 1.1　800 餘年前，阿納薩齊 (Anasazil) 印地安人精心建造朝南的懸崖住宅。就地取石材、木材，以及土磚來建構，這些庇護所 (包括烏特山部落公園) 讓人感到愉悅冬季溫暖陽光，並擋住了炎熱的夏季太陽。資料來源：David Parsons/NREL.

再生能源與永續性設計

圖 1.2 平地印地安人使用原生杉木桿和水牛皮建造帳篷。平地印地安人經常遷移,可以在不到一個小時拆卸、包裝他們的帳篷。資料來源:Library of Congress, Prints & Photographs Division, LC-USZ62-104919.

圖 1.3 傳統的小木屋使用當地的建材,對環境影響最小。資料來源:Library of Congress, Prints & Photographs Division, photograph by Carol M. Highsmith, LC-USZ62-104919.

圖 1.4 紐約市的摩天大樓所使用的建築材料,如鋼鐵、玻璃、塑料和混凝土,常常需開採、加工,並從偏遠地區運送過來。現代建築的建造比傳統建築需要消耗更多能量和資源。資料來源:U.S. Department of Housing and Urban Development.

2

圖 1.5　位於西北太平洋地區上的住房發展，經常是在未經仔細考慮設計、原料使用或做環境影響的評估下進行。這些錯誤可能危及居住者的健康和居住的舒適性，並威脅到寶貴的生態系統，降低整個社區的生活品質。Courtesy of John Marzluff.

綠建築的原理

綠建築最大限度地減少資源的消耗和對環境中的有害影響，並建造人們的健康生活空間。創建綠建築結構需要一個全面的方法，其中的綠色元素深深地嵌入設計中，並於建造之前有深遠的構思。這是透過適當地選址、用地、設計、選材、施工技術、運作和維護來實現的。使建築物成為綠色的特性取決於當地的氣候、現有的基礎設施、可用資源等。建築必須考慮其生態和文化，而不是作為單獨的項目加以考慮。建築物在某一地區可以考慮建造成為綠建築，而另一地區可能就沒有辦法。

綠建築不會強調一個特定的設計或施工方法，也沒有與標準建設方式有所不同。綠建築不一定是先進技術或昂貴的建構。綠建築只是減少了資源的使用和環境的影響，同時替人們建構舒適的空間。所有的綠建築結構遵循六項指導原則。綠建築必須是：

- 對居住者而言是舒適的 (comfortable)，
- 對居住者而言是健康的 (healthful)，
- 高效節能 (energy efficient)，
- 資源節約型 (resource efficient)，

- 可以住得久 (long-lived)，和
- 對環境影響 (environmental impacts) 傷害最小。

居住舒適

綠建築對居住者而言必須在身體上和心理上是舒適的。決定居住舒適度的因素包括溫度、濕度、照明、聲學和地方感。

- 恆溫：對大多數人而言，舒適的溫度變化範圍為 6°F-8°F 區間。對於久坐不活動且穿著典型季節性服飾的人來說，這種舒適範圍依濕度有所不同而定，在冬季通常為 69°F-75°F，在夏季為 74°F-80°F，如圖 1.6 所示。對居住者來說，綠建築是指保持一個舒適、穩定的日平均氣溫。

- 恆定濕度：雖然濕度隨季節改變，極端水平——太高或太低——會有不利的居住舒適度的影響。濕度太低會導致皮膚和嘴唇破裂、鼻子和喉嚨發癢、呼吸困難，並可能會有靜電；濕度太高可

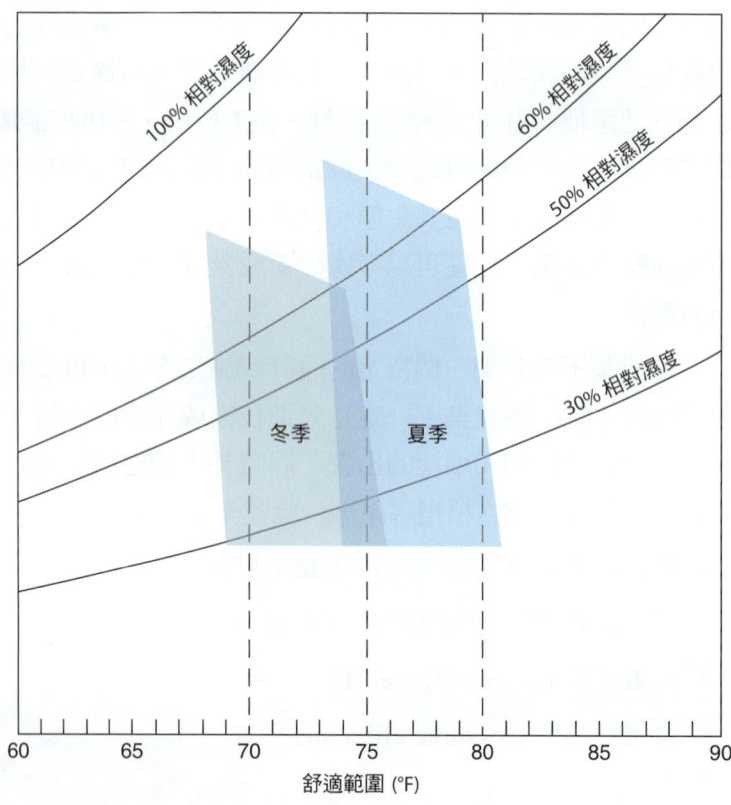

圖 1.6 人們久坐不活動並穿著典型冬季和夏季服飾的情況下，陰影區域代表普通舒適範圍的溫度和濕度。資料來源：改編自 Energy Solutions Professionals。

能導致霉味和過敏反應，並伴隨黴菌的生長。約 68°F 的溫度下，對大多數人的感覺於 30%-70% 的相對濕度是可以接受的。
- **照明**：照明的氛圍會大大地影響居住者的心情和注意力。許多研究顯示，員工在自然光照明與有戶外景觀的建築物中工作，其工作效率會顯著提高。[2] 教師和學生在自然採光下學習效果會更佳。
- **聲學**：建築物的聲學對生產力、注意力及居住者的緊張程度有重大的影響。建築物必須設計為讓每個人在其他聲音存在的情況下仍能進行舒適的談話，並根據需求提供一個安靜的處所。
- **地方感**：公共建築和工作場所應當促進社會互動與社區聯繫感。住宅建築需要滿足居住者的主要需求，例如安全感。建築物也必須允許人們感受到與自然空間連結。在房間的兩側提供窗戶增強連接到戶外的感覺，並開窗讓居住者更好地控制周遭環境。

居住者健康

生活在工業化國家中，一般花費 80%-90% 的時間在室內。這可能對居住者的健康產生重大影響。美國環境保護署估計，超過 30% 以上的建築物具有室內空氣品質比外界差的情形。[3] 在建築物中長期接觸汙染的空氣是許多健康失調的原因，這種情況有時稱為 **建築病態症候群** (sick building syndrome)。

許多常見的建材對人和環境釋放有毒的化學物質。**揮發性有機化合物** (volatile organic compound, VOC)，例如甲醛、苯、甲苯及全氯乙烯，存在於許多普通建築材料中，包括刨花板、膠合板、塗料、黏合劑、地毯和塑料。這些化合物中有許多是已知的致癌物質，會釋放氣體進入建築物，損害空氣品質，並引起頭痛、哮喘、抑鬱症、眩暈、降低生產力、免疫系統疾病和許多其他的健康問題。

高濕度或管理不當的水伴隨黴菌和霉變將導致呼吸系統和免疫系統疾病。水資源管理問題會從建築和設計失誤產生，如在建築物周圍排水不順、不正確安裝的防潮層，以及通風不良等方面著手改善。健康問題也可能從維護的故障出現，諸如沒有定期清洗過濾器中的 HVAC (加熱、通風和空調) 設備。

過敏源、空氣中的細菌、煙霧、寵物皮屑和由居住者帶來的塵蟎等，會使建築物不健康。做飯的氣味和油煙設備、來自蒸汽清洗供應器，以及家具所揮發有機化合物等產品會危及室內空氣品質。因此，

再生能源與永續性設計

圖 1.7　密西根湖的荒涼枯水區對比於芝加哥市燈帶區截然不同。該航空影像顯示建築工業對環境的巨大影響。我們家園的經營和城市能源主要來自石化燃料。Courtesy of the Image Science & Analysis Laboratory, NASA Johnson Space Center.

所有的建築物都需要足夠的通風。美國勞工部建議，公共建築內的通風量應有每人每分鐘 15-20 立方英尺新鮮空氣。住宅建築應每天至少 8 次充分流通室內與戶外新鮮空氣，有時可能還會有更多次。[4]

綠建築是一個避免毒素和其他有害物質的地方，這裡提供足夠的通風，並促進身體健康。

能量

與任何建築結構相關聯的能量有兩種呈現形式：建構建築物的初始能量和正在進行運作與維護所需的能量。

現代建築的建構與運作消耗大量的能量佔美國所有能量的三分之一，而三分之二使用在電力方面(參見圖 1.7)。大部分在美國所使用的能量來自燃燒石化燃料，特別是煤(圖 1.8)和油(圖 1.9)。電力和石油造成的空氣汙染與水汙染、酸雨，以及氣候變化，會導致對人類健康和環境的不良影響。

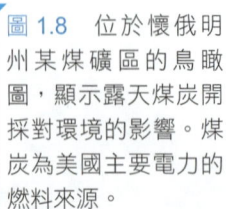

圖 1.8　位於懷俄明州某煤礦區的鳥瞰圖，顯示露天煤炭開採對環境的影響。煤炭為美國主要電力的燃料來源。
© JVvrublevskaya/Shutterstock.com.

6

Chapter 1 再生能源及永續性設計

圖 1.9　開採、煉製、運輸,以及石油消費對環境有很大的影響。這些影響包括空氣和水的汙染、野生動物棲息地的喪失,以及氣候變化。© huyangshu/Shutterstock.com.

建築施工

建造建築物所需的能量由原物料的採伐和採礦取得。額外的能量用於運輸、處理和製造建材,然後運送成品到建築工地。最後提供材料安裝和結構的施工需要的能量。所有的能量總和,從採收、製造到安裝,被稱為該材料的能耗 (embodied energy)。綠色製造的結構減少了結構的總能耗。

建築物的運作與維護

除了減少施工期間消耗的能量,一個綠建築設計和運作盡可能使用較少的能量。能源效率提升,包括家電、照明、燈具和 HVAC 系統的適當選擇,以及充分地教育居住者如何正確使用這些系統。在建築結構中,HVAC 系統設計得過大或過小會浪費能量,並可能無法保持建築物的舒適。綠建築也力求盡可能減少使用石化燃料,無論何時切確使用再生能源取代,如圖 1.10 所示使用太陽能電池陣列發電。

加熱和冷卻　在氣候隨季節性有大幅變化的地區,其中包括大多數美國地區,加熱和冷卻成為建築物最大的能源需求。為了保持舒適的溫度,同時最大限度地降低能耗,綠建築必須有良好的絕緣。此外,綠建築結構爭取利用低能量的解決方案來加熱和冷卻。例如,美國北部在設計建築物時,以利用自然太陽能加熱可以降低 30% 的能源使用。

7

再生能源與永續性設計

圖 1.10 使用如這些太陽能模組的再生能源，可減少對石化燃料的依賴。資料來源：Beamie Young/NIST.

圖 1.11 錫安國家公園的遊客中心採用蒸發方式以保持建築物涼爽。由於水在冷卻塔中蒸發，所以可冷卻空氣，並創造出自然下降的氣流流入建築物。資料來源：Robb Williamson/NREL.

同樣地，冷卻的自然方法，例如，在沙漠氣候的蒸發冷卻塔 (如圖 1.11 所示) 及吊扇和開放的平面，在較潮濕的氣候下，不需要常規能源密集型空調設備，也可以保持一個建築物的舒適。

照明 一個指標性的節能例子是使用 CFL (compact fluorescent，緊湊型螢光燈) 或 LED (light-emitting diode，發光二極管) 燈泡取代白熾燈泡。這些燈泡只使用四分之一的能量就能有等同於相同亮度的白熾燈泡，有的甚至使用更少的能源。在大部分時間需要照明的建築物中，這樣的替換在建築物的運作上，不僅節約能源，也降低了建築物的總能耗及維護成本，因為 CFL 和 LED 比白熾燈泡的壽命要長得多。雖然 CFL 燈泡含有微量的汞必須接受妥善處理，但也可以透過消耗較少的電力來減低汞排放，這是典型的汞排放燃煤發電廠減少汞汙染的方式。

幻影負載　許多常見的電子設備,如電視機、電話及電腦,它們從未完全關閉,即使關掉開關,這些設備仍不斷地吸取電力並隨著時間的增加會消耗顯著的能量。為了防止被稱為幻影負載 (phantom loads) 的隱性能源使用,這些設備必須從電源端斷開。其中一種實現的方法是,在不使用時,將電子設備的插頭拔下。

居住者的教育　如果居住者不正確地使用系統或忽視採取節能的措施,就算建築物結合了節能的系統也可能無法達到最佳性能。例如,系統於其設計限制之外運作、不正確地使用、不再使用時不關閉開關,或使用危害建築物的整體能源效率的產品。

資源

建築業對地球有限自然資源的影響是驚人的。根據美國能源部的資料,建築佔木材和原物料的消耗大約 30%,水使用 25%,而 20% - 40% 為每年所產生的固態廢物。[5] 為了建造建築物所需的材料,資源來自於如砍伐 (圖 1.12) 或開採 (圖 1.13),然後加工成其最終形式 (圖 1.14)。每個階段所消耗的能量,普遍由越來越有限的石化燃料所提供。此外,大規模的採伐和開礦一般需要道路建設,打擾野生動物棲息地,造成生態破壞,並導致其他環境的負面影響。

圖 1.12　建築業的需求帶動木材的砍伐,此處顯示的是不列顛哥倫比亞省溫哥華島。© iStockphoto.com/Ian Chris Graham.

再生能源與永續性設計

綠建築是最佳化的材料使用，最大限度地減少自然資源的消耗。高效的設計、精心的規劃、建設材料的再利用，以及廣泛的回收，可以大大地減少建築垃圾。此外，設計建築物時利用可持續採伐的木材，回收可再生利用的材料，並在當地採購材料(以減少交通能耗)，進一步減少對自然資源的消耗。

除了原物料外，水是另一個有價值的資源。綠建築透過有效的設計、適當的管道，並使用低流量裝置以減少水的消耗。其他最大限度地減少使用水的方法，包括選擇天然的景觀、結合收集和儲存雨水系統，以及廁所管道水過濾和廢水再利用(如水槽和淋浴)。這些技術可以大幅度削減建築物的用水量。

綠建築的另一種資源節約的觀點是，以最小及最高效的設計來滿足居住者的需求。一個小型建築逐漸減少所有材料的使用及需要加熱、冷卻和維護之空間的數量。自 1970 年以來，平均規模大小的居住空間已經穩定的增加，這將導致空間大小較居住者需求來得大。根據美國普查局於 1970 年的

圖 1.13　位於猶他州鹽湖城的賓漢煤礦，於 1903 年開始露天開採超過 1700 萬噸礦石，對環境的影響可謂至鉅。資料來源：Craig Fong/NREL.

圖 1.14　一旦礦石開採、粉碎，以及用於熔煉製備，它被輸送到研磨機，其中能源密集型製程轉換精礦成可銷售的金屬。© dominique landau/Shutterstock.com.

平均家庭規模為 1400 平方英尺；到 2007 年，該值已經達 2521 平方英尺的高峰。最近，這種趨勢已趨於穩定，甚至有所逆轉，這是一個減少資源消耗的正面跡象。[6]

長壽

著眼於能源和建築的資源時，綠建築是長壽的。從草屋與水牛皮的帳篷到石頭和混凝土的家園，不同風格的棲處之壽命長短是相差很大的。用石頭和混凝土建造的房子可能比草屋的壽命長，兩者皆可滿足長壽原理，因為在兩種風格之間的資源消耗有巨大的差異。相反地，一個設計不當的郊區處所，在遭受程度不大的暴風後卻無法回復，這就不能滿足長壽原則。

除了長壽特性，綠建築在其使用壽命結束時應該能夠被回收。從古老的建築再利用材料提供新建設的寶貴資源，並降低對原物料的需求。

環境影響

建築物對環境各方面的影響比能量和資源的消耗來得多。這些情況包括自然棲息地的切割、破壞水文系統，經由汙染和改變養分循環來影響生態系統。表 1.1 顯示一般建築的影響，並提供可能的解決方案。

▼ 表 1.1　環境影響

問題	例題解決方案
洪水徑流可能導致附近溪流與湖泊的侵蝕和沉積	可滲透型鋪面、活動屋頂和牆壁、適當的景觀與植物屏障等，可以顯著減少洪水徑流帶來的問題。
化肥、農藥、防腐劑、油漆，以及清潔劑等化學汙染	使用適合當地氣候的本地植物來進行景觀美化，可限制化肥和農藥的應用，減少勞力，並降低維護成本。選擇不需使用有害化學品進行清潔和維護的建築材料。
來自外部(有一些是內部)光源裝置的夜間光汙染	將光線直接引導至需要處所的光源裝置，不僅可以防止夜空的光汙染，還可以透過預定區域較有效地照明來降低能源成本。
產生「熱島效應」的吸熱材料，讓建築物比周圍還要溫暖	安裝淺色或活動屋頂，而不是黑瀝青或焦油的屋頂。避免在陽光下快速加熱的大型鋪砌區域。
濕地和其他敏感棲息地的退化	避免在影響敏感生態系統的區域中來建設建築物。

© 2016 Cengage Learning®.

建築物選址

建築物的選址與其設計一樣重要。建築物如果離現有的服務和基礎設施，如商場、雜貨店、醫療設施、娛樂場所、學校及就業場所較近的話，對環境的影響最小。如果通勤上下班是必要的，那麼建築物靠近公共汽車和通勤路線降低了對汽車及日常的一日通勤能量的依賴。

如果可能的話，應該重新使用先前已經蓋過建築物的場地，而不是開發未使用的土地。建設也應避免於濕地、沖積平原、不穩定的土壤、可使用的農業用地、生態系統敏感的地區、考古、歷史或有文化意義的地區。圖1.15顯示一個住房發展進而損害了原生態，並因通勤過度消耗能量和資源的一個例子。

建築所在地應考慮到工廠、機場、公路，以及噪音和汙染中心的方向與接近度。地點應使得一個建築物被最佳地被導向於太陽所行走的路徑，以致於能使被動熱源(在寒冷氣候)或冷卻效果(在溫暖的氣候)最大化。最後，該地點應允許建築物可以利用再生能源，如太陽能和風能。

圖1.15　混合式住宅區，像這樣建在佛羅里達州邁阿密附近的濕地，居民往往需要以私人汽車通勤上下班。綠建築的實現倡導建築工地遠離濕地等生態敏感區。© istockphoto.com/Jodi Jacobson.

氣候注意事項

從歷史上來看，人們在特定位置建造適用的住房，不僅使用當地的材料，而且也選擇適合自己的氣候設計。工業革命時期的技術進步，導致標準化的建築材料於不同的氣候條件下，鼓勵類似的設計及施工技術。這導致在其所在位置建築施工沒有效率，並消耗更多的能量與資源。設計一個適用於當地氣候的住家，對綠建築而言是重要的。考慮四種不同氣候條件(也顯示於圖1.16)的傳統住宅之設計特性：

- **寒冷氣候的設計** (cold climate design)(例如，亞北極加拿大、斯堪的納維亞半島北部)：在寒冷的氣候下盡量減少暴露和熱損失是至關重要的。成功的策略包括使用最小面積緊湊型設計、部分覆蓋的地下結構，這大部分是地球溫度極端的地區，利用活動屋頂提供絕佳的隔離性及景觀，以防止冬季季風。並採用窗戶少的設計，僅設計於向陽側(北半球南方)，以及牆壁、天花板與地板則高度隔離。

- **溫帶氣候設計** (temperate climate design)(例如，美國北部、加拿大南部)：在一個冬季寒冷及夏季暖和的氣候下，建築物應該具備很好的隔離性，並考慮傾向建築物的長邊面對太陽，以便於冬季可以獲得較佳的太陽加熱機會。窗戶大小和位置應該妥善考慮，讓它們大部分在向陽的一面。另一方面，雖然建築物的窗戶在寒冷的天氣下會失去更多的熱量，但它們在提供足夠的日光和連接到室外功能上絕對是必須的。園林綠化應防止冬季季風，並提供夏天遮陽的功能。

- **熱、乾旱氣候設計** (hot, arid climate design)(例如，美國西南部)：一個成功的建築策略對於白天炎熱和晚上寒冷的地區而言，包括使用厚重結實牆面之緊密設計，可以緩和每天溫度的變化。這種氣候下鼓勵窗戶和屋簷精選設計，並使用美化方式來防止在夏季時其生活空間被陽光直射。在美國西南部向北開窗的U形建築物，其避陽庭院早已是一個有效且流行的設計。如果不缺乏水資源的情況下，噴泉和花園泳池是有益的。這樣的設計提供居住者充足的樹蔭，並採用自然蒸發冷卻，而不是電能空調，此舉可以顯著降低能耗。

- **炎熱、潮濕的氣候設計** (hot, humid climate design)(例如，**佛羅里達州和熱帶地區**)：建築物在炎熱、潮濕的氣候建構時，可以採用較佳的門敞通風設計，使大量空氣流通。園林綠化需要對建築物進行遮陽，但卻仍允許空氣流通。風陷和通風口並加上節能吊扇的補充可以引導微風進入生活空間。這些建築一般不要求顯著的隔熱，只依賴自然空調降溫，因為日常和年度的溫度變化是很小的。出於同樣的原因，建築只使用大量的輕質建材。此外，大樓的方位往往是最佳遮蔭與最佳的空氣流通之間的妥協，然而在東西向兩側的窗戶，除非它們能夠得到很好的遮蔭，不然應盡量減少設置，以防止多餘的陽光照射。睡眠空間應和烹飪空間隔離開來，如能納入戶外生活空間則可使建築物更加舒適。

寒冷

N

溫暖

炎熱、乾旱

炎熱、潮濕

圖 1.16　不同的氣候驅使不同的建設優先次序，並且需要不同的設計和美化，以優化其性能。
© 2016 Cengage Learning®.

個案研究 **1.1**

庫納印地安人

　　庫納人住在巴拿馬海岸外的聖布拉斯群島。此群島被加勒比海所環繞，這些生產椰子為主的島嶼，全年可體驗舒適的熱帶氣候。庫納人在此群島各地種植莊稼，並獲得木柴及飲用水。在島上的物資收成自給自足：未處理過的桿子作為建築房屋框架、樹脂作為牆壁，而棕櫚葺則作為屋頂。庫納人露天生火烹煮，睡在吊床上，並用步行方式穿過沙層，此沙層是他們與好奇的螃蟹及其他海洋生物共享的區域。這些傳統的結構秉承了許多綠建築的原則。

- **舒適**：無隔離或空調，庫納家園內的溫度和濕度保持全年相對穩定。雖然窗戶不多，光從黏壁縫隙中射入，在白天依舊照亮室內。熱帶陽光使得遮陽成為必需，而且窗戶少可防止過於炎熱。然而，由於缺乏任何隔離設施，黏壁的通風性和建築物的緊密堆積，導致隔音效果很差。

- **健康養生**：庫納人待在室內的時間少於典型工業化國家的人，這減少了需要被直接連接到室外的需求 (例如，有充足的窗戶)，並允許住家可以小一點。住家通風良好、無揮發性有機化合物、無黴菌，也沒有清潔用品所產生的氣味。然而，卻有烹調升火、不當衛生、寵物和小家畜、家禽 (如豬和雞) 所產生的汙染物。廁所都建在橋墩水邊，直接將未經處理的廢水排入海中。

- **節能**：雖然在某些島嶼的庫納人已採用汽油發電機和太陽能電池板產生的電力供燈等現代設施，但仍有最小限度的能量消耗。這是因為需要親手將石化燃料從大陸由獨木舟運送到島上的緣故。

- **資源效率**：庫納人可從島上持續收穫的當地物料，用船運輸一切小屋建設所需，這將促進資源的有效利用。

- **壽命長 / 可回收**：庫納人的木屋滿足長壽的原則，以最少的資源消耗提供多年的住家需求。此外，該木屋可以在其使用壽命到達後回收或由生物分解。

- **最低的環境影響**：雖然庫納人對世界環境沒有產生很大的衝擊 (如產生大量的二氧化碳)，但他們已經戲劇性地改變了自己的島嶼生態。為了騰出空間給他們密密麻麻的棲息所，他們已除去大部分的天然植物，並了結大部分自然動物的生命。然而，他們的村莊卻仍有雨水洩流、浸潤性種植、化學汙染，以及晚間光害等問題發生。

庫納村。Courtesy of Scott Grinnell.

本章總結

綠建築促進了負責任和可持續性的建築結構。此外，綠建築的創造是健康、舒適、宜人的居住空間。綠建築可提高居住者的生產力和強化整個社區，同時也最大限度地減少能量與資源的消耗和環境的退化。在世界各地，眾多的綠建築結構已經顯示，實現綠建築的成本並不一定會比常規建造多，但會創造出營運和維護成本更低的建築結構體。

在美國，平均每年建造超過 100 萬美元的新建築，而且既有建築物於能量及資源的營運和維護成本接近 1 億美元。建築業巨大需求卻要面對自然資源供應的不斷減少和能源來源的不確定性。其結果是，建築方式會顯著影響社會的福祉和環境的健康。

複習題

1. 考慮文中所討論的六項綠建築原則。其中有比其他五項原則更重要的嗎？如果有，會是哪一個，為什麼？

2. 如果兩個或兩個以上的綠建築原則不能同時滿足，有什麼指導哲理可決定哪些原則優先被留下來？

3. 美學在綠建築中有多麼重要？美學如何平衡或併入六大綠建築原則？

4. 什麼因素使今天綠建築的實現比歷史上以往的任何時候都重要？

5. 研究顯示，人們比較喜歡所居住的房間有提供一個以上的窗戶可看到外面景觀。請解釋之。

6. 人們感覺舒適的溫度變化範圍為 $6°F$-$8°F$ (如 $69°F$-$75°F$)。如果人們在一個更大的舒適的溫度範圍，如 $32°F$-$112°F$，此為久坐的生活方式，這將如何改變建築的設計？

7. 請舉三個例子說明在沙漠氣候中(如新墨西哥州)，綠建築如何可以使用比傳統建築更少的能源。

8. 阿納薩齊懸崖住宅或杉木桿和水牛皮建造的圓錐形帳篷的一個村莊，其中有更大體現能量？請解釋之。

9. 考慮下述的兩種結構。其中之一是否滿足「長壽」原則？如果是這樣，你會說哪一種能滿足其原則？

    a. 由浮木所建的捕魚窩棚，並由再生廢棄金屬做的屋頂，只用一季即丟棄。

    b. 傳統的家庭建立在瓜達盧佩河的河堤，每隔 10-20 年就會被嚴重洪水沖毀。

10. 請比較在寒冷氣候與熱、乾旱氣候的建築設計，兩者之間有哪些相似之處？請解釋為什麼這樣兩個截然不同的氣候條件可能會產生類似的建築設計。

11. 為什麼當早期進行較多可持續性的建築結構時，現代許多建築則以不可持續的方式建造？

12. 一千餘年前，挪威探險家定居於紐芬蘭北端，並建造由厚草皮覆蓋的木結構住所。他們以開放式燒柴方式於建築物中取暖，透過在天花板上的小艙口排出煙霧。這些住所沒有窗戶，有一個小入口，通常是煙霧瀰漫的。考慮綠建築的六項原則，並確定哪些原則符合，哪些不符合。總體而言，你會考慮草皮住所是綠建築嗎？

尾註

[1] U.S. Census Bureau and U.S. Department of Housing and Urban Development. (2003). *New residential construction in February 2013*. Retrieved from http://www.census.gov/construction/nrc/

[2] R.P. Leslie. (2003). Capturing the daylight dividend in buildings: Why and how? *Building and Environment*, 38(2), 381–385.

[3] U.S. Environmental Protection Agency, Office of Air and Radiation. (1989). *Report to Congress on indoor air quality. Vol. 2, Assessment and control of indoor air pollution* (EPA 400-1-89-001C). Washington, DC: EPA, 1, 4–14.

[4] U.S. Department of Labor. *OSHA technical manual*. Washington, DC: Author, Section III: Chapter 2, ASHRAE 62-1989 standard (TED 01-00-015, Effective Date: 1/20/1999).

[5] U.S. Department of Energy, Center of Excellence for Sustainable Development, Smart Communities Network. (2010). *Green buildings introduction*. Retrieved from http://www.smartcommunities.ncat.org/buildings/gbintro.shtml

[6] U.S. Census Bureau. (2010). *Median and average square feet of floor area in new single-family houses completed by location*. Retrieved from http://www.census.gov/const/C25Ann/sftotalmedavgsqft.pdf

建築材料

Chapter 2

Courtesy of Scott Grinnell.

簡介

建築材料的選擇及可用性強烈影響建築物設計的選項和建造的成功。傳統上，在地的資源大致決定建築材料的選擇。而今天遍及全球的分配使得原料的選擇有了廣闊的選擇範圍，也使設計的可能性更多樣化。大部分的建築材料提供許多優點和限制。一座綠建築的結構和設計要成功，清楚明瞭的可用原料及其建造過程和原料使用對環境、社會的影響是不可或缺的。謹慎選擇綠建築的建築材料是必要的，而必須列入考慮的有以下數點：

- 隱含能源 (embodied energy) 的生產：包含能量從提煉、加工、製造到運輸至基地過程中所需的能量 (參見表 2.1)。
- 資源耗損 (resource depletion)：估量資源的續航力和可再生率。
- 環境破壞 (environmental degradation)：包含腐蝕、汙染，以及發生在收穫或採礦的環境破壞。
- 汙染 (pollution)：在製造、生產，以及運輸過程所發生的。
- 毒性 (toxicity)：從製造過程到成品，甚至廢棄階段，在許多層面影響人們及環境。
- 性能和續航力 (performance and durability)：決定建築物的運作和壽命。

許多建築材料都有著常見的特色，而這些特色會影響建材用於綠建築的適合程度。包含下列：

- 揮發性有機化合物 (volatile organic compound, VOC)：黏合劑、塑料、溶劑、接合劑和其他揮發性化合物在受熱後會排出 VOC。

19

上述產品的應用及產品排出氣體的程度決定了它們的整體影響。VOC 不只會危害建築使用者的健康，連建築的建造者也會受害。另外，有些產品在廢棄後會釋放毒素到環境中，與建築沒有直接關聯的人和生態系統都會有潛在影響。

- **矽酸鹽水泥** (portland cement)：矽酸鹽水泥有著高度的隱含能源，源自於其製造過程中需要磨碎石灰岩及其他原料，並將這樣的混合物以高溫在窯中烘烤。這個耗能的生產過程通常透過燃燒石化燃料來完成，過程中釋放許多汙染物到大氣中，包括二氧化硫、二氧化碳和汞。包含矽酸鹽水泥的原料範圍包括混凝土、沙漿、灰泥，以及牆板和屋頂用的纖維水泥。儘管矽酸鹽水泥的產品隱含能源高，但傾向有著非常長的壽命，並在綠建築中能做出有價值的運用。

- **未完成原料** (prefinished materials)：工程壁板、強化木地板、未上漆的金屬屋頂和許多其他的建築材料，在工廠中可能已經完成或僅為未完成狀態。一般而言，這些原料在建造過程中，導致的健康和廢棄方面的問題較小；相對地，環境與健康的疑慮一般會在加工過程中浮現，對加工廠工人的影響會較建造工人方面來得嚴重。

▼ 表 2.1　隱含能源

原料	以重量計 (熱單位/磅)	以體積計 (熱單位/立方英尺)
土製原料		
土磚塊	200	21,000
水泥	3400	420,000
水泥灰漿	860	88,000
預拌水泥	560	88,000
石膏板	2600	160,000
乾砂礫	43	4200
夯土板	180	18,000
河石	17	1800
乾砂	43	4400
當地石材	340	52,000
進口石材	2900	450,000

▼ 表 2.1　隱含能源 (續)

原料	以重量計 (熱單位/磅)	以體積計 (熱單位/立方英尺)
木材與護套		
硬紙板	10,000	370,000
木材，風乾粗鋸	130	4600
木材，窯烤研磨	1100	38,000
木材，膠合	2000	70,000
中密度纖維板 (MDF)	5100	230,000
定向刨花板 (OSB)	3400	88,000
夾板	4500	120,000
屋頂		
瀝青	1500	200,000
水泥磚	350	29,000
雪松牆板	3800	4600
板岩牆板	340	58,000
鋼鐵	14,000	6,900,000
壁板		
鋁板，預塗	94,000	16,000,000
磚	1100	140,000
工程木	5100	220,000
纖維水泥	3300	400,000
鐵板，預塗	15,000	7,300,000
灰泥	860	85,000
乙烯基	30,000	2,500,000
研磨木	1300	46,000
粗鋸木	700	23,000
地板		
地毯	31,132	變化很大
瓷磚	1100	140,000
油布	49,000	4,100,000
當地石材	340	52,000
進口石材	2900	450,000
乙烯基	34,000	2,900,000
木頭	1300	38,000

▼ 表 2.1 隱含能源 (續)

原料	以重量計 (熱單位/磅)	以體積計 (熱單位/立方英尺)
纖維質	1400	3100
發泡聚苯乙烯	50,000	65,000
擠塑聚苯乙烯	34,000	44,000
玻璃纖維	13,000	27,000
聚氨酯泡沫	32,000	1,200,000
稻草捆	100	840
再生羊毛	6300	3800
金屬		
鋁	82,000	14,000,000
再生鋁	3500	600,000
銅	30,000	17,000,000
鐵	14,000	6,900,000
再生鐵	4300	1,000,000
雜項		
棉布	61,000	550,000
玻璃窗	6800	1,100,000
油性漆	42,000	0.51/gal
水性漆	38,000	0.46/gal
紙	16,000	900,000
再生紙	10,000	580,000
塑膠 (ABS)	48,000	3,100,000
聚酯纖維	23,000	210,000
聚丙烯	28,000	1,500,000
聚氨酯	32,000	1,200,000
天然橡膠	29,000	1,700,000
人工橡膠	47,000	4,600,000
稻草捆	100	840

© 2016 Cengage learning®.

　　本章探討了各種常見的建築材料，包括處理過的木材、複合板、屋頂用材、壁板、地板、隔熱板，以及窗戶，並比較各種產品的優點和限制。

處理過的木材

處理過的木材是指加入了對黴菌及昆蟲而言有劇毒的化學物的木材 (圖 2.1)。在某種程度上，這個處理過程也會使木頭對建築工人和建築物的使用者產生毒害。然而，處理過的木材通常同時應用在建築物的內部和外部。即使添加有毒物質到建築物中並不理想，處理過的木材仍有幾項好處。其中一項好處是，能使木材的壽命延長，能減少頻繁更換所需的能量和資源；另一項好處則是，能減少天然耐腐的樹種，如雪松和紅木的需求，它們是成長緩慢也無法維持穩定收穫的典型樹種。處理過的木材來自於成長快速的樹種，否則將不適合用於建築物。即使有著這些優點，綠建築一般採用的設計中常避免或減少處理過的木材的需求。

圖 2.1 處理過的木材通常以銅作為殺菌劑，讓木頭呈現綠色的色調。Courtesy of Scott Grinnell.

複合板

在現代建築特別是住宅方面的慣例裡，通常作為建築物的外部護殼以強化建築結構。護殼也同時作為底層地板和屋頂的夾板。常見的複合板種類有夾板、定向刨花板和纖維板。

夾板 (plywood) 來自於性質相近的大口徑原木，經過在熱水中浸泡，並在車床上旋轉後所製成。寬大的刀片將它的表皮削落，使它在壓力下變得乾燥、被樹脂覆蓋，交叉對齊並壓縮在一起 (圖 2.2a)。多數外部用等級的夾板會使用酚醛樹脂，遠比家具及內部裝潢使用的尿素甲醛樹脂來得穩固。酚醛樹脂的低排氣特性，使其毒性與使建築物受損的可能性降低。然而，這仍是一種知名的致癌物，並不推薦在缺乏良好通風設備的空間使用。

圖 2.2a 夾板是由在高壓下膠合的塗層複合所組成。
Courtesy of Scott Grinnell.

圖 2.2b 製作定向刨花板的過程是將細碎的碎木頭壓縮在一起。透過交叉對齊黏合劑使其更堅固。Courtesy of Scott Grinnell.

圖 2.2c 中密度纖維板通常會覆蓋上一層木頭或乙烯基，以取代在製造櫥櫃、家具和門所用的實木。Courtesy of Scott Grinnell.

定向刨花板 (oriented strand board, OSB) 是將原木削成小串，並將小串交叉對齊後，用接合劑噴灑在每一層，並在高壓下將它們擠壓在一起 (圖 2.2b)。OSB 傳統上同時使用酚醛樹脂和異氰酸脂樹脂作為接合劑，同時具有與夾板相同的低排氣特性。OSB 的製造過程在資源上較夾板更有效率，因為能利用到小口徑的原木及剩餘的木料。夾板和 OSB 都展示出相似的建築性能，但是夾板普遍具有較好的防水及防黴功能。

纖維板 (fiberboard) 是由紙漿木材所製成，先由機器分解成纖維後，再由熱與高壓重組而成 (圖 2.2c)。纖維板產品包括刨花板 (particleboard)、中密度纖維板 (medium-density fiberboard, MDF) 與硬質纖維板 (hardboard)。即使製造硬質纖維板有時不需要接合劑，刨花板與中密度纖維板通常會含有破壞室內空氣品質的尿素甲醛。由於利用的木種品質較低，製造纖維板所耗費的資源是上述三種中效率最高的。

屋頂

屋頂必須保護在其之下的建築物。屋頂必須能承受酷熱的熱氣、承受風吹雨打，以及在某些氣候中的冰雹與冰雪。屋頂用的原料必須是耐用且有能力抵抗自然元素的。有些屋頂或許是適合收集雨水的，

有些則能耐火。有些建築物需要重量輕的屋頂，然而，對其餘建築物而言，重量就不是問題了。對所有建築物而言，原料的隱含能源、資源耗損，以及再循環能力，影響其對於綠建築的適合性。

重量較重的屋頂需要其下建築物強而有力的支持，意味著增加了資源的消耗及底部構造的隱含能源。可回收或已被回收利用的屋頂能減少資源及能量的耗損。有些類型的屋頂適合特定氣候環境，而在一般狀況下，瀝青是最被廣泛運用的。

本節要介紹美國的屋頂用原料，對於壽命的評估取決於安裝過程、屋頂斜度、氣候、盛行天氣，以及保養。表 2.2 比較下列介紹的各種屋頂用原料。

瀝青瓦 由浸透在瀝青的紙或玻璃纖維，在表層附上陶瓷顆粒組合而成。瀝青瓦 (asphalt shingles) 是美國最常見的屋頂形式，涵蓋了三分之二美國當地的屋頂市場 (圖 2.3a)。瀝青瓦容易安裝且可靠，發展出許多顏色及樣式，相對地卻很便宜。然而，不論顏色為何，所有的瀝青瓦都有深色的基質，因此會提高屋頂的溫度。在晴天裡，瀝青瓦將比周圍氣溫高上 75°F-100°F，增加了熱帶地區氣候的降溫需求，也同時導致都市的熱島效應。只有 15-30 年的壽命，瀝青瓦佔所有建築物原料廢料中很大一部分，源自於瀝青瓦幾乎不被回收利用。在日光下，瀝青會揮發出有毒的化學物質並被雨水所過濾，使得瀝青瓦並不適合雨水收集系統。

雪松 雖然木製屋頂是天然的、無毒的且可再生的，但是在許多易引發火災的地區卻因其可燃性而被法律所禁止。雪松 (cedar shakes) 是成長緩慢的樹種因此難以穩定收穫。用雪松覆蓋的屋頂預期壽命有 30-50 年，重量也較輕，在雨水收集系統下運作良好 (圖 2.3b)。

▼ 表 2.2　屋頂用原料的比較

原料	耐用 (年)	雨水收集	耐火	隱含能源	再生性	重量
瀝青瓦	15-30	無	無	高	無	中等
雪松	30-50	有	無	低	有	輕
陶土瓦	50-80	有	有	高	有	重
纖維水泥磚	20-50	有	有	高	無	重
金屬	50+	有	有	高	有	輕
板岩磚 (當地)	50-100	有	有	低	有	重
草皮屋頂 (活頂)	50+	有	有	低	有	極重

© 2016 Cengage learning®.

陶土瓦 陶土瓦 (clay tiles) 有耐用、防火和可回收利用的特性，但因為窯烤過程導致隱含能源通常較高。陶土瓦較重且通常需要附加的屋頂框架。陶土瓦有 50-80 年的預期壽命，且非常適合雨水收集系統 (圖 2.3c)。

纖維水泥磚 由嵌入矽酸鹽水泥的纖維模型組成，纖維水泥磚不僅耐用、防火，也較瓷磚來得輕，同時也能有效收集雨水。纖維水泥磚 (fibercement tiles) 有非常多的顏色及紋理，預期壽命在 20-50 年之間，取決於製造的過程。纖維水泥磚的隱含能源相當高。

金屬屋頂 金屬屋頂 (metal roofing) 能運用在小或大的板子，材質可以是鐵、鋁或銅。有著耐用、耐火與重量輕的特性，且能無限地回收利用。金屬屋頂有極佳的收集雨水功能，同時預期壽命超過 50 年。即使金屬屋頂有著很大的隱含能源，但它很耐用且能回收利用，直到壽命結束為止 (圖 2.3d)。

板岩磚 即使板岩磚 (slate tiles) 很重，但是石板屋頂的耐用程度是非常高的，能夠維持 50-100 年，甚至更久。板岩是經開採與切割後的石材，其對環境的影響通常比其餘屋頂材料小上許多。然而，除非當地資源許可，否則板岩磚並不實際，源自於其運輸所需的能源隨著距離將會是很大的。板岩顏色灰暗，不建議在酷熱、日曬強的氣候下使用。對於雨水收集系統而言是非常棒的 (圖 2.3e)。

草皮屋頂 (活頂) 草皮屋頂 (活頂)[sod roof (living roof)] 由建立在防水膜上的泥土或成長媒介所組成。當被水浸透或被雪覆蓋時，活頂將會變得很重——甚至比陶土瓦及板岩還重，也至少比瀝青瓦重超過三倍，因此活頂屋頂需要大量附加建築的支撐。然而，活頂能存續一整個世代，並有以下幾項好處：

- 透過吸收和緩慢釋放霧氣，來減緩暴雨所帶來的洪水徑流。
- 透過植物蒸散來降低屋頂表面的溫度，減少降溫所需的能源需求。
- 提供隔熱，能預防在夏季過熱或是在冬季熱氣散失。
- 為鳥類、昆蟲及小動物們提供野生棲息地。
- 能吸收汙染物並提供氧氣，改善空氣品質。
- 透過隔絕紫外線和避免極端的表面溫度，能延長現存屋頂薄膜的壽命。

如果泥土與植物是在當地獲得的，活頂的隱含能源及資源消耗都會較低 (圖 2.3f)。

圖 2.3a 瀝青瓦是美國最流行、最普遍的屋頂樣式。Courtesy of Scott Grinnell.

圖 2.3b 雪松屋頂在風化後會變成灰色的，但使用上能比大多數的瀝青瓦更長久。Courtesy of Scott Grinnell.

圖 2.3c 陶土瓦屋頂很耐用，但重量很重。Courtesy of Scott Grinnell.

圖 2.3d 立式縫金屬屋頂重量較輕，且不容易產生積雪。Courtesy of Scott Grinnell.

圖 2.3e 板岩磚有許多形狀與顏色。雖然重，卻極度耐用。Courtesy of Scott Grinnell.

圖 2.3f 在現代的替代品選項得以實行前，幾世紀前的人們仰賴著傳統的草皮屋頂。這個位於挪威的草皮屋頂已經存續超過 100 年。Courtesy of Scott Grinnell.

壁板

壁板的一般功能與屋頂相同，保護建築物免於外界元素的侵襲。它是防衛水分浸透、風、昆蟲與塵土的第一道防線。選擇壁板所需考慮的部分與選擇屋頂時是相似的：耐用程度、隱含能源、資源消耗、防火、重量及再循環能力。表 2.3 比較下列討論的壁板原料。

磚與石 如果安裝得宜，石磚牆 (brick and stone siding) 能保存 50-100 年以上。磚與石能防火，具有可回收利用的特性且很耐用。隱含能源則各異，由原料、製作過程及資源所決定。窯燒的磚有較高的體現能源，而由當地出產的石頭的隱含能源則相當低。作為主要附著外牆的形式，磚與石的極大重量使得它們必須被建築物的地基所保護(圖 2.4a)。

工程木 工程木是以接合劑將木屑及小木片結合在一起，製成外表與木材相似的輕量壁板。工程木板 (engineered wood siding) 有時包含強而有力的防水表層，有種類各異的顏色和紋理。預期壽命由製造過程決定，最多能維持 20-30 年。由於本身即是回收物，工程木板的資源耗費和隱含能源是較低的。然而，接合劑中一般含有 VOC，可能增加了本身的毒性 (圖 2.4b)。

纖維水泥 纖維水泥壁板 (fiber-cement siding) 是由矽酸鹽水泥、泥沙，以及纖維素纖維所製成，耐熱且防火。能上色並能塑造成幾乎任何樣子，預期壽命約 30-50 年，甚至更久。纖維水泥相當重，然而，它的附屬物需要可靠的基質，使它的安裝比其他種類的壁板更為困難。纖維水泥壁板的隱含能源很高，但壽命也相對很長 (圖 2.4c)。

▼ 表 2.3 壁板原料的比較

原料	耐用性 (年)	耐火	隱含能源	再生性	重量
磚與石	50+	有	變動大	有	重
工程木	20-30	無	中等	無	輕
纖維水泥	30-50	有	高	無	重
金屬	30-50	有	高	有	輕
灰泥/石膏	50-60	有	高	無	重
乙烯基	50	無	高	無	輕
木頭	50+	無	低	有	輕

© 2016 Cengage learning®.

Chapter 2 建築材料

金屬 通常由鋁或鐵組成，金屬牆 (metal siding) 耐用程度高且防火，顏色和紋路也有非常多種類。金屬有很高的隱含能源但能無限度地回收利用。選擇含有回收利用原料的金屬牆能大幅減少隱含能源。鐵預期能存續 50 年，而鋁的預期壽命約 30-50 年。

灰泥/石膏 由矽酸鹽水泥、石灰和泥沙製成，灰泥/石膏 (stucco/plaster) 能防火且很大程度地不用維護。有許多方法能為它上色及賦予紋理。預計壽命為 50-60 年，但避免讓它接觸到水能使壽命再延長；相對地，隱含能源很高 (圖 2.4d)。

乙烯基 由聚氯乙烯 (PVC) 塑膠所製成，乙烯基牆 (vinyl siding) 深受歡迎源自於價格相對便宜及保養需求低。不會腐爛也不會剝落，事實上，乙烯基能製成任何顏色和紋理。即使不需要塗漆，但是乙烯基牆隨著時間仍會破裂、褪色與變髒。另外，PVC 的生產會產生具毒性的化合物，會導致許多種類的健康問題，包括癌症和先天缺陷。此外，PVC 的製造與地下水汙染和其他形式的汙染有關。乙烯基重量較輕且能被放置在現有的牆板外，使它在建築重塑方面非常受歡迎。PVC 無法耐火，在燃燒時會產生有毒性的氣體。乙烯基的預期壽命約 50 年，但是使用期限過後很少被回收利用 (圖 2.4e)。

圖 2.4a　石牆隨著地區相應地會不同，取決於可取得的原料。Courtesy of Scott Grinnell.

木頭 實心木板 (wood siding) 不僅天然、可再生、可回收利用，在適當安裝與維護下還能存續長達 50-100 年。如果是來自當地的資源，木牆的隱含能源是很低的。不含防腐劑的木頭會遭降級，而在某些氣候下將難以避免白蟻。木頭通常會經過塗色及上漆，這使它能被規律地運用，也可能因此帶有毒素。如果可行的話，應使用無 VOC 的塗色與上漆。在容易接近火源的地區，木頭不是個好的選擇 (圖 2.4f)。

圖 2.4b　工程木板。Courtesy of Scott Grinnell.

圖 2.4c　纖維水泥壁板能製成近似於經染色的木材。Courtesy of Scott Grinnell.

圖 2.4d　灰泥能有許多不同的顏色和紋理。Courtesy of Scott Grinnell.

圖 2.4e　乙烯基牆不只便宜，安裝也很容易。© Wendy Kaveny/Dreamstine.com.

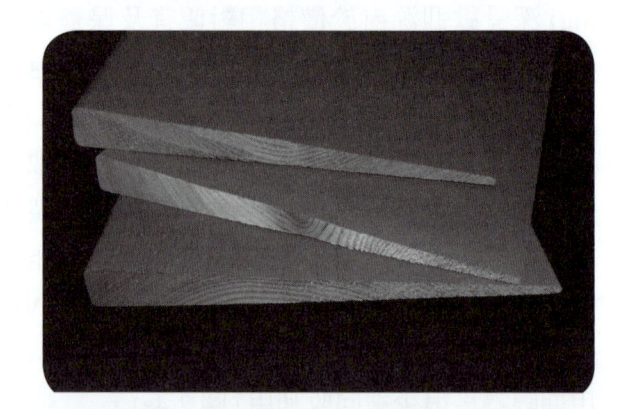

圖 2.4f　實心木板通常會上色和塗漆，能變成很多不同的風格。這片楔型的雪松板被安裝在水平的、重疊的疊層中。Courtesy of Scott Grinnell.

地板

室內地板的種類影響建築的特性與使用者的福祉。地板在平順程度、堅硬度、隔音功能、隔熱值、表面溫度與功能上各有不同。本節將分析美國常見的地板種類。表 2.4 比較下列討論的地板材料。

竹子　竹製地板 (bamboo flooring) 是由許多小條狀的竹片藉由接合劑壓製在一起的。竹子有很高的可再生性，常見於在中國、泰國和其他熱帶區域，屬於生長快速的植物。雖然與製造過程相關的能源消耗相對適中，但竹製地板運往美國的長途航程大幅增加其隱含能源。它的預期壽命在 30-50 年之間，有些竹製地板可以使用非甲醛的膠合物，

▼ 表 2.4　地板原料的比較

原料	耐用 (年)	耐火	隱含能源	可回收利用	排氣
竹子	30-50	無	中	有	低
地毯	10-20	無	中	有	低
瓷磚	50+	有	高	有	非常低
水泥	50+	有	高	有	非常低
軟木	20-50	無	中	有	低
工程木	30-50	無	中	無	中
強化木	15-25	無	中	無	高
油氈	25-50	無	中	無	低
實心木	50+	無	低	有	非常低
石頭	100	有	低	有	非常低
乙烯基	10-50	無	高	無	高

© 2016 Cengage learning®.

能減少可能的安全疑慮 (圖 2.5a)。

地毯　地毯 (carpets) 可以由天然原料製成，如黃麻、亞麻、麻、棉、毛線與動物毛髮等，或是由石油製品衍生出的合成纖維。由天然原料製成的地毯含有較少的毒性。大多數的合成纖維地毯會排放出揮發性有機化合物，將造成一連串的健康問題。無法防火及被燃燒時有潛在的毒性，地毯能提供有用的隔熱、隔音功能及為地板提供緩衝。有著 10-20 年的預期壽命 (取決於交通)，地毯的壽命與其他地板原料相比是相當短的。地毯的隱含能源隨著原料與製造過程的差異而不同。

瓷磚　以天然黏土製成，瓷磚地板 (ceramic tile flooring) 提供耐用、無毒、耐火、防水且低維護的表面。瓷磚重量較重且能提供熱質量幫助調節溫度。由於使用石油燃料燒製，它擁有相當高的隱含能源。如果正確地安裝將有至少 50 年的預期壽命。

水泥　對於架設在水泥板上的建築物來說，水泥板本身能作為最終的地板，如此可以避免資源消耗及與補充地板有關的隱含能源。有兩個方法能給予水泥板成品外觀：其一是在水泥倒模前加上一種惰性、無毒的顏料，著色後的水泥會變得平滑且有多種紋理；第二種是在水泥凝固後在表面加上一種酸性物質，這種酸性物質會與水泥反應，但在過程中並不會產生有毒性的氣體。水泥地板 (concrete floors) 的壽命長，有防水、耐火的特性，而且具有高的熱質量。

軟木橡樹皮 軟木是由生長在地中海地區的軟木橡樹的樹皮而來。軟木橡樹皮能在不傷害樹的前提下，以可持續發展與可再生的方式取得。用在地板方面的軟木橡樹皮，是在葡萄酒瓶蓋生產工業中典型的廢品。軟木地面是以氰基亞酸乙酯來膠合，並在高熱下壓縮製成能像硬木地板一般完成與拋光的固體軟木磚。軟木也可以切成薄層，附著在纖維板上製成卡榫式的地磚，如圖 2.5b 所示。如同任何的層壓製地板，製作過程需要如甲醛的黏合劑。軟木地板通常會黏著在底層地板上。雖然不具有防火功能，軟木地板 (cork flooring) 提供許多令人滿意的性能。它能防水、隔音、減震和防過敏，同時也提供了保溫。它的壽命差異大，取決於製作與安裝過程。實心軟木地板能存續像硬木地板一樣久，耐用程度很高。

工程木 由三層以上的木板膠合而成，工程木地板 (engineered wood flooring) 比實心木更輕也更穩定，在溫度及濕度下的膨脹和收縮都較小。然而，在製造過程中所使用的黏合劑與溶劑所排出的氣體有安全上的疑慮。工程木的隱含能源比實心木來得高，但由於是以碎木頭製成，資源消耗較小。使用壽命預期有 30-50 年。

強化木 由紙、木頭和樹脂在高溫、高壓下疊層膠合而成，強化木通常被做得與木頭很相似。如同工程木，強化木地板 (laminate flooring) 同樣可能含有會引起健康風險的揮發性有機化合物。強化木地板無法防火，預期能使用的壽命是 15-25 年 (圖 2.5c)。

油氈 油氈是一種天然的乙烯基替代品，由亞麻籽油、軟木、木粉、石灰岩粉組合而成。油氈通常會被壓覆在黃麻的背板上，再以不含揮

圖 2.5a 竹製地板是在板子定型前，將竹片層壓進堅硬的板子中製成。這些竹片可以是水平 (如圖示) 或垂直的交叉。這種卡榫式的地板會固定在底層地板上。Courtesy of Scott Grinnell.

圖 2.5b 可自由活動的軟木板能在無膠合或固定的情況下互相咬合，比起實心軟木板是更環保的替代品。頂部和底部的軟木板層將作為基質的纖維板夾在中間。Courtesy of Scott Grinnell.

發性有機化合物的膠合物黏附在底層地板上。雖然沒有防火功能，但是油氈地板 (linoleum flooring) 有著無毒與可完全生物降解的好處。此外，亞麻籽油有天然抗菌的作用，使得油氈在衛生方面勝過乙烯基。以製作過程而言，隱含能源比乙烯基來得低；但目前油氈多由歐洲運往美國，大幅增加了隱含能源。油氈能以磚或薄板的形式來安裝，預期壽命約 20-50 年 (圖 2.5d)。

實心木 木頭被用來製作地板已有數百年的歷史了。木頭是一種可再生、可回收利用的原料，可以存續與建築物相當的壽命。如果原料可以在當地取得且易於修復與整修，實心木地板 (solid wood flooring) 將擁有較低的隱含能源。實心木地板組件會在事先完成現地組裝或當場完工，通常會固定在底層地板上 (圖 2.5e)。

石頭 石頭地板 (stone flooring) 具備所有瓷磚的特性，甚至比其更為耐用，如果原料能在當地取得甚至會有更低的隱含能源。它非常堅硬、重量很重、能耐火與防水，預期壽命在 100 年以上 (圖 2.5f)。

乙烯基 乙烯基地板 (vinyl flooring) 深受人們喜愛，源自於它的彈性、耐磨、低維護與便於安裝。有許多顏色與樣式，能以地磚或是薄板的方式安裝。如同其他 PVC 產品，乙烯基地板的製造過程造成環境上的疑慮。它擁有相當大的隱含能源，通常不會被回收利用。沒有耐火的功能，預期壽命在 10-50 年之間，取決於品質與安裝過程。

圖 2.5c 雖然做得與傳統木材相似，但是強化木地板並不含實心的木材；相對地，在纖維板或飽和樹脂紙的基質外，它含有一層薄的防水層。強化木地板不需黏合劑或固定就能互相咬合。Courtesy of Scott Grinnell.

圖 2.5d 油氈地板能運用在薄板上，像地磚一樣以膠合物附著在地板上，或是如圖所示，能自由活動的、相互咬合的地磚。Courtesy of Scott Grinnell.

圖 2.5e　實心木地板可以在到運前預先完成，或是如圖所示，先磨光後在現地完成。大部分預先完成的實心木地板在邊緣上會有小斜面，為每塊木板間預留凹槽。Courtesy of Scott Grinnell.

圖 2.5f　被開採的石頭能製成存續時間長的地板，以砂漿和水泥漿固定在底層地板上。Courtesy of Scott Grinnell.

熱的傳播與隔熱

在多數的氣候中，建築物需要藉由隔熱來維持舒適的室內溫度。隔熱的數量與種類大大地影響了建築物的能源消耗。氣候越極端，就越需要隔熱。只有日常或季節性氣溫允許建築物在沒有暖氣或冷氣的情況下，保持舒適氣溫的地區能省略隔熱，這主要發生在熱帶氣候地區。

適當地隔熱對於綠建築而言是很重要的，因為這是減少能源消耗與創造舒適居住環境的一個主要方法。隔熱預防了不需要的熱量傳遞，包括從溫暖的建築物內部傳到寒冷的外部，與較熱的外部傳到涼爽的內部。熱傳遞的方式有三個機制，而不同的隔熱形式面對這些機制時會有不同的成效。

熱量傳播

熱量總是傾向從溫暖的地方傳到較冷的地方。舉例來說，放在房間的一杯熱茶，隨著熱從熱茶傳播到房間裡，它的溫度會逐漸降低；同樣地，換做一杯冰茶，冰隨著房間的熱傳播到冰茶中，冰茶的溫度會隨之提高。考慮到熱量的傳播與評估能量散失與建築物隔熱必要條件的相關機制是必要的。熱主要由三個基本的方式移動 (參見圖 2.6)：

- 傳導 (conduction) 是藉由直接接觸進行熱的傳播。舉例來說，放在一杯熱茶中的湯匙，會隨著熱從熱茶傳導到湯匙柄上而變熱。

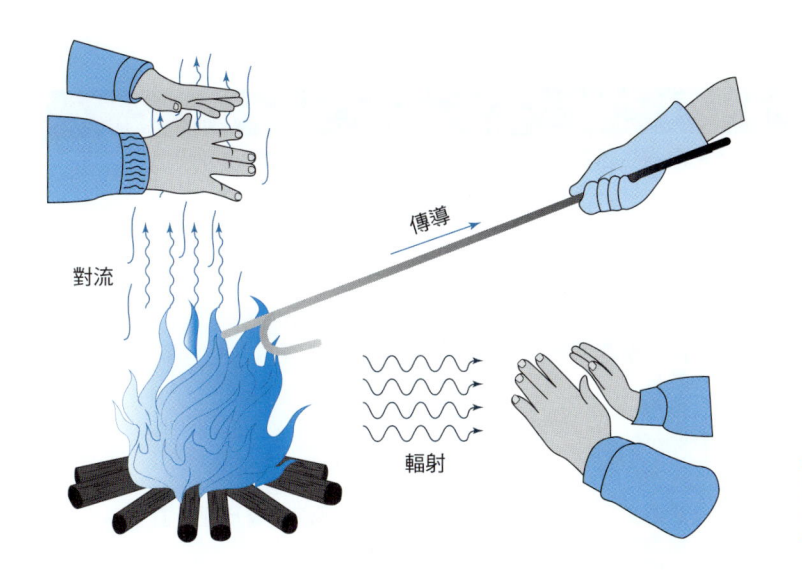

圖 2.6　三種熱傳播的方式分別是傳導、對流與輻射。© 2016 Cengage Learning®.

- **對流** (convection) 藉由流體運動來進行熱的傳播，像是空氣或水。從門縫中逸散出的暖空氣被冷空氣所取代，在外部及建築物中傳播熱能；相同地，吊扇所製造的微風也能在建築中讓熱轉移。
- **輻射** (radiation) 藉由電磁波傳播熱能，像是光。例如，陽光穿透窗戶使建築物變溫暖。建築物溫暖的內部產生的紅外線也能在晚上透過窗戶讓熱散失。

　　隔熱的效用在於，藉由它的組成、密度與安裝方法來預防熱的傳播。**R 值** (R-value) 正是表現材料對於傳導熱能的抵抗程度。R 值越高，代表越少的熱能通過這個材料，因此意味著這種材料的隔熱性能越好。表 2.5 比較下列討論的常見隔熱材料的 R 值和其他特性。

　　R 值是在美國計算隔熱材料價值的基準。然而，R 值只考慮了傳導方面的熱傳播。即使傳導是建築物傳播熱能的主要形式，主要由窗戶或門下的縫隙逸散所引發的空氣滲透，將允許熱藉由對流方式移動更甚於傳導方式。因此，除了要做好隔熱外，建築物同樣要被緊密地建造，以防止不需要的空氣滲透。

　　隔熱有數種可行的形式：

- **鬆散填充隔熱** (loose-fill insulation) 採用顆粒、小纖維板的形式，倒、噴或抽出小空洞，放置進不規則形狀的空間。通常運用在平閣樓，鬆散填充隔熱提供有效的自平流覆蓋。然而，它無法完全阻止空氣流動，也因此無法阻止熱透過對流散失。

▼ 表 2.5　隔熱材料的比較

種類	形式	R 值 (每英寸)	優點	缺點
纖維素	鬆散填充	3.7 (濃度 3.0 lb/ft³)	• 高再生含量 • 無毒性 • 可回收利用 • 可再生 • 低隱含能源	• 硼酸會刺激皮膚及呼吸道 • 會吸收水分
水泥泡沫	噴塗泡沫	3.9	• 封閉縫隙 • 阻絕空氣流動 • 耐火 • 無毒性 • 防水 • 不含 VOC	• 隱含能源稍高
棉	條毯	3.4	• 高再生含量 • 無毒性 • 可回收利用 • 可再生 • 低隱含能源	• 硼酸會刺激皮膚及呼吸道 • 會吸收水分
發泡聚苯乙烯	硬板	4.2 (濃度 2.0 lb/ft³)	• 高 R 值 • 可回收利用 • 穩定隔熱價值	• 燃燒會產生有毒性的氣體 • 高隱含能源
擠塑聚苯乙烯	硬板	5.0 (最初值) 4.0 (穩定值)	• 高 R 值	• 隔熱性能隨時間降低 • 製造過程使用含氫氯氟 • 燃燒會產生有毒性的氣體 • 高隱含能源
玻璃纖維	鬆散填充 條毯	3.1	• 原料豐富 • 耐火 • 不吸收水分	• 硼酸會刺激皮膚及呼吸道 • 可能含有甲醛 • 中隱含能源

- **條毯式或滾筒式隔熱** (batt or roll insulation) 類似有彈性的，絮墊或捲筒式的絕緣材質提供一種具有彈性且片狀的材質，只要經過妥善裁切便能夠緊密填補牆壁中的空隙。條毯式或滾筒式隔熱大部分使用在空心牆，而阻止空氣流動的效果取決於原料及安裝的謹慎程度。

- **硬質泡沫隔熱** (rigid foam insulation) 通常被應用在 4-8 英尺的薄板，並在跨牆、天花板等處經裁切符合空洞處，在水泥厚板之下運作良好。當接合處被密封時，硬質泡沫隔熱能提供良好的空氣阻隔。

- **現地噴霧式的泡沫隔熱** (spray-in-place foam insulation) 通常由噴嘴噴出一種快速擴張至填裝、密封住空洞的充氣液體。現地噴霧式隔熱有著能以高 R 值來最小化熱能藉由傳導來傳播。然而，也

▼ 表 2.5　隔熱材料的比較 (續)

種類	形式	R 值 (每英寸)	優點	缺點
礦棉	鬆散填充 條毯	3.3	• 高再生含量 • 耐火 • 低隱含能源 • 不吸收水分	• 硼酸會刺激皮膚及呼吸道
塑膠纖維	條毯	4.0	• 高再生含量 • 不吸收水分	• 燃燒會產生有毒性的氣體 • 可能含 VOC
聚異氰脲酸酯	硬板	7.0 (最初值) 5.6 (穩定值)	• 高 R 值	• 隔熱性能隨時間降低 • 製造過程使用含氫氯氟 • 燃燒會產生有毒性的氣體 • 高隱含能源
聚氨酯	噴塗泡沫	5.4	• 高 R 值 • 封閉縫隙 • 阻絕空氣流動	• 使用含氫氯氟 • 燃燒會產生有毒性的氣體 • 高隱含能源
稻草捆	包	1.8-2.0	• 低隱含能源 • 無毒性 • 高再生性 • 可回收利用	• 不耐火 • 會吸收水分
蛭石	鬆散填充	2.4	• 耐火	• 可能含有石棉 • 低 R 值
羊毛	條毯	3.5	• 無毒性 • 可再生 • 可回收利用 • 低隱含能源	• 硼酸會刺激皮膚及呼吸道

© 2016 Cengage learning®

完全封閉了穿透，同時阻止對流傳播熱能。大部分的現地噴霧式隔熱是有著高隱含能源的石油基製品。

常見的隔熱種類

大部分的隔熱材料都各具有優缺點，是需要在設計建築物之前先列入考慮的。有些隔熱的形式來自天然原料，有些則來自石油；有些來自再生製品，如報紙與丹寧布；有些允許空氣與水蒸氣的流動，有些則發揮阻礙水蒸氣的功能；有些隔熱體有著低的隱含能源與資源消耗，然而有些有著相當高的價值。

具有可燃性或是能吸收水分與儲存霧氣的隔熱形式通常會以硼酸處理，作為阻燃、防黴及殺蟲劑。硼酸並沒有毒性，但是對金屬有腐蝕性，也對安裝工人的皮膚、眼睛及呼吸道有刺激性。

硬泡隔熱的製造需要起泡劑使空氣進入泡沫，製造微小泡泡以增加隔熱價值。在氫氟氯碳化物 (hydrochlorofluorocarbon, HCFC) 因為臭氧層損耗而全球禁用後，含氫氟氯碳化物作為起泡劑已是司空見慣的事。雖然含氫氟氯碳化物相對氫氟氯碳化物而言對環境較友善，但它對氣候變遷有所影響，也持續威脅臭氧層。國際協定計畫在 2030 年淘汰含氫氟氯碳化物。下列原料對環境的影響是選擇綠建築適合的隔熱體時重要的考量因素。

纖維素隔熱體 (cellulose insulation) 是由再生紙製成 (主要來自印刷紙)，撕碎成小纖維狀。這些碎塊被緊密地壓捆在一起，比玻璃纖維或礦棉更能有效阻止空氣流動，同時提供每英寸 R 值 3.7 的隔熱價值 (當濃度 3.0 lb/ft^3 時)。纖維素能吸收並儲存水分，通常以硼酸處理，它沒有毒性且隱含能源非常低 (圖 2.7a)。

水泥泡沫隔熱 (cementitious foam insulation) 是以水與空氣吹拂氧化鎂以創造多孔的水泥。它可以透過現地噴霧來擴張填滿空隙或是作為預製的隔熱板。被困住的氣穴預期能提供每英寸 R 值 3.9 的隔熱價值。它不含揮發性有機化合物，同時耐火、無毒性、防水及霧氣，還有隔音效果。此外，只有含有矽酸鹽水泥 20% - 40% 的隱含能源。

棉隔熱 (cotton insulation) 是由 85% 的再生棉 (像是製造藍色牛仔布時裁切的廢料) 與 15% 的塑膠纖維組成。通常製成條毯形式，並以硼酸處理。像纖維素一樣，棉隔熱體也能吸收並保存水分。它是無毒的、可再生的、可回收利用的，有著每英寸 R 值 3.4 的隔熱價值 (圖 2.7b)。

▶ 圖 2.7a 纖維素隔熱體由再生紙粉末及粉狀的阻燃物 (如硼酸) 組成。Courtesy of Scott Grinnell.

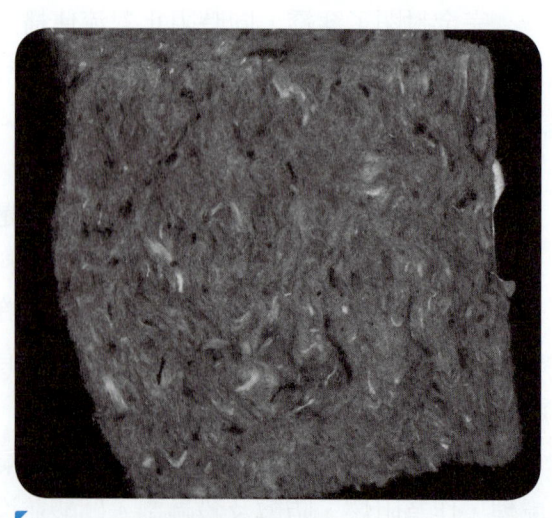

▶ 圖 2.7b 棉隔熱由廢料 (manufacturing waste) 組成，包括藍色牛仔褲的裝飾。Courtesy of Scott Grinnell.

Chapter 2 建築材料

發泡聚苯乙烯 (EPS) 隔熱 [expanded polystyrene (EPS) insulation]，有時又稱做「珍珠板」，是由聚苯乙烯珠發泡並融合再一起而成的密閉氣泡。它的顏色是天然的白色，可以塑成許多形狀作為包裝或是製成建築用的硬板 (圖 2.7c)。EPS 使用戊烷作為起泡劑，主要在工廠重新收復，也有著穩定每英寸 R 值 4.2 (當濃度 2.0 lb/ft^3 時) 的隔熱價值。EPS 對環境的整體影響比其他種類的硬泡來得低，源自於較容易回收利用且不含 HCFC。EPS 具可燃性，燃燒時會產生濃煙。

圖 2.7c 發泡聚苯乙烯由緊密排列的聚苯乙烯珠組成。Courtesy of Scott Grinnell.

擠塑聚苯乙烯 (XPS) 隔熱 [extruded polystyrene (XPS) insulation] 也是一種由高分子聚苯乙烯製成的密閉氣泡。在 XPS 的製造過程中，珠子被融化與擠塑，使用碳氫化合物氣體 (如 HCFC) 或是二氧化碳作為起泡劑。XPS 可以被做成製造廠商印上商標的硬板 (圖 2.7d)。雖然 XPS 一開始有著 R 值 5.0 的隔熱價值，但經過數年起泡氣逐漸逸散到空氣中並被空氣中取代後，會下降到 4.0。如同 EPS，XPS 也具可燃性，燃燒時會產生濃煙。

玻璃纖維隔熱 (fiberglass insulation) 是在美國最普遍使用的隔熱方式。以熔融玻璃製成，經旋轉或吹製成細纖維，可用以鬆散填充、條毯式或是滾筒式隔熱 (圖 2.7e)。有著耐火的特性，每英寸 R 值 3.1 的隔熱價值。玻璃纖維可以在不需要接合劑的情況下製造，而成品

圖 2.7d 擠塑聚苯乙烯的過程創造了細粒的結構，目測上比 EPS 更為一致。這個過程也能讓公司加入著色劑。Courtesy of Scott Grinnell.

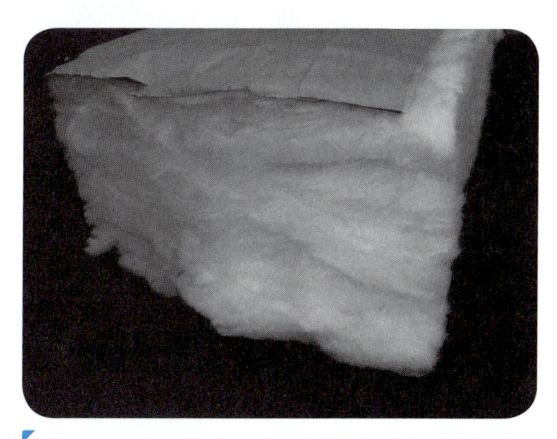

圖 2.7e 玻璃纖維可以在不需要甲醛接合劑的情況下製造，如圖所示。襯紙發揮了蒸汽緩凝劑的作用，也能限制對流。Courtesy of Scott Grinnell.

39

不含有毒性，雖然細玻璃纖維會在安裝過程中刺激皮膚、眼睛及呼吸道。有些品牌的玻璃纖維中含有甲醛，會導致排氣。玻璃纖維對水及水霧有滲透性，如果安裝過程沒有預防熱對流傳播，它的表現會比其所被評價的 R 值低一些。

礦棉隔熱 (mineral wool insulation) 是由高爐熔渣或將玄武岩那樣的天然礦物紡成細纖維，更像玻璃纖維一些 (圖 2.7f)。大致上含有 75% 的工業回收成分，本質上能耐火。如同玻璃纖維，可用以鬆散填充、條毯式或滾筒式隔熱，也含有相近 (或稍微小的) 的隔熱價值。比起玻璃纖維，對皮膚、眼睛及呼吸道的的刺激性較小。礦棉通常有著較低的隱含能源源自於其回收成分。與玻璃纖維相同，對水及水霧有滲透性，如果安裝過程沒有預防熱對流傳播，它的表現會比其所被評價的 R 值低一些。

塑膠纖維隔熱 (plastic fiber insulation) 是由具對苯二甲酸 (PET) 製成 (如回收的牛奶罐)，做成與玻璃纖維相似的條毯。隔熱體經過阻燃的處理，不容易燃燒。然而，接觸到火焰時會融化。有每英寸 R 值 4.0 的隔熱價值 (當濃度 3.0 lb/ft^3 時)。雖然是石油的派生產品，但一般認為其隱含能源較低，源自於它的再生性。如同玻璃纖維與礦棉，對水及水霧有滲透性，如果安裝過程沒有預防熱對流傳播，它的表現會比其所被評價的 R 值低一些。

聚異氰脲酸酯隔熱 (polyisocyanurate insulation) 是一種分子緊密的硬質泡沫塑膠板，使用低傳導性的氣體(通常是 HCFC)來填滿細胞。這種低傳導性的氣體給予泡沫絕佳的隔熱性能 (每英寸 R 值 7.0)。然而，隨著時間流逝，有些氣體會逸散並逐漸被隔熱價值較低的空氣取代。因此，聚異氰脲酸酯的隔熱價值是隨時間而降低的，在數年後會降低至每英寸 R 值 5.6。聚異氰脲酸酯是一種石油基製品，有著高的隱含能源，燃燒時將產生有毒氣體。

聚氨酯隔熱 (polyurethane insulation) 是一種分子緊密的泡沫，同樣使用 HCFC 作為起泡劑 (圖 2.7g)。它對環境的影響與隔熱表現都與聚異氰脲酸酯相似。聚氨酯能夠現地噴灑泡沫，很快地將空隙充實、填補起來，使得在預防熱經由對流方式傳播特別有效。

稻草捆每英寸具有 R 值 2.4-3.0 的隔熱價值，但是由於空氣會在稻草捆之間流動，此類建築通常產出的隔熱價值會更低 (R 值 2.0 或更低)。稻草是高再生性的農業廢料，產出的隱含能源極低，天然無

毒性。稻草捆隔熱 (straw-bale insulation) 通常使用未經處理的稻草捆，因此需要經過設計使稻草保持乾燥 (圖 2.7h)。稻草若接觸到火焰將會燜燒，因此必須密封在石膏板、灰泥或其他防火原料之後。

蛭石隔熱 (vermiculite insulation) 是一種鬆散填充的形式，將矽酸鹽礦物經過快速升溫製成。常見於 1950 年之前的住家中，由於某些蛭石的來源含有知名的致癌物——石棉，因此不再被製造。蛭石由小而輕的顆粒組成，擁有約每英寸 R 值 2.4 的隔熱價值 (圖 2.7i)。

絨線 (羊毛) 可以用硼酸處理並用以隔熱，提供每英寸 R 值 3.5 的隔熱價值。絨線 (wool insulation) 有著能保存相當大量水分，而後在不傷害建築物的情況下烘乾。然而，反覆的潮濕與乾燥會將硼酸過濾掉。絨線具再生性、無毒性、可回收利用且有著低的隱含能源。

圖 2.7f 礦棉的刺激性在安裝期間通常比玻璃纖維小，通常含較高的隱含能源。Courtesy of Scott Grinnell.

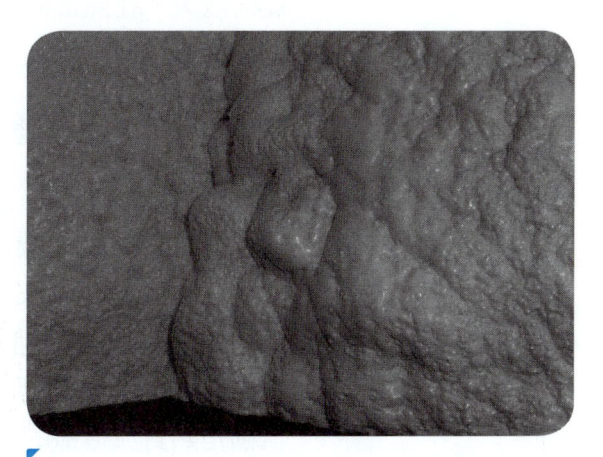

圖 2.7g 現地噴霧式的泡沫隔熱，如圖所示的聚氨酯隔熱，將空隙填滿阻止對流散失熱能，並最小化傳導。Courtesy of Scott Grinnell.

圖 2.7h 稻草捆必須保持乾燥，像是圖片所示利用加高的門檻。Courtesy of Scott Grinnell.

圖 2.7i 蛭石由重量輕的礦物小球組成。由於可能的石棉汙染幾乎不再使用。Courtesy of Scott Grinnell.

窗戶

窗戶是任何適合人類居住的建築物的一個必要元素。它提供了光線、通風，以及與外界的接觸，同時也是建築物中諸多貧弱隔熱元素的其中之一，一般認為是建築物總熱能轉移的一個重要部分。在非常冷或熱的氣候中，大窗戶會嚴重影響建築物的舒適程度與根本性地增加其能量需求。一個良好隔熱的大樓應該要有 R 值 20-40，但就連最好的窗戶也只有 R 值 4-8 的隔熱價值，而且大部分都低於 3。

氣候、盛行天氣、窗戶在建築物中的位置及預期的規劃，決定窗戶適合的選擇與放置。在寒冷氣候的建築物使用的窗戶應該是小的、數量少的且主要放置在向陽處，這樣白天中太陽能的熱能得以補償熱能的散失。在熱帶氣候中，窗戶應該避免太陽直射或主要設置在建築物的陰影處。

常見的窗戶種類

窗戶為了讓空氣流通而開啟，不論是使用鉸鍊為樞紐或飾帶使彼此互相滑動。鉸鍊窗可以應用在生活空間或面向外側，在任一情況下，它需要空間來移動。滑動窗有著不需要此類空間的優點。然而，滑動窗能牢固地推動防風雨裝置，稱做壓縮密封 (compression seals)，比起滑動窗能更有效防止空氣流動。空氣透過縫隙及窗戶的流動是熱對流傳播的主要方式，危害了能源的使用效率。圖 2.8 顯示下列敘述常見的窗戶種類。

遮陽棚窗戶 (awning windows)(圖 2.8a) 以鉸鍊為樞紐，並往外側開啟。活動的範圍相對較小，但它能在雨天保持空氣流通且不讓水氣進入建築物。它緊密的關閉，使用壓縮密封且能最小化空氣對流。紗窗設置在窗戶內側，使落在生活空間的灰塵累積在上面。

平開窗 (casement windows)(圖 2.8b) 用鉸鍊連接在某一側，以把手或手來推開，提供良好通風。然而，在完全開啟時，鉸鍊承受的重量是很大的，也限制了平開窗的尺寸。除此之外，平開窗有著在開啟時，將窗戶的內側表面暴露在外界元素下的缺點，這將導致水斑或曬傷，可能需要更頻繁地修復。它緊密的關閉，使用壓縮密封且能最小化空氣對流。紗窗設置在窗戶外側，使落入生活空間的灰塵累積在上面。

雙懸窗 (double-hung windows)(圖 2.8c) 能讓獨立的窗扇彼此上下滑

動。有著從底部窗扇外獨立開啟頂部窗扇的能力，能使頂部、底部或各有一些都能進行空氣對流。即使對流與採光良好，這些古典窗戶無法緊密閉合，危害了能量的使用效率。紗窗設置在外側，將灰塵阻擋在外部。

滑移式窗戶 (gliding windows)(圖 2.8d) 允許一個或更多的窗扇彼此水平地滑動。常見的風格是易於開啟，可以製作成很大的尺寸，比旋轉窗的阻礙更小。然而，如同雙懸窗無法緊密閉合，危害了能量的使用效率。紗窗設置在外側，將灰塵阻擋在外部。

通風窗 (hopper windows)(圖 2.8e) 使用鉸鏈連接與遮陽棚式窗戶很像，但是比起外部空間，更傾向往生活空間開啟。紗窗設置在外側，將灰塵阻擋在外部。通風窗也可能可以阻擋雨水進入居住空間，取決於它們的操作方式。

大型景窗圖 (picture windows)(圖 2.8f) 是不能開啟的窗戶，提供採光但不能通風。由於不被移動部件限制，幾乎能製成各種尺寸與形狀。

(a) 遮陽棚窗戶
(b) 平開窗
(c) 雙懸窗
(d) 滑移式窗戶
(e) 通風窗
(f) 大型景窗圖

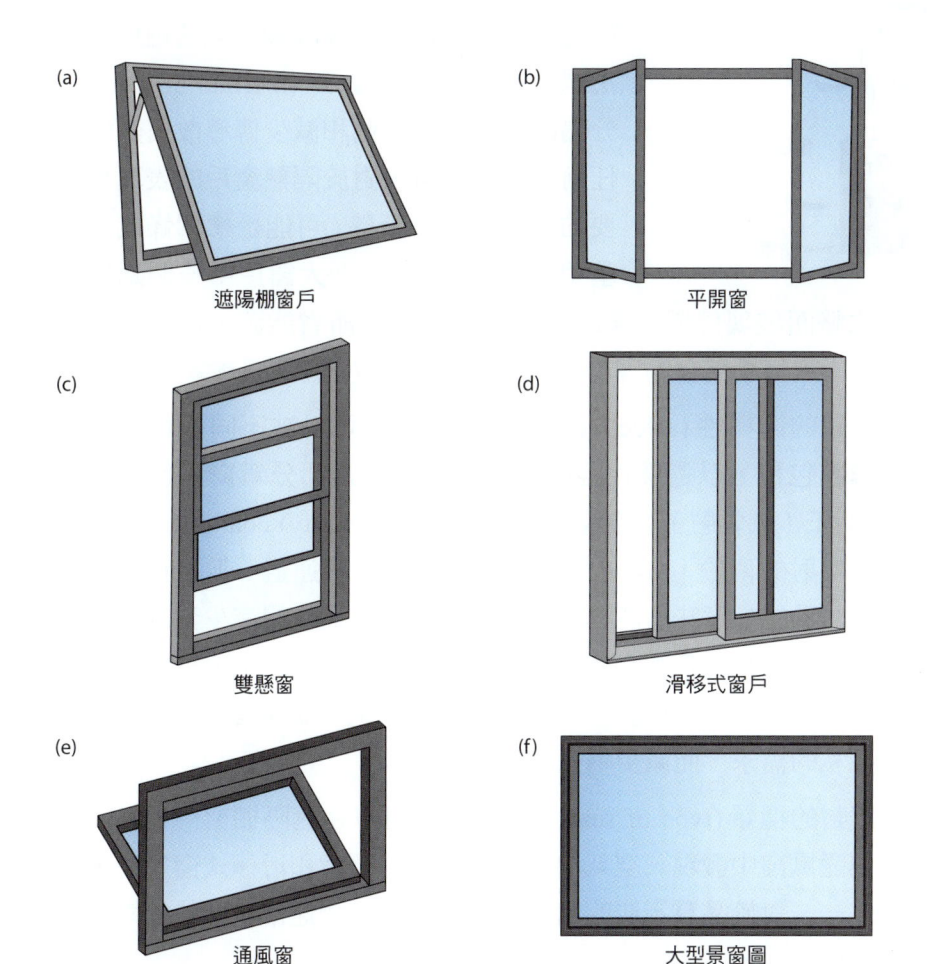

圖 2.8　這六種常見的窗戶都提供不同的優點與限制。在特定情況下選擇窗戶取決於許多因素，包含個人喜好。© 2016 Cengage Learning®.

窗戶性能

窗戶性能評估窗戶採光與通風的能力，而最小化不需要的熱能轉移。影響窗戶性能的因素包含窗格的數量、窗框的質量、可選擇的塗層、密封的種類(可開放的窗戶而言)，以及安裝的方式和注意事項(圖 2.9)。

- **多窗格** (multiple panes)：多窗格窗戶比起單窗格窗戶的隔熱性能來得好。像是氬氣的惰性氣體通常會注入到兩個窗格之間。兩個窗格分隔的空間越小，就有越多熱透過氣體傳導轉移；兩個窗格分隔的空間越大，就有越多熱透過氣體對流轉移。窗格間理想的空間取決於窗戶的設計，但通常在 5/8-3/4 英寸之間。

- **窗框質量** (frame quality)：熱不只透過玻璃也透過窗框來傳輸。**斷熱** (thermal break)——分隔內側窗框與外側和減少傳導散失熱能的任何非導體原料，對於隔熱窗戶的表現是必要的。如果沒有斷熱(可能是橡膠條或是氨基甲酸乙酯)，在一面大窗戶中一個鋁框能比整面玻璃傳導更多的熱。斷熱不只能節省能源，還能避免壓縮。過度壓縮會傷害窗框與窗台，並導致黴菌生長。

- **塗層的選擇性** (selective coatings)：玻璃可以被不同種類的透明薄膜包覆，以選擇性地阻擋特定波長。大部分新窗戶包含一層 **low-E (低輻射) 的塗層** [low-E (low-emissivity) coating]，減少紅外輻射的傳輸。low-E 塗層確保可見陽光的通道，但阻止背景輻射的熱能，意味著能有效收集太陽能。其他塗層減少紫外線的通過、最小化褪色與白化。**染色玻璃** (tinted glass) 主要是灰、古銅與綠色，目的是反彈一部分的光線。染色玻璃通常用在出於維護隱私的需求，而減少陽光的取得。

- **密封的種類** (type of seal)：壓縮密封可以在遮陽棚窗戶、平開窗與通風窗中發現，空氣滲透的程度是雙懸窗和滑移式窗戶的十分之一。對於品質不佳的窗戶來說，空氣滲透通常包含熱能轉移的優勢形式。

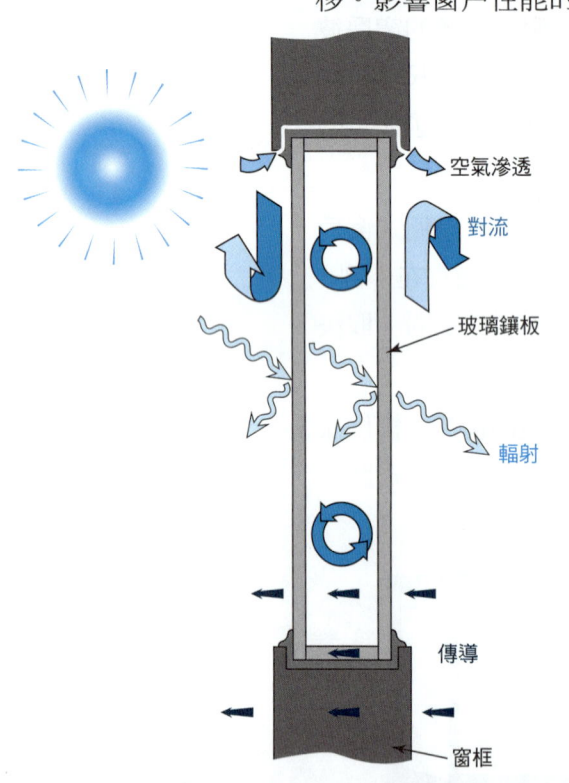

圖 2.9　窗戶通常支配了建築物的總熱量轉移。對流發生於兩個來源：(1) 窗框與可動部分空隙空氣滲透；(2) 窗戶兩側及窗格間區域空氣的自然流動。輻射主要以可見光與紅外線的形式穿過窗戶。傳導發生於窗框及窗格玻璃間。這三種形式都參與了總熱能的轉移。
© 2016 Cengage Learning®.

- **安裝品質** (quality of installation)：空氣流動不只發生在窗戶的密封，同時也在於窗戶與建築框架的縫隙裡。在建造期間內，這些縫隙需要被密封且妥善隔熱，像是利用現地噴霧式的泡沫。不只由窗戶本身的建構和組成元件決定，窗戶的性能同時與安裝品質有關聯。

四個主要評估窗戶性能的參數：

- **U 值** (U-factor) 評估了窗戶經由傳導散失的熱能，U 值 =1/R 值。例如，U 值 0.25 相當於 R 值 4.0。U 值越低，隔熱性能越好。
- **陽光熱得係數** (solar heat gain coefficient, SHGC) 是陽光的熱穿透窗戶的數字，介於 0 與 1 之間。在熱帶氣候中，普遍期望低的 SHGC；而在寒冷氣候中，通常會選擇高的 SHGC。
- **可見光透射率** (visible transmittance, VT) 是可見光穿透窗戶的總量，比率介於 0%-100% 之間。VT 決定了房間的亮度與氣氛。它也影響室內植物的健康和美術品、地毯與家具的褪色。
- **空氣滲透** (air infiltration) 是從窗戶密封處洩漏的氣體總量，以一分鐘內，每平方英寸窗戶表面多少立方英尺單位來測量 (cfm/in^2)。該值越小，代表越少的空氣滲透與較好的隔熱價值。

個案研究 2.1

木棒組裝屋

地點：美國北威斯康辛州 (北緯46.5度)

建造年分：2011

規模大小：1750 平方英尺

造價：166,000 美元 (每平方英尺 95 美元)

建案描述：這棟兩層樓、四臥室的房屋由**標準規格木材** (dimensional lumber) 組裝，以常規架構工法建成。然而，建造過程中大量運用綠建築工法，造就非常規的結構。細心謹慎的設計與規劃在極少化資源消耗、減少大量廢料的同時，創造一個舒適、健康且高能源效率的建築。

建造本身因建材選擇而分為好幾個階段。這些階段包括工地準備、穩固地基、樹立主架構、安裝門窗、鋪設屋頂與牆面、安裝內部系統 (水電和暖通空調)、鋪裝隔熱層、完成內部裝潢 (石膏板、地板、飾板、櫥櫃等)，以及處理廢料。所有的步驟皆須謹慎處理才能造就綠建築。

再生能源與永續性設計

標準規格木材與合板為本結構的主架構。Courtesy of Scott Grinnell.

工地準備(site preparation) 包括移開樹木及其他植被、平整地面、以及挖深地基。本個案中，現場有多棵高大橡樹需移除。這些橡木並未砍伐後直接製成木材，而是在當地加工後製成木板，作為階梯與二樓木質地板的建材。

作為穩固建築的構造，地基(foundation) 必須紮實而耐用。本建案以染色水泥板作為地基，為建築提供穩定性，並直接作為一樓地板使用。這樣的工法避免來自額外鋪設地板所造成的資源浪費。

要有效率地構架 (framing) 建築外殼 (building envelope) 必須對所有細節都細心謹慎。常規的木棒組裝屋使用超過結構穩固必要數量的木頭，在浪費素材的同時，因為實心木隔熱能力較差的緣故，反而降低了建築物隔熱效果。本建築設計直接將壁骨和地板與房頂衍架平行排列，以盡可能少量的木材支撐結構重量。這使得每根壁骨能以 24 英寸的間隔排列，比起常規建築的 16 英寸間隔減少了 33% 木材使用。小心安排門窗的位置，使這 24 英寸間隔壁骨不需額外增加其他支撐物。二樓與屋頂的複合材質衍架以當地砍伐處理的小段木頭製成，造就紮實結構的同時使用當地永續砍伐的木材。衍架沒有使用任何黏合劑或含有影響空氣品質的揮發性有機化合物素材。房間的格局考慮到運用的建材為像是合板、石膏板與木材等的標準化建材而特別配置以減少廢料。在外牆上，每個接縫、孔隙、連接處與孔穴皆細緻地黏接，提供相當穩固的組裝結果。

門窗對於建築的能源效率來說至關重大。為了減少能源流失，屋主選擇使用有著三層玻璃與開合設計，施以 low-E 塗層的窗戶。以氬氣隔絕中間夾層的三層玻璃能夠降低熱傳導，並有著 0.24 的 U 值。開合部分以緊密壓縮密封連結處，提供氣密效果。low-E 塗層大量減少紅外線穿透。窗戶周圍以聚氨酯妥善密封，避免空氣由縫隙滲入或滲出。儘管以上述工法施作，但窗戶的隔熱效果依然是建築外殼整體最弱的一部分，提供的 R 值僅有 4.2。因此，屋主限制了窗戶的數量與大小，把大部分的窗戶配置在冬季陽光能夠溫暖室內空間的南面，藉以補償額外的熱流失。建築的大門有分割居住空間外的獨立空間，加強內外空氣流通的同時，也降低不必要的熱傳導。

2 英寸厚的聚苯乙烯泡棉為外牆增加隔絕效果，進而保護了木質牆面。Courtesy of Scott Grinnell.

屋頂與牆面必須為建築提供完善的防護。本建築有兩片屋頂：在二樓上方的金屬屋頂與在一樓突出區塊的草皮屋頂。淺色的金屬屋頂能夠反射夏日陽光，讓建築物保持涼爽並提供長期保護。草皮屋頂為一樓提供隔熱效果，並為二樓提供涼爽的新鮮空氣，降低夏季日照的同時，也能夠讓窗景和戶外景色融合。30英寸的屋簷保護建築木質外牆不受天氣侵襲，在下雨時疏導排水至儲水槽供園藝用途使用。

內裝部分，房屋安裝了一具高效率能源保留換氣扇 (energy recovery ventilator, ERV)，能夠捕捉並交換在戶外新鮮空氣與室內汙濁空氣間70%的能源。密封建造的房屋需要相當的通風來維持室內空氣品質，而ERV在降低能源消耗的狀況下提供足夠通風。高效率的吊扇在夏季提供涼爽效果，讓房屋不需要常規的冷氣空調。聚乙烯塑膠管設在一樓地面水泥板與二樓地板底下砂礫間，將從地面泵加熱的溫水加以循環，提供足夠而舒適的暖房效果。室內的內裝系統幾乎皆由高能源效率的設備組成。

對於追求能源效率的房屋來說，特別是在冬季，隔熱效果的好壞非常重要。本建築在牆壁2×6英寸的夾層間緊密填充了纖維素隔熱體，並在合板夾襯板覆蓋2英寸厚的發泡聚苯乙烯(EPS)硬質泡棉，提供外牆R值30隔熱值。在間柱外覆蓋的硬質泡棉能夠發揮整間房屋熱能阻絕的效果，降低木材本身的熱傳導效果。外露的連接處，如電線等，直接固定在外牆，而非埋在泡棉中，避免影響隔熱效果；同樣地，為了不減損隔熱效果，如水電等的管線並非直接通過牆壁，而是繞過牆面從地底進入房屋。緊密填充的纖維素隔熱體同樣填充了二樓屋頂，給予高於R值60的隔熱值。4英寸厚的聚苯乙烯硬質泡棉環繞水泥地板，提供地板隔絕地面R值17以上的隔熱值。

內部裝潢牆面完全沒有使用人工合成材料，而是以實心木板與石膏板組成牆壁與天花板，橡木板製成踏階(橡木由現地砍伐取得)、瓷磚用於二樓浴室地板、實心木製成工作檯面、書櫃、家具與裝飾。牆面與天花板則漆上無揮發性有機化合物的淺色油漆。

減少並管理廢料是綠建築中相當重要的一環。本建築在建造中造成無法在現地回收再利用的廢料，主要是石膏板碎屑與纖維素隔熱體的塑膠外包裝。這些廢料最後以卡車運送至當地掩埋場，花費兩趟運輸完成。建築過程中不需垃圾箱，並且不會對環境釋放有害物質。每天建築進度完成後，屋主會蒐集並移除所

緊密填充的纖維素隔熱體填滿了外牆空隙。
Courtesy of Scott Grinnell.

有的木屑、螺絲釘、彎曲釘子等廢料，保持工地乾淨並防止廢棄物進入周遭環境。

本建築所有建材皆購自當地供應商，並且使用當地獲得並製造的素材。這樣的做法支持了當地社群，並且降低來自運輸過程中的隱含能源。

個案研究 2.2

有結構隔絕板的木材架構屋

地點：美國威斯康辛州中部 (北緯 44.5 度)

建造年分：2011

規模大小：2250 平方英尺

造價：250,000 美元 (每平方英尺 111 美元)

建案描述：這個兩層樓高、三個臥室的房屋有著兩項特殊的建築工法：木材架構建築與結構隔絕板。

- 木材架構建築 (timber frame costruction) 以客製化加工的大型木材，用卡榫與木樁組裝，取代標準規格木材。木材在工廠便依照設計加工、裁切後，可供直接組裝的木材便運輸到工地現場。工人在地面組裝，並將完成後的每一部分以吊掛方式拼接起來。儘管這種工法的造價相對而言較高，但是完成的木材架構非常耐用，組裝時間相當快速，並且提供一種獨特的自然魅力。

- 結構隔絕板 (structural insulated panel, SIP) 由定向刨花板 (或其他種類的合板) 夾住多層硬性泡棉組成。黏合劑與高壓加工使得此種工法提供比建材更堅固、穩定，並且隔熱性更佳的建材。結構隔絕板摒棄結構間柱與其他斷熱接縫，極小化由隙縫與孔洞導致的空氣滲透，提高整體隔熱能力。結構隔絕板也提供優於常規建造的隔音能力。雖然素材本身易燃性高，但是由於板層內部缺乏空氣，使得火勢並不會擴散，讓結構隔絕板的防火效果與常規建材相當。結構隔絕板必須客製化訂做，通常需要吊臂的協助安裝。周遭的管線、電纜與排水管必須事先精確安排，藉此才能在工廠事先裁切。由於高度使用泡棉作為素材，結構隔絕板的隱含能源較一般建材更高。

結構隔絕板工法能夠快速完成建築外殼。在本個案中，工人一天完成木材架構，再花兩天完成結構隔絕板安裝。五天之內，工人已完成屋頂安裝使房屋能遮風避雨。常規建造通常需要花費一個月的時間才能達到這種完成度。

建造在南面的堤岸上，本建築有相當多的部分埋在土中，僅在南面曝曬陽光。這樣的特色降低日光曝曬並且節省能源。在工地的準備上，包括挖掘地面及周遭的排水溝。地基由灌漿水泥製成，同時也塑成三面地下牆壁。常規 2×6 英寸間柱在外部圍繞水泥牆，提供地面層 R 值 28 的隔熱值。複合地板衍架跨過水泥牆，成為二樓地面。

在樓上的結構隔絕板構造提供牆面 R 值 24 與天花板 R 值 38 的隔熱值。屋主選擇三層玻璃平開窗，並施以 low-E 塗層，提供 0.24 的 U 值。平開窗提供良好通風，並以氣密隔絕額外空氣滲透。

實心橡木木材僅以卡榫與木樁便完成了建築主架構。
Courtesy of Brent and Amy Wiersma.

淺色屋頂能夠反射夏季陽光，並輕易灑落冬季降雪，有著極高耐久性。乙烯基外牆保護結構隔絕板不受天氣侵襲，灰泥則覆蓋住低樓層暴露出的部分。

一具高效熱回收通風機 (heat recovery ventilator, HRV) 在捕捉與交換能量的同時，提供持續不間斷的新鮮空氣。吊扇提供夏季所需的涼爽，丙烷燒水爐則藉由循環設置在低樓層水泥牆面中管線的熱水，提供冬季所需的溫暖。樓上則有一具柴爐。

在減少勞力的情況下，以吊臂安裝結構隔絕板能夠快速安裝完成。Courtesy of Brent and Amy Wiersma.

石膏板與實木板作為內裝牆壁與天花板完成裝潢。樓地板則是混合合成地毯與瓷磚的配置。

直立鎖邊的屋頂覆蓋住結構隔絕板。Courtesy of Brent and Amy Wiersma.

個案研究 2.3

水泥隔絕屋

地點：美國威斯康辛州(北緯43度)

建造年分：2004

規模大小：主建築4080平方英尺(包含完工地下室後為6730平方英尺)

造價：800,000 美元 (每平方英尺 120 美元)

建案描述：這棟有著完整地下室的兩層樓、五個臥室建築，使用另一種取代常規木材架構建築的工法：水泥隔絕磚。

　　水泥隔絕磚(insulated concrete form, ICF)為以水泥灌入使用環環相扣的泡棉塊形成塊磚。這些水泥建築能夠為建築提供永久的隔熱效果。這些塊磚能夠作為牆面、地板與屋頂使用，通常以EPS或XPS聚苯乙烯泡棉組成，並以塑膠板首加固。與常規建造相較之下，水泥隔絕磚有著更佳的強度與穩定性、更佳的隔音及隔熱效果。儘管水泥與泡棉隱含能源較高，但水泥隔絕磚仍是綠建築領域受歡迎的建材。

　　本建築以水泥隔絕磚作為外牆，以常規建造構築主要架構與內部隔牆。水泥隔絕磚兩側為2英寸厚的EPS泡棉，中間核心則是6英寸厚的加強水泥，有著R值17的隔熱值。然而，與常規建材不同的是，水泥隔絕磚提供近乎完全氣密的效果，而有著高質量的水泥核心使室內溫度更加穩定，降低額外的加熱與降溫需求。高質量的水泥隔絕磚格外需要穩固的地基，而本建築施工前的準備需要壓實地面，並準備用壓碎礫石的基底作為排水措施，加上周遭環繞地下室的排水瓦，藉此將水疏離建築。

建築材料

藉由謹慎安裝並密封門窗，得以確保本建築的整體密合性。雙層、low-E 玻璃的平開窗的氣密性高，並提供 0.30 的 U 值。

水泥隔絕磚必須被保護免受天氣因素與火源的威脅。本建築在內牆使用石膏板，在外牆則是使用灰泥與石材。瀝青瓦則確保屋頂天窗與溝渠的密封。

內部系統包括一具熱回收通風機在避免熱流失的同時提供新鮮空氣；在地下室與車庫有一具地下熱水加溫系統；以及在每個主要門口設置獨立高效壓力熱風爐。在主臥室有著一具高效瓦斯火爐，客廳則有一具內燃式燃木火爐作為主要供熱設備。兩具火爐都有電子空氣清淨功能與紫外線光來移除塵土、煙、寵物毛髮等過敏原，並且能夠清除細菌和其他微生物。每個樓層也有著獨立空調系統。對於火爐來說，獨立系統能夠因居住者當時需求分開調控每個房間的溫度，增進能源效率。

水泥隔絕磚以中間灌漿提供隔熱效果與熱質量。Courtesy of Scott Grinnell.

纖維素隔熱體填入閣樓，並提供天花板高於 R 值 50 的隔熱效果，而硬化泡棉則為地下室地板提供 R 值 10 隔熱值。本建築採用多種不同地板——主要由瓷磚與實心硬木組成，並由合成地毯作為輔助。

屋主使用有著低揮發性有機化合物的油漆、來自永續林的木材，並以回收再利用大部分的建材來減少廢棄物。然而，由於泡棉碎屑無法回收，最終仍無法避免將垃圾丟進掩埋場。

房屋以灰泥與石材保護水泥隔絕磚。Courtesy of Scott Grinnell.

延伸學習　計算傳導所傳遞的熱能

每當接觸到建築物性能時，在三種熱傳遞形式中傳導通常是最簡單的一個。有著密封良好的窗戶與門的牢固建築物能最小化對流的熱傳遞。經篩選的窗戶塗層與具反射性的屏障能減少熱透過輻射傳遞。要減少熱能透過對流傳遞，高等級的隔熱是很重要的。熱透過物質傳導的速率由三個因素決定：ΔT 兩側的溫度差 (°F)、原料表面區域 A (ft^2)，以及原料的 R 值 (ft^2 °F hr/Btu)。熱傳遞的速度由下列關係決定：

$$熱能 = \frac{A\Delta T}{R}$$

原料的 R 值通常在結構的各處會有所差異，地板、牆壁與天花板的係數各不相同。因此，熱的傳遞需以各部分加總起來計算：

$$熱能_{總} = 熱_{地板} + 熱能_{牆壁} + 熱能_{天花板}$$

在美國，通常用來測量熱傳遞速度的單位是每分鐘英制熱單位 (Btu/hr)。作為比較，一個 100 瓦特的燈泡每小時能產出 341 英制熱單位，相當於一位成人平均新陳代謝所產出的熱能。

下列的例題示範計算建築物中熱能藉由傳導來傳遞的方法。

例題 2.1

一座位於北明尼蘇達州 600 平方英尺的住家，有著 8 英尺高牆面及扁平的屋頂，並且坐落在表面為 20×30 英尺花紋的水泥地基上。在牆板下的硬質泡沫提供 R 值 10 的隔熱係數。牆壁與天花板的隔熱係數分別是為 R 值 20 和 R 值 40，假設房子維持在 70°F 的溫度，而外界溫度維持 0°F，且在牆板下的地面溫度維持在 35°F。請判斷建築物藉由傳導散失熱能的速率。為了簡便，請忽略窗戶與門的存在。

解

第一步：計算出地板、牆壁與天花板的面積。

　　面積$_{地板}$ = 長度 × 寬度 = 20 英尺 × 30 英尺 = 600 平方英尺

　　面積$_{牆壁}$ = 高度 × 長度

房屋的總長度即為房屋的周長。若房屋的長寬為 20 英尺 × 30 英尺，周長即為 20 英尺 + 30 英尺 + 20 英尺 + 30 英尺 = 100 英尺。房屋的高為 8 英尺，因此，

　　面積$_{牆壁}$ = 8 英尺 × 100 英尺 = 800 平方英尺

　　面積$_{天花板}$ = 長度 × 寬度 = 20 英尺 × 30 英尺 = 600 平方英尺

第二步：以熱傳導關係公式求出各個部分的熱散失率。

$$熱能 = \frac{A\Delta T}{R}$$

$$熱能_{地板} = \frac{600 \text{ ft}^2 \times 35°\text{F}}{10 \text{ ft}^2°\text{F Btu/hr}} = 2100 \text{ Btu/hr}$$

$$熱能_{牆壁} = \frac{800 \text{ ft}^2 \times 70°\text{F}}{20 \text{ ft}^2°\text{F Btu/hr}} = 2800 \text{ Btu/hr}$$

$$熱能_{天花板} = \frac{600 \text{ ft}^2 \times 70°\text{F}}{1040°\text{F Btu/hr}} = 1050 \text{ Btu/hr}$$

第三步：將所有部分的熱能相加得出總散失熱能。

$$熱能 = 熱能_{地板} + 熱能_{牆壁} + 熱能_{天花板}$$
$$= 2100 \text{ Btu/hr} + 2800 \text{ Btu/hr} + 1050 \text{ Btu/hr}$$
$$= 5950 \text{ Btu/hr}$$

為了要讓室內溫度穩定維持在 70°F，熱能來源(如壁爐)必須能夠提供 5950 Btu/hr 的熱能。作為替代，若有 17 個人居住在房屋內，每個人能產出 341 Btu/hr 的體熱，房屋室溫亦能維持在近乎穩定的 70°F。

例題 2.2

假設以上例題的相同房屋有著 U 值為 0.40，總面積為 100 平方英尺的六扇窗戶。並假設該房屋有 R 值為 8.0，總面積為 40 平方英尺的兩扇門。請計算在如同之前例題一樣的環境狀況下的熱散失率。

解

第一步：窗戶與門所佔的面積減少了牆壁所佔的面積。

$$牆壁_{面積} = 面積_{原本牆壁} - 面積_{窗戶} - 面積_{門} = 800 \text{ ft}^2 - 100 \text{ ft}^2 - 40 \text{ ft}^2 = 660 \text{ ft}^2$$

第二步：計算新的散失率。U 值 0.4 相當於 R 值為 1/0.4 = 2.5。

$$熱能_{牆壁} = \frac{660 \text{ ft}^2 \times 70°\text{F}}{20 \text{ ft}^2°\text{F Btu/hr}} = 2310 \text{ Btu/hr}$$

$$熱能_{窗戶} = \frac{100 \text{ ft}^2 \times 70°\text{F}}{2.5 \text{ ft}^2°\text{F Btu/hr}} = 2800 \text{ Btu/hr}$$

$$熱能_{門} = \frac{40 \text{ ft}^2 \times 70°\text{F}}{8 \text{ ft}^2°\text{F Btu/hr}} = 350 \text{ Btu/hr}$$

第三步：計算出最終的總熱散失率。

總熱散失 = 熱能$_{地板}$ + 熱能$_{牆壁}$ + 熱能$_{天花板}$ + 熱能$_{窗戶}$ + 熱能$_{門}$
= 2100 + 2310 + 1050 + 2800 + 350 = 8610 Btu/hr

熱散失的單一最大來源為窗戶，用在美國各地住家與辦公環境的典型雙層玻璃通常有著 U 值 0.40，窗戶的增加會戲劇性地降低建築本身的隔熱性，造成更大幅度的熱散失。

例題 2.3

假設上述例題的窗戶皆安裝在建築南面。在放晴的冬日，通過窗戶的太陽能約為每平方英尺 275 Btu/hr，持續 4 小時。語音熱傳導而散失的熱相比，此建築能從日光的輻射熱中獲得多少熱能？假設室外溫度為 0°F，窗戶則是施以 low-E 塗層，SHGC 為 0.65 的透明玻璃。

解

第一步：窗戶從熱傳導中所散溢的熱能仍與上一個例題相同：熱能$_{窗戶}$ = 2800 Btu/hr。本窗戶在 24 小時內所散溢的熱，即為熱溢散率乘上 24 小時。

散失熱能 = 熱能 × 時間

第二步：計算出 4 小時日照下的陽光熱能。

獲得熱能 = 熱能 × 時間
= (太陽能密度 × 窗戶面積 × SHGC) × 時間
= $(275 \frac{Btu}{hr\ ft^2} \times 100\ ft^2 \times 0.65) \times 4$ 小時 = 71,500 Btu

陽光在日間所帶來的熱能能夠彌補，並超出窗戶整個 24 小時所散失的熱能。這樣的「獲光」在管理建築物整體能源需求時是相當重要的。設計出能夠讓冬季陽光溫暖室內的格局，是被動式太陽能設計相當重要的一個環節，在下一章將會對此有更深入的討論。

本章總結

　　歷史上的建築，建材大都取自於當地採集並稍微加工。歸功於科技進步與石化燃料的容易取得，高能源消耗建材製造工法與長距離運輸成為可能，讓建築者能夠使用並運輸全球各地不同的原料作為建築材料。這些技術雖然讓不可能的建築成為可能，卻也造就了一個消耗更多資源與能量的產業。綠建築成為一種以當地可持續採集資源作為素材，對環境影響極小化的方式。

　　儘管現代建築在過程中通常相當消耗能量，但藉由改良資源利用率與減少廢料，仍能夠減少對於自然資源的消耗。包括下列的好處：

- 將生長快速、低品質的木材製成 OSB (定向刨花板) 等的纖維板、複合木外牆板與地板、疊壓梁柱，以及其他數種產品，藉以降低對古老原生林的依賴。
- 對在戶外及潮濕環境的木材使用防腐劑，藉此延長使用壽命，並且能夠讓快速生長的樹種替代諸如松木與紅木之類的生長週期長樹種。
- 創造隔熱效果更佳的隔熱材，使房屋更加紮實且舒適，同時降低能源消耗。
- 以能夠阻擋特定波長光線的薄膜貼上玻璃，藉此在讓可見光通過的同時，阻礙來自日光的熱能。
- 以革新的回收技術，盡可能地讓金屬、紙張、玻璃與塑膠再利用。現今許多回收物最後成為建築材料的一部分，例如，回收金屬屋頂、纖維素隔熱體、窗戶玻璃、強化複合地板和聚氯乙烯外牆板等。

　　上述及繁多無法記載的方式，看似相當優秀，卻並非完美。許多複合木材產品的黏合劑中含有揮發性有機化合物。這類在建築材料生產過程中與建築成房屋後所產生的毒素，不但造成許多環境問題，更對公共健康安全造成危害。而生產這些建材所消耗的電力，主要從火力發電燒煤而來，過程中產生二氧化硫、二氧化氮、汞與二氧化碳，造成空氣汙染與水汙染、酸雨、霾害，並且是氣候變遷的元凶。

　　在設計一棟綠建築時，必須謹慎選擇建材藉以降低對環境影響，為居民及周遭社區提供健康的居住空間。

複習題

1. 金屬、磚瓦與水泥等原料由於製作過程中所需的挖礦及高溫，因此含有相當高的隱含能源。然而，這些建材通常卻仍被認為是適合綠建築的建材，為什麼？

2. 使用已組裝完成的木質外牆相對於需現地組裝的木質外牆，有哪些優缺點？

3. 請考慮使用夾板或定向刨花板作為建築保護層的優缺點。哪一種建材你認為是較好的選擇？請以綠建築原則解釋之。

4. 假設有一建築者想避免使用水泥作為建材。作為替代水泥的方案，他選擇使用經壓力加工後的木材作為地基，鋪在一片現地即有、排水良好的砂礫土上。請以綠建築原則評估這種地基的優缺點。

5. 在寒冷地區的建築中，許多都有隔開居住空間之外，額外的入口室的設計。請解釋為何這種設計能增加房屋效能。

6. 請解釋乙烯基與尼龍材質地板的差異。兩者各有何優缺點。

7. 請排序瀝青瓦、鐵釘與纖維素隔熱體的隱含能源，包含處理原料、加工、運輸等因素。請解釋你如此排序的原因。

8. 在搬到全新落成的新居後，屋主表示他感到頭痛、暈眩與噁心，而過去從未有過這種經驗。造成此類症狀的原因可能為何？你認為應如何解決？

9. 一位居住在溫暖潮濕環境的屋主，想要為有著三個小孩——其中一個才剛學會如何爬行——的家庭做一個室外露台。你會建議他以什麼原料建造？你可以提出沒有在文章內出現的原料。請解釋之。

10. 假設你買了一棟老舊的房屋，有著硬木地板、單窗格窗戶、乙烯基外牆，以及瀝青屋頂。你會採取哪些做法讓房屋盡可能地綠建築化？假設你的預算不多，請闡述你的方案。

11. 請解釋熱如何從一根燃燒的蠟燭藉由三種途徑傳遞。

12. R 值與熱傳遞的三種途徑有何關聯？

13. 假設每小時有 3000 Btu 的熱能透過 R 值 10 的牆傳遞，若牆壁厚度與大小維持但改為使用 R 值達到 20 的材質，每小時會有多少熱能傳遞？

14. 一屋主設一 R 值為 38 的玻璃纖維層板在閣樓上隔熱。在夏季時，玻璃纖維的隔熱值維持 38，然而在冬季，玻璃纖維的隔熱效果降低了。為何會有此狀況？屋主該怎麼做來改善？什麼樣的材質更適合作為隔熱材？

15. 請解釋窗戶玻璃所標示的四種參數 (U 值、陽光熱得係數、可見光透射率、空氣滲透)，以及熱傳遞的三途徑 (熱傳導、熱對流、熱輻射) 的關聯。

16. 哪些要素會影響綠建築中窗戶的數量、形式與位置？

17. 哪些隔熱材質中相對使用較多的回收素材？這些隔熱材質的缺點為何？優點為何？

18. 瀝青瓦與陶土瓦相比之下的優缺點為何？

19. 假設你要在加州一個火警多發的地區設計建築，你會使用怎麼樣的外牆、地板與屋頂？以綠建築原則為核心，請解釋你的選擇。

20. 在哪些氣候環境下，較適合使用 low-E 玻璃？哪些氣候環境下較適合使用較低陽光熱得係數的玻璃？

練習題

1. 請計算一片 U 值為 0.33 的雙層玻璃，其 R 值為何？若在夜晚以一片 2 英寸厚的發泡聚苯乙烯 (EPS) 隔熱體緊密覆蓋，會有多少百分比的熱散失？

2. 妥善安裝的窗套能夠為窗戶帶來 R 值 4 的額外隔熱體。請比較一 U 值為 0.33 的窗戶在有窗套及無窗套狀況下熱散失比率的差異。

3. 有一每邊長 2 英尺的正方形冰櫃以華氏 32°F 的溫度存放冰塊。若冰櫃以 2 英寸厚的發泡聚苯乙烯 (EPS) 泡棉製成隔熱，而外部溫度為 74°F，每小時有多少英熱單位之熱能 (Btu/hr) 傳到冰塊上？

4. 一雞舍以白熾燈泡加熱，提供每小時 500 Btu 的熱能，並以一設定在 60°F 的恆溫器控制燈泡開關。雞舍晚間關閉，並有著 R 值 10 隔熱體。若晚間的外部溫度為 20°F，若僅以燈泡來維持恆定 60°F 的室溫，雞舍的空間最多能到多大 (ft^2)？

5. 一個 10 人的芭蕾舞課以一個廢棄貨櫃作為臨時教室，而貨櫃以同樣的材質與厚度製成，長寬高各為 30 英尺 ×10 英尺 ×10 英尺。每一位舞者每小時輸出 600 Btu 的熱能 (Btu/hr)，該環境無其他熱能來源。假設某天氣溫為 30°F，而地面溫度為 40°F，若要維持恆定的 65°F 室內溫度，貨櫃最低 R 值為何？

再生能源與永續性設計

Chapter 3 被動式太陽能設計

Courtesy of Scott Grinnell.

簡介

自從最早的文明開始，太陽的日常和季節性的運動影響了建築設計。縱觀歷史，人們已經確定並設計他們的建築物來利用太陽的能量和光線。被動式太陽能設計 (passive solar design) 利用在太陽路徑的季節性變化來建造由天然裝置的供熱 (有時冷卻) 結構。

早在西元前 400 年，古希臘人用被動式太陽能設計其建築，並規劃整個城市以確保每一位居民能夠獲得陽光。羅馬人後來改進這些設計，窗戶設有玻璃、發明溫室，並通過法律禁止結構遮擋住鄰居住所的陽光。美國原住民，如阿納薩齊，即於懸崖下方處挑建住宅，其可於夏季提供遮陽並接受冬日的陽光 (圖 1.1)。早期新英格蘭人喜愛的鹽盒式建築設計，有兩層朝南的窗戶及面北處僅單層屋頂傾斜且窗戶較少(圖 3.1)。

圖 3.1 鹽盒式設計，擁有兩層朝南的窗戶和長坡屋面來保護北側，常見於 1700 年代的新英格蘭。寒冷的冬季氣候使得供熱成為優先事項。資料來源：Library of Congress, Prints & Photographs Division, HABS MASS, 11-QUI, 7-1.

59

圖 3.2 西班牙殖民時期的設計，以大量的懸垂設計來避免居住空間被陽光照射，在美國西南部很常見。沙漠氣候使得防暑降溫成為首要關注的問題。資料來源：Library of Congress, Prints & Photographs Division, HABS NM, 24-LAVEG. V, 1-2.

定居在美國西南部的西班牙人喜歡東西向的家園建築，使房屋的長軸朝南，並於二樓使用懸垂屋頂及甲板，可以遮蔽夏季陽光(圖3.2)。這些特徵都代表著被動式太陽能設計。

工業革命和廉價的石化燃料的出現改變了建築設計，使人們能夠對所有的建築物以加溫或降溫的方式來做空氣調節，可以幾乎不受太陽的影響。所在地特殊性的設計方法可以在全球截然不同的氣候下，給予標準化的建築建構方式。今天，它是常見不受太陽路徑影響的家園設計方式。這些使用石化燃料比結合被動式太陽能設計還多的房屋建築，往往是能量和資源效率低，並且創造的是讓居民感到不舒服的空間。內部空間往往太熱或太冷、過度眩光、太暗、太陰鬱，或缺少連接到外面的感覺。

因為被動式太陽能設計乃利用太陽季節變化的路徑來產生天然的再生能源，所以理解太陽的每日及季節性的運動是重要的課題。

太陽於不同季節及每日的軌道路徑

地球每天以相對傾斜於其繞太陽軌道的軸 23.5° 的方式旋轉一次。如圖 3.3 所示，當地球公轉時其傾斜角度保持固定，這種現象改變了地球的向陽性。這就是所謂的季節。當某個半球向著太陽傾斜的時間較長，就是溫暖的氣候；當它經歷的時間較短，則是涼爽天。在春季與秋季的兩個分點 (equinoxes)(約 3 月 20 日和 9 月 22 日)，地球的傾斜角度與其運動軌道的角度相同，因此沒有任何半球朝向或遠離

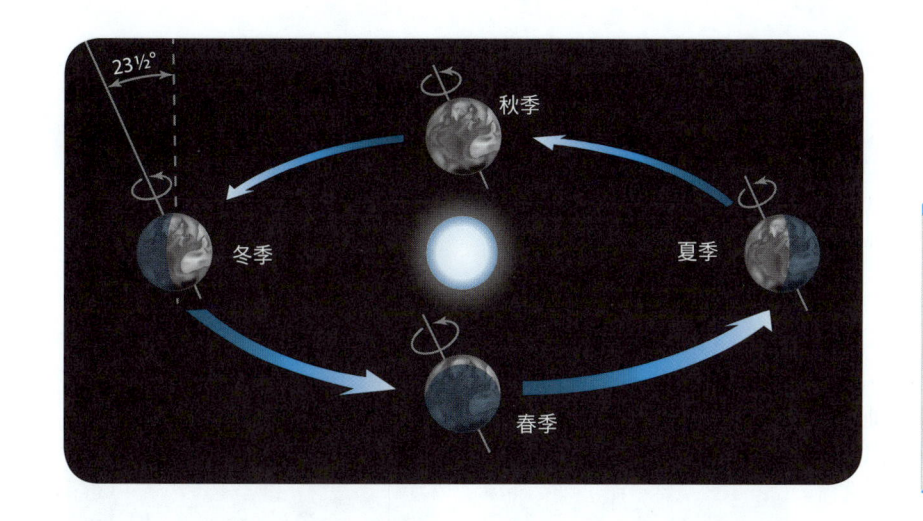

圖 3.3　雖然地軸圍繞太陽的傾斜能保持固定，但其相對於太陽傾斜的方向會每年依季節而變化。傾斜向著太陽半球為夏季，而半球遠離者為冬季。春季和秋季時，其傾斜角是平行於軌道方向發生。　© 2016 Cengage Learning®.

太陽傾斜。其結果是，在地球上的每一個地方每天均經歷相同長度的時間。大約在 6 月 21 日，北半球直接傾斜對著太陽就是所謂的夏至點 (solstice)，而此時南半球就是冬至點。在 12 月 21 日，情況正好相反：北半球離太陽傾斜最遠即為冬至點，南半球則為夏至點。

地球上的觀察者認為，這些季節性變化如同太陽在水平面上的最大高度差，稱之為高度 (altitude)。太陽的高度不僅與季節有關，而且隨緯度而異。考慮圖 3.4，描述地球春季或秋季分隔期間 (譯注：即春分及秋分)。在春分及秋分時，太陽光線垂直照射赤道，如果正午站在赤道上會發現太陽正直射頭頂。在赤道位置的南或北，太陽在天空中的高度，將會隨著觀察者所在的緯度而降低，所以它是由 90° 減去緯度所得。因此，駐留在北緯 40 度時，我們會看到中午的太陽在地平線上的 50°(即 90°－40°)；另一方面，我們在北極或南極就會看到太陽在地平線 (0° 或 90°－90°) 上了。

在夏至日，天空中的太陽比春秋分時更高 23.5° 角，與太陽的高度 90°＋23.5°－所在緯度來計算 (圖 3.5)。居住在北緯 40 度的人，此時將觀察到中午的太陽 (90°＋23.5°－40°) 在 73.5° 的地平線上；在冬至日，太陽比春、秋分時更低 23.5° 角，或 90°－23.5°－所在緯度，在北緯 40 度觀測到中午太陽在 26.5°(90°－23.5°－40°) 的地平線上。因此，在一年的過程中，太陽高度變化為 47°。此一年的變化遵循著正弦曲線，如圖 3.6 所示，每天都用一個微妙的、可預測的方式在變化。這種可預測性已經使人們隨著經驗的時日增長，可以建構利用太陽最大化利益的方式。

再生能源與永續性設計

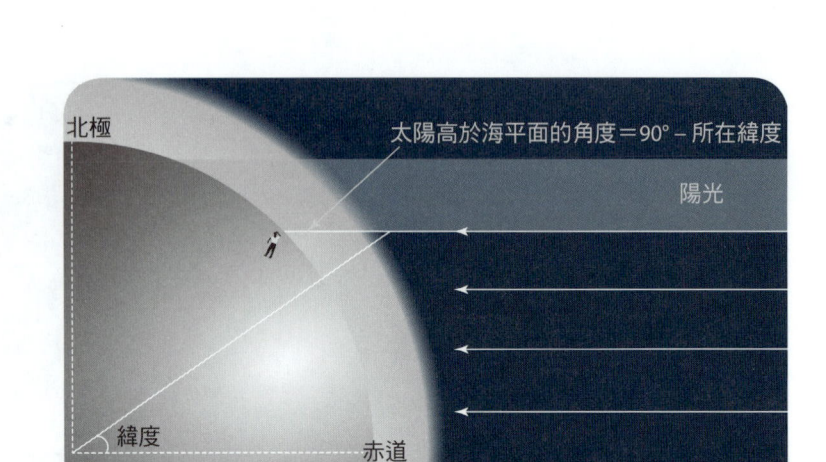

圖 3.4　在春季及秋季，太陽垂直地照射地球赤道。在赤道上的觀察者會看到正午的陽光直接過頂，太陽高度為 90° 角。對於在赤道南或北緯度的觀察者認為，太陽高度角為 90°－當地緯度。© 2016 Cengage Learning®.

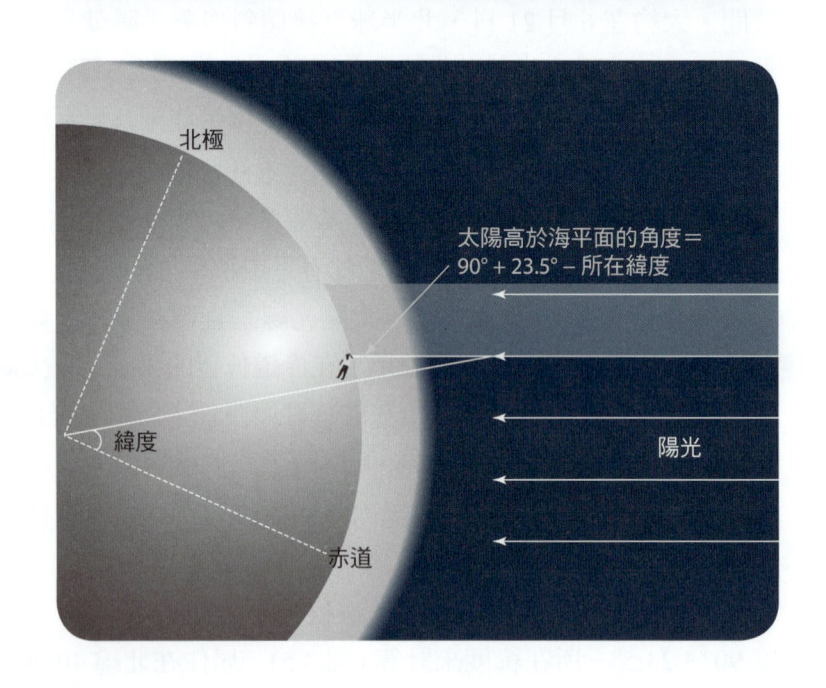

圖 3.5　大約在 6 月 21 日，北半球傾斜 23.5° 朝向太陽。現在北半球觀察者看到太陽在 90°＋23.5°－所在緯度。在南半球冬季的居民，他們觀察到的太陽角度則減去 23.5°。© 2016 Cengage Learning®.

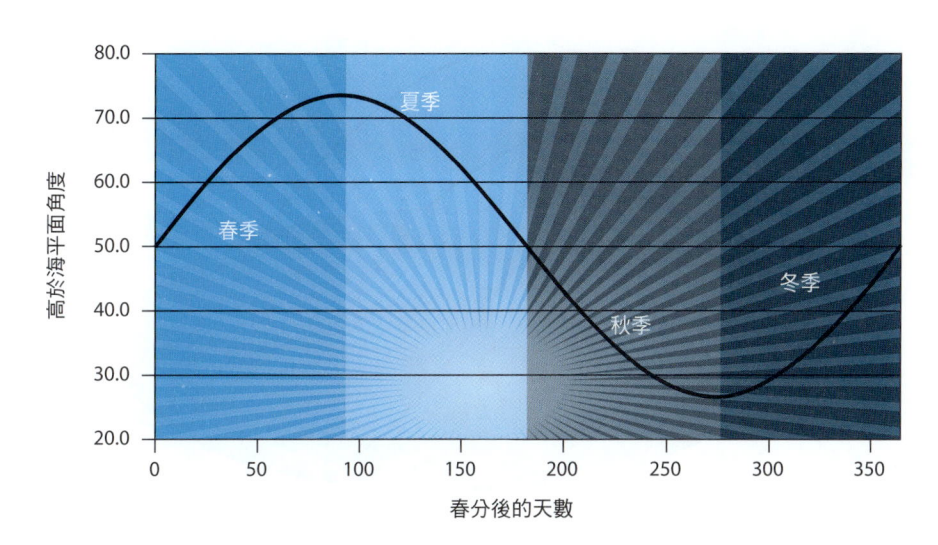

圖 3.6 在一年中任何特定位置的太陽高度 (在北緯 40 度處) 所預見正弦曲線的變化。在春分，太陽高度為 90° − 40° = 50°。91 天後，夏至日期間，太陽高度達到其最大的 90° + 23.5° − 40° = 73.5°。秋分時太陽高度自動返回到 50°，然後下降到冬至日最小 90° − 23.5° − 40° = 26.5°。雖然觀察到的高度取決於緯度，每個位置經歷了一個 47°− 在這一年的過程中變化。© 2016 Cengage Learning®.

設計一個利用太陽高度隨季節變化之特性而獲利的建築，是被動式太陽能設計的基本要素。了解這種變化可使得建築者創造舒適和節能的空間。

圖 3.7 顯示太陽於北半球房屋的夏至日、冬至日、春分和秋分的路徑。冬季的太陽在天空相對較低，它的光線幾乎全部來自於南方。在冬季，陽光很少直射穿透建築物的東、西兩側的窗戶，而朝北的窗戶幾乎不會有陽光。另一方面，夏季的高太陽，上升和下降於東西線之北，允許大量的陽光通過東、西邊的窗戶，甚至一些光線直接照射朝北的窗戶。在一年中的任何時候，太陽的高度保持相對穩定，因為每天中午它接近並從其最大高度下降。其結果是，對一個相對高的夏季太陽，其屋簷和遮陽篷朝南的窗戶能夠遮陽，但允許那些冬季的低陽光穿過。以這種方式，熱能僅在需要時進入建築物中，如圖 3.8 所示。

再生能源與永續性設計

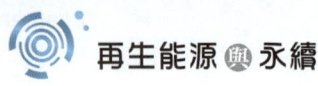

圖 3.7 太陽的高度季節性變化也改變了太陽上升和下降的位置。請注意，冬季的太陽光線主要是來自南方，而夏季的太陽照亮建築物的每一邊。© 2016 Cengage Learning®.

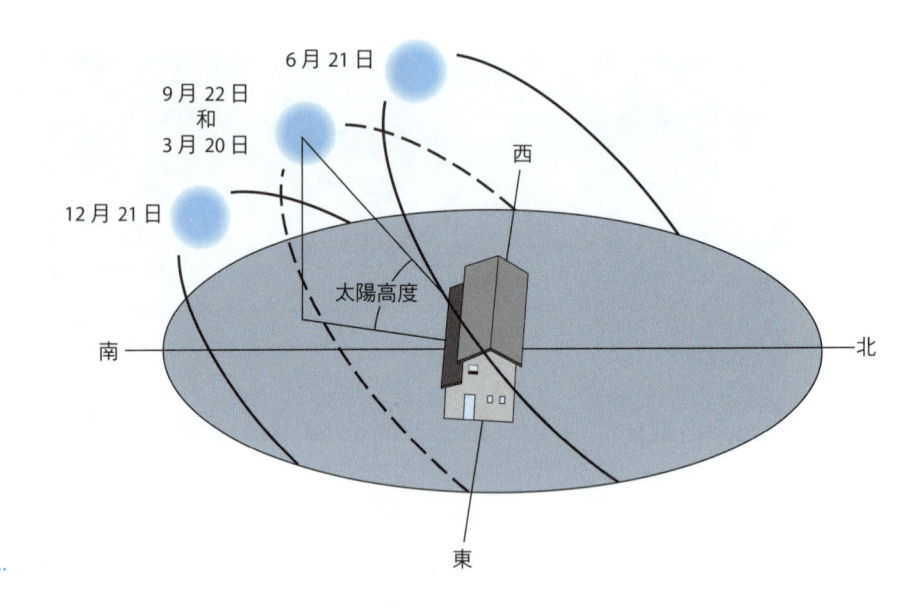

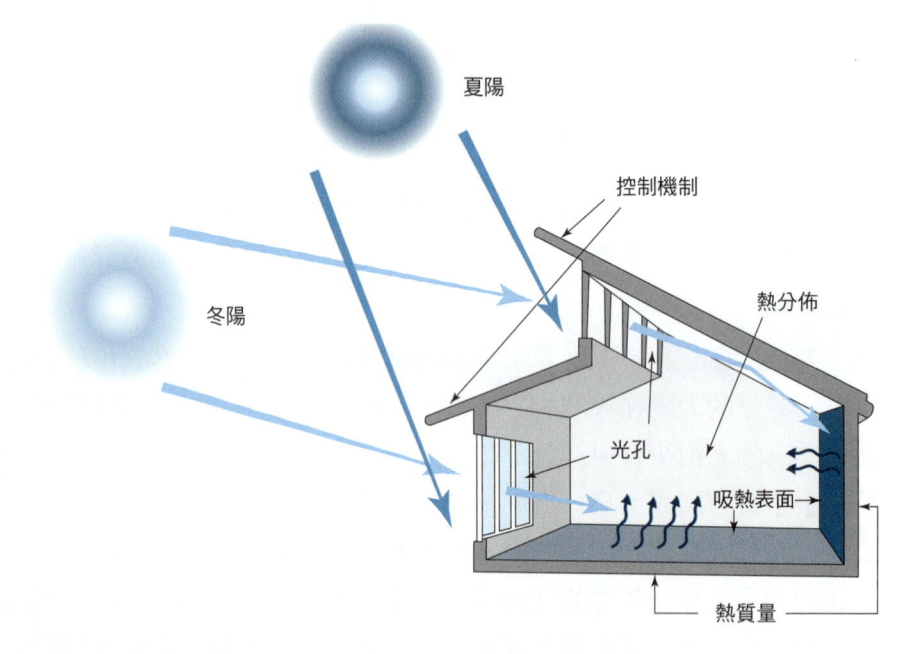

圖 3.8 被動式太陽能設計讓建築物利用來自冬季低陽光的太陽能，同時防止夏季的高陽光熱增益的吸收。被動式太陽能設計由五個關鍵要素組成：光圈、熱吸收表面、熱質量、熱分佈，以及控制機制。© 2016 Cengage Learning®.

被動式太陽能設計

被動式太陽能設計是在冬季能利用太陽的溫暖，同時防止在夏季不必要的熱增益吸收而聞名。然而，延伸式被動式太陽能設計也能夠在夏季透過建立陽光導引通風設施 (sun-induced ventilation) 直接冷卻建築物。因此，被動式太陽能設計可以減少加熱和冷卻的能源使用 (及其相關的環境影響)。此外，被動式太陽能設計透過允許更小的加熱、

通風，及空氣調節單元節省金錢，這樣的設計提供對抗尖峰常規能量成本消耗的確定性、提供更大的舒適性和與戶外的連接性，並減少照明需求和成本。

儘管其原理可以普遍適用，但被動式太陽能設計屬於地點特殊性，必須適應當地的氣候。寒溫帶氣候，冬季供熱是主要的考量，要求促進大量太陽熱增益的吸收，通常是透過朝南的窗戶完成。在主要關注降溫的地區，其適當的策略包括優先使用朝北的窗戶、通風良好，以及經由綜合遮陽方式直接或反射太陽光。

成功的被動式太陽能建築必須良好地隔離、導引，以允許太陽能的進入，並能夠充分地收集、控制、儲存和分配太陽能。建築物的設計是完全被動的，只依賴於傳導，對流和輻射來分配熱量到整個建築物的內部。許多建築物應用被動式太陽能設計元素還包括管道、溫度控制鼓風機等機械裝置來散發熱量。系統中所增加的通常是有益的，創造的不再是嚴格的被動式太陽能建築。

被動式太陽能設計依照如表 3.1 列出的五個關鍵要素，並如圖 3.8 所示。這些元素是必不可少的。缺少任何一項元素可能使設計無效，並消除整個系統的好處。

▼ 表 3.1 被動太陽能設計元素

元素	例子
光孔	• 窗戶 • 空隙開口
吸熱表面	• 牆壁或地板 • 黑色金屬擋板 • 桶 • 黑色管道或軟管
熱質量	• 混凝土 • 石頭 • 磚 • 沙 • 水
熱分佈	• 內部分區的佈置和著色 • 表面傳導和輻射 • 通風口或導管 • 內部窗戶和門
控制機制	• 屋簷和遮陽篷 • 園林景觀 • 窗戶的塗層、遮蓋物和遮光劑 • 涼棚

© 2016 Cengage Learning®.

如果管理不當，進入建築物的陽光可以使內部空間即使在一個寒冷的冬日裡悶熱難耐。事實上，一個暗箱，隔絕密封在隔熱玻璃內，可以在一個寒冷晴朗的冬日達到 300°F 或更高的內部溫度。然而，只要太陽消失，在箱中的溫度將迅速冷卻。在較小程度上，太陽能加熱建築物若缺乏適當吸熱表面和熱質量，將會有相同大小的溫度波動發生。

透光

窗戶是透光 (aperture) 最常見的形式。適當的大小、數量和窗戶的類型取決於氣候和何種用途的建築。對於需要供熱的氣候，窗戶應優先設置於向陽 (南) 側，並具有較大的陽光熱得係數 (SHGC)，允許從冬季太陽獲得大量的熱增益，它們是經由冬季的陽光作為主要照明來源。然而，在東、西、北側的窗戶，應該是低陽光熱得係數，因為此時熱增益通常是不可預期的。對於炎熱的氣候，冷卻佔有主導考慮的情況下，所有的窗戶應該是低陽光熱得係數率，並且可以額外加入顏色。在任何環境下，只要建築物本身透過加熱或冷卻進行空氣調節，對窗口低輻射 (低散發率) 的塗層是有利的。low-E 塗層經由輻射限制熱量通過，進而隔絕內部熱量洩漏到外部寒冷氣候中，或在夏季時隔絕外部熱量洩漏到屋內涼爽空氣中。

吸熱表面

吸熱表面 (heat-absorbing surface) 是指，陽光經過透光孔後所照射到的表面。深色表面一般可以有較佳防止陽光在透光時反射。這個表面可以是在建築物的樓板上的琉璃瓦、在牆壁上的塗料、桶子的側邊 (可以含有水)，或能夠吸收陽光的任何其他物件。

熱質量

一旦熱被吸收，它需要被儲存。熱質量 (thermal mass) 可以在白天儲存吸收的輻射能量，並在夜間逐步釋放，使溫度更加穩定，並且建築物會更舒適。熱質量是能夠儲存大量熱能的材料，諸如混凝土板、石頭或瓷磚地板、磚石牆壁，以及桶子中的水。在某種情況下，熱質量的需求總量取決於白天吸收的太陽能多寡及材料必須提供熱量的時間。

熱分佈

一個有效的太陽能設計需要可以舒適地散發熱量到整棟建築的方法。這可以透過熱表面輻射來實現；藉由窗戶、門或通風口使空氣對流；或者直接經由材料傳導。開放樓層設計的建築物往往僅依靠被動的方式(自然傳導、對流和輻射)，這將導致一個真正的被動式太陽能設計。另一方面，有眾多的獨立分隔房間的建築物，往往需要機械系統，如風扇或泵以幫助分配熱量。

控制機制

控制機制 (control mechanisms) 是調節何時及多少的太陽能夠進入建築物中。在被動式太陽能設計中最常見的控制機制是遮陽篷和屋簷。窗戶的大小和位置及遮陽篷和屋簷的幾何形狀決定何時陽光可以進入建築物中。如圖 3.9 所示，日照量在一年的過程中不斷地改變。作為一種控制機制的屋簷使用，會隨著夏至或冬至時太陽的高度有所不同而有不同的幾何形狀：在夏季結束時供熱普遍不受歡迎，此時窗戶用屋簷遮陽，也可在太陽供熱合宜的春天這樣做。一般情況下，在

陽光進入建築物的區域

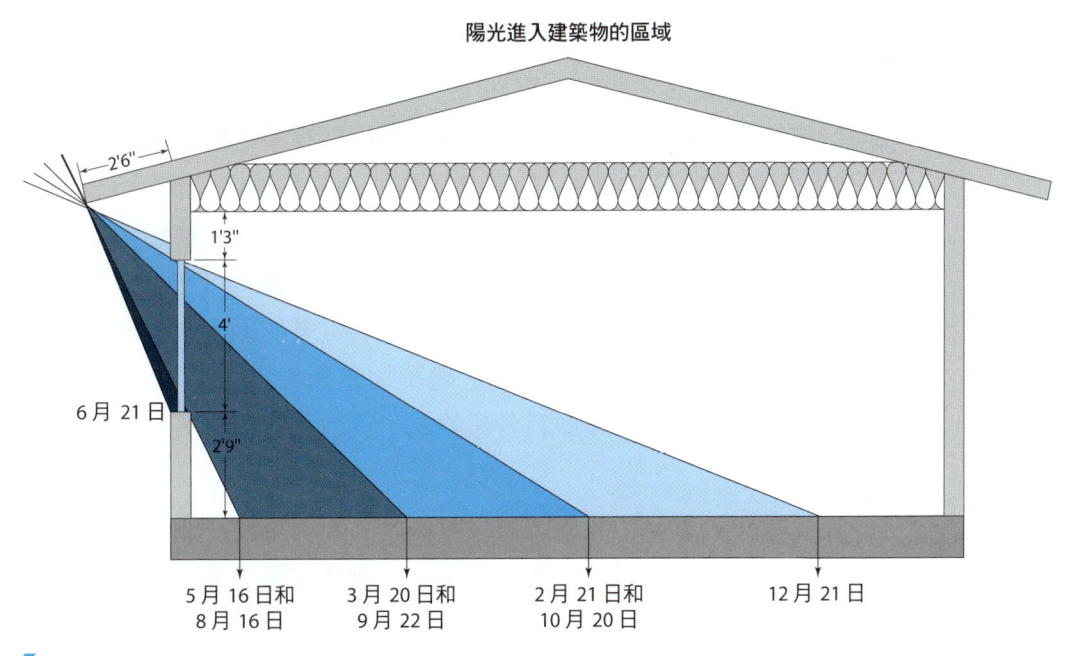

圖 3.9 屋簷的長度和窗口放置的大小是由當陽光入射朝南窗戶的日期決定。本例顯示某個在威斯康辛州北部的家庭 (北緯 46.5 度) 之被動式太陽能設計，個案研究 3.1 會進一步討論。在 5 月 16 日和 8 月 16 日之間無陽光直射進入建築物中。在 10 月 20 日之前，屋簷逐漸阻絕一些陽光，窗戶被完全照亮，並持續著直到 2 月 21 日。 © 2016 Cengage Learning®.

寒冷氣候的設計，應允許春季時可取用熱能，並且使用其他的(如落葉景況)控制機制來對夏末朝南的窗戶遮陽。另外，可調或可移動式遮陽篷的採用可完全消除這種問題。讓所有冬季和春季的陽光進入的遮陽篷，可以重新改變位置用來阻止夏季與初秋的陽光。

落葉景況也是建築物在東、西兩側有用的控制機制。在夏季上午及下午的陽光照射角度低，使向東和朝西窗戶之懸掛物無法遮蔭。在春末，氣候依舊涼爽，樹木往往還沒有完全長出葉子，如此可使陽光進入東邊和西邊的窗戶；相反地，在夏季和初秋氣候依舊溫暖時，這些樹葉可以阻絕陽光進入建築物內，防止太陽熱能增益。

在建築物的北側(在北半球)接收極少的太陽光線，並且不需要對太陽能有特別的控制機制。然而，依氣候而定，北側景觀美化可以阻擋寒冷的冬風、增進通風及冷空氣流動，另一方面也提高了居住的舒適性。因此，適當的景觀是建築物各方面的重要考慮因素。

正如第二章所討論的，窗戶隔熱性相當差，容易產生不必要的熱量傳遞。由於這個原因，被動式太陽能設計經常要求額外的控制機制用以防止經由窗戶不必要的熱傳遞。這些措施包括各式窗簾，這取決於氣候和需求。在一般情況下，寒冷的氣候需要窗戶內部的遮蔽物，而炎熱的氣候時，則要求遮蔽物位在外部。

在冬季需要供熱的氣候條件下，可充分利用朝南的窗戶。在24小時或更長的時間裡，向南窗戶之冬陽熱增益量超過熱能流失量。然而，對於時常多雲的地區而言，晚上不能沒有較好的隔絕窗戶。窗簾、蜂巢簾或其他緊密的內部隔絕窗戶等措施，可使對流、傳導和輻射最小化。這些窗戶的裝置利用手動或遠程操控的馬達，可在白天捲起，並在夜間放下這些設施，也可以經由三個或更多的因素來阻斷通過窗戶的熱損失。這可使在寒冷氣候之建築物達到每年20%-30%的太陽能性能增量。窗簾、蜂巢簾有各種款式、質地和顏色，可以適應大多數窗戶。

在夏季炎熱氣候中的建築物，可以用外部百葉窗、遮陽簾來盡量減少白天的熱量。百葉窗不僅遮擋光線，而且在惡劣天氣(包括颶風)也能提供安全保護。可以手動或使用電動馬達來操作、打開和關閉以上很像現代車庫門的設施。它們阻擋了所有不需要的陽光。可取代外部紗窗的遮陽簾，並可顯著減少眩光、紫外線和太陽熱增益的吸收。遮陽簾的材質允許空氣流通和阻絕昆蟲。

被動式太陽能系統的類型

有三種類型的被動式太陽能系統可供各種設計方案選擇，各有優點和限制 (參見表 3.2)。單一建築物可以利用不同的被動式太陽能系統在不同的空間。正確的系統端視於預期用途的空間，看看該空間是否需要加熱或冷卻，以及當地氣候。三種系統類型是直接增益 (僅用於加熱)、間接增益 (加熱或冷卻)，以及日光空間 (加熱或冷卻)。

▼ 表 3.2　被動式太陽能系統的優缺點

	直接增益 (僅加熱)
優點	<ul><li>相對便宜</li><li>為室內空間提供照明</li><li>提供與室外的視覺連接</li><li>可操作的窗戶提供通風</li></ul>
缺點	<ul><li>窗戶隔熱相對較差</li><li>白天發生最大的供熱</li><li>可能對室內空間造成紫外線損害</li><li>可能導致不必要的眩光</li></ul>
	間接增益——不通風的壁爐 (僅供熱)
優點	<ul><li>在夜晚最需要的時候供熱</li><li>緩和每日溫度變化</li><li>適用於不需要直接光源的場所</li></ul>
缺點	<ul><li>缺乏與室外的視覺連接</li><li>低絕緣值限制適用於日常日照和溫度適中的氣候</li></ul>
	間接增益——熱虹吸管包括通風壁 (供熱或冷卻)
優點	<ul><li>可提供加熱和冷卻</li><li>冷卻能會發生在白天最需要的時候</li><li>提供自然通風</li><li>可以使用蒸發冷卻</li></ul>
缺點	<ul><li>通風口必須關閉，以防止不必要的回風</li><li>冷卻模式需要冷空氣的來源 (如地面)，這有可能造成在最需要時卻無法獲得</li><li>蒸發需要水源</li></ul>
	日光空間 (供熱或冷卻)
優點	<ul><li>可作為溫室或其他輔助空間</li><li>從建築物隔離</li><li>可以在建築物完成後加入</li><li>可設計用於任何氣候</li></ul>
缺點	<ul><li>生活空間只接受間接光</li><li>通風口、門或窗必須於適當的時間可打開或關閉，以作為最佳的熱轉移</li></ul>

© 2016 Cengage Learning®.

直接增益

　　直接增益系統 (direct gain systems) 是被動式太陽能設計中最常見、最簡單的類型。旨在提供熱量、直接增益系統使用朝南的窗戶、正確的控制，以及有足夠的熱質量，可以在白天直接用陽光照射室內空間。它們往往是用於建築設計最便宜類型的系統，並可在需要明亮的照明空間處提供良好的光源。雖然熱質量適度影響溫度波動，但當太陽照射時，直接增益系統提供大部分的熱量，此時的太陽照射並不總是最需要熱量的時間。此外，陽光可能會使材料褪色，產生不想要的眩光。

　　直接增益系統需要足夠的熱質量來吸收和儲存太陽能。儲存熱能之熱質量容量隨著厚度可以增加到約 5 英寸，厚度超過此大小額外增加的利益一般來說不大。吸收面積應比透光大小大 5 倍或更大，雖然不是所有的熱質量都必須由陽光直接照射，如熱透過材料自然轉移。但建立足夠的熱質量是必須在建築過程中及早確定的設計元素。

　　當直接增益系統利用樓板作為主要的質量儲存時，樓板表面應該是暗色的，而牆壁及天花板應以淡色為宜。這樣允許地板吸收及輻射能量，而牆壁和天花板反射及散佈熱與光於整個建築物中。當牆壁作為主要熱質量時，牆壁就應該是暗色的。大規模內部隔間功能優於大規模外牆，因為內部隔板的兩側皆可參與儲熱和進入建築物的輻射，如圖 3.10 所示。不論所在地點，所有的熱質量都應不被遮蓋，也就是沒有地毯、家具及牆飾等遮蔽。

圖 3.10 位於建築外殼內的熱質量性能比在外牆更好。內壁的兩側輻射到內部與只有一個外牆的一側相比。© 2016 Cengage Learning®.

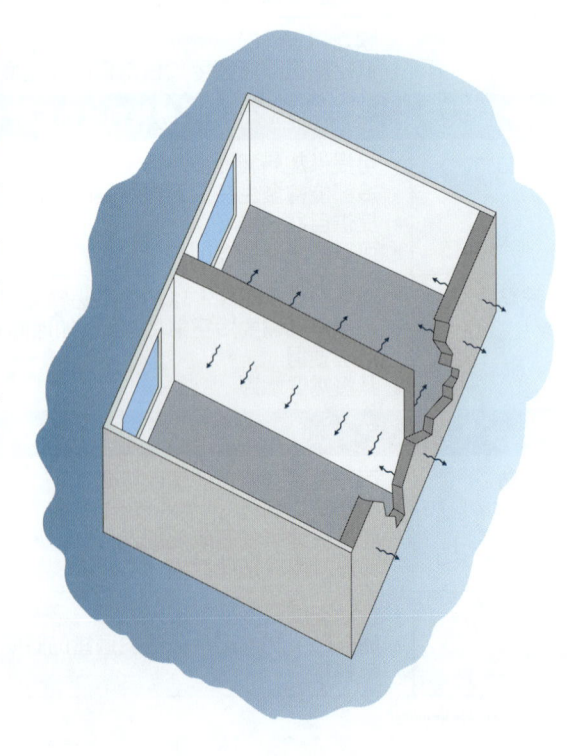

Chapter 3 被動式太陽能設計

🔵 間接增益

間接增益系統 (indirect gain systems) 加熱到居住空間表面外觀，並使用自然熱傳遞的形式輸送熱量到室內空間。間接增益系統包括蓄熱牆和熱虹吸管。

蓄熱牆

蓄熱牆 (thermal storage wall) 或特隆布牆 (Trombe wall)，在白天收集並儲存太陽能，並在夜間於建築物的內部逐漸釋放 (圖 3.11)。特隆布牆的厚度和導電性是具關鍵性的，作為此牆要夠大且足以吸收可資利用的太陽能，並有足夠的能力可於日落後不久開始提供熱量。

特隆布牆是大面並朝南的牆壁，通常由混凝土、石材、土磚或其他磚石和單、雙面玻璃從室外來絕緣。1 英寸或更多的空氣間隙從窗玻璃面分隔牆，並允許可見日光來溫熱牆。在窗戶和特隆布牆上特選的塗層可以提高太陽能吸收，並且於夜間或陰天限制熱量散失。此牆防止日光直接照射的居住空間，並且可以用於需要保持黑暗或不希望有向南景觀的地方。

特隆布牆本身是絕緣的，也因此只在每天有日常陽光氣候的地方有效，如沙漠，它可能會遇到較大的每日平均氣溫波動，而發生相對溫和的季節變化。建築物常常受益於系統的組合，例如，直接加溫的天然窗戶和另一個伴隨特隆布牆的延遲加溫。然而，在寒冷的天氣或那些沒有恆定陽光的地方，具有良好隔絕牆的直接增益系統會更加實用。

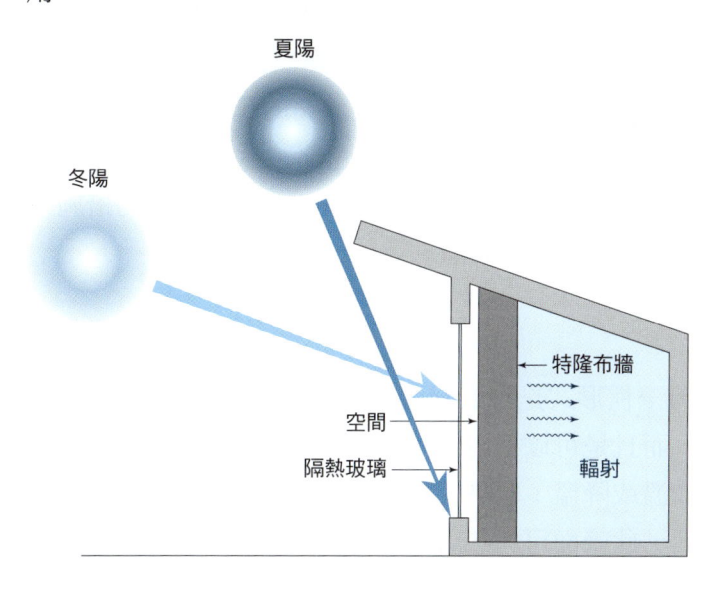

圖 3.11 特隆布牆的熱質量，在白天逐漸暖和起來並經由黃昏輻射熱量，在夜間供熱和調節每天溫度的波動。© 2016 Cengage Learning®.

延伸學習　傳統式土磚房

在美國西南地區所建造的傳統式土磚房，它與特隆布牆一樣在白天吸熱，並於晚上逐漸釋放熱量的模式運行。固態土磚牆的絕緣相當差，但卻提供良好的熱質量，透過延緩建築物中的熱量到日落之後，用以有效地緩和每天溫度的波動。這項原則指導了普韋布洛印地安人設計他們的阿科馬 (Acoma) 高原城市，這是美國最古老、至今仍有居民持續居住的社區之一 (參見圖 3.12)。在冬陽下日間增溫，土磚牆在夜間供熱。夏日的高溫陽光對南面牆增溫有限，因為太陽光線是以更傾斜的角度照射牆壁。受到夏日艷陽衝擊的屋頂則被絕緣處理，以限制熱增益。

圖 3.12　普韋布洛人住在阿科馬的天空之城，此城位於新墨西哥州 365 英尺高的台地上超過 800 年。厚土磚結構以白天的陽光下增溫，夜間保持熱量的方式來調節溫度。© Mariusz S. Jurgielewicz/www.Shutterstock.com.

正如直接增益系統，減少特隆布牆不必要熱量吸收最好的方法是，包括當熱能不需要時，可用遮陽篷或在夏季適當地建立遮陽設計。此外，有些牆可以配備季節性可調整玻璃窗的排氣口，以便更好地容許暑熱排到外部，如圖 3.13 的頂部和底部。然而，由於特隆布牆是絕緣的，在夏季氣溫始終很高的氣候時，一般需要額外的措施來限制熱量的增加，如外牆保溫百葉窗。

熱虹吸管

間接增益的另一種形式是熱虹吸管 (thermosiphon)，其利用陽光供熱及流動空氣，而且是可以不用機械輔助的自然對流系統。熱虹吸管可以對建築物加溫或降溫，取決於系統。對於任一類型的系統，太陽能供熱吸收表面，此表面可加熱周遭空氣。熱空氣上升，吸收冷空

氣來取代它,並因此形成對流循環。

閉迴路熱虹吸管系統藉由從建築物吸收冷空氣來使建築物加溫,並傳遞熱空氣回流到建築物(圖3.14)。這種類型的系統提供白天不需直射陽光,而能加熱空間的方法。

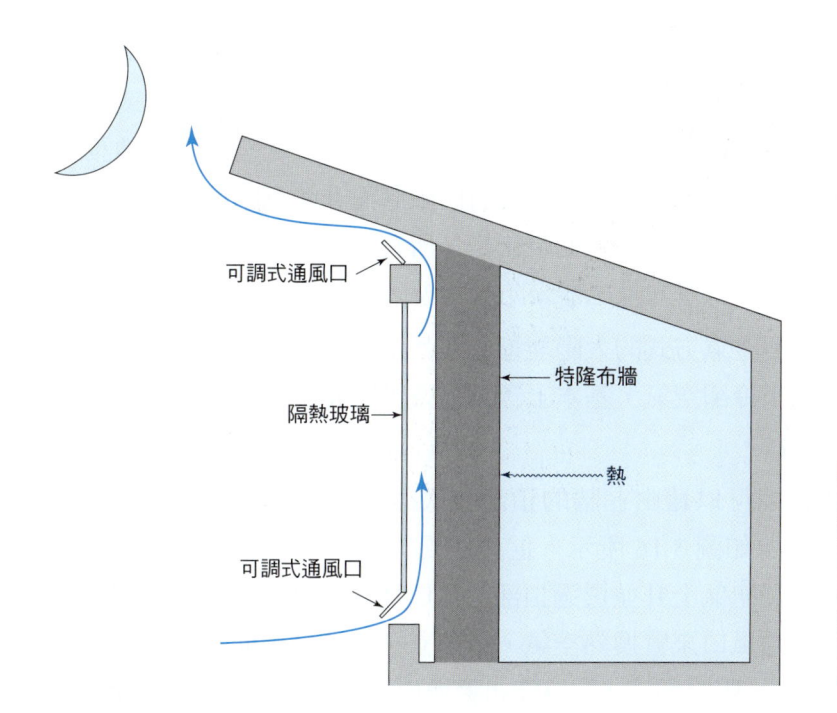

圖3.13 外部通風口的特隆布牆可於晚上自然循環。溫暖的牆加熱鄰近的空氣,空氣會上升並通過頂部排氣口排出。冷空氣在下部通風流動,其可創造循環從牆吸收熱能,並於內部降溫。© 2016 Cengage Learning®.

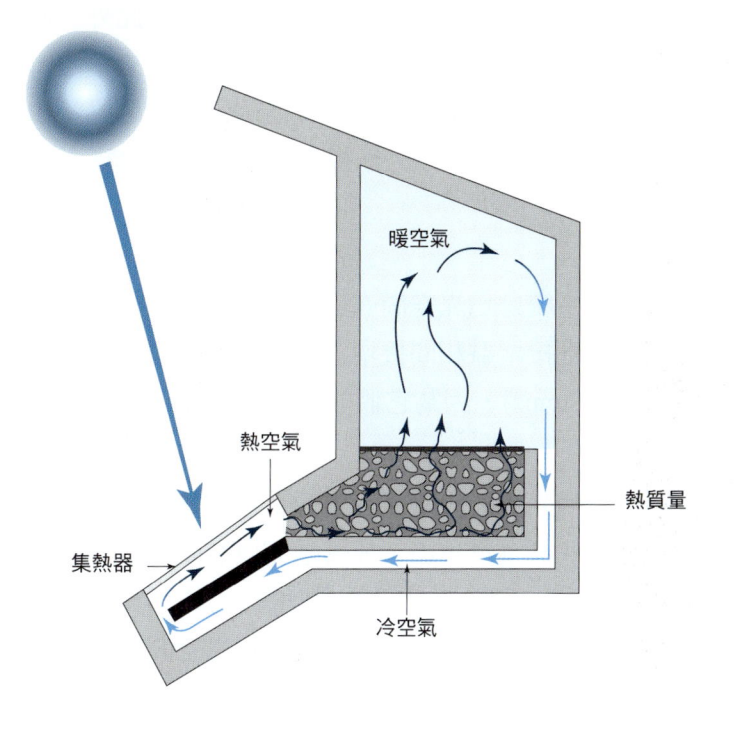

圖3.14 熱虹吸管系統使用外部集熱器到建築物中,依靠管道和通風孔將熱量散失到室內。在此閉迴路結構,陽光加熱空氣循環到建築物中,在白天供熱。© 2016 Cengage Learning®

開迴路熱虹吸管系統提供通風，可以透過從外部吸收冷空氣，並允許熱空氣逸散出來冷卻建築物，如太陽能煙囪 (solar chimney)(圖3.15)。太陽能煙囪屋頂上的開放吸收器一樣簡單，其經由煙囪連接到建築物內空氣。當熱空氣從吸收器升起，它可吸入空氣到建築物以補充從煙囪逸出的空氣。然而，為了讓太陽能煙囪可以冷卻建築物，而不是簡單地提供通風的功能而已，必須吸收比室內更涼爽的空氣。這往往限制了太陽能煙囪的效果。空氣必須從成蔭、涼爽的地方或透過埋在溫度較低的地下管道中來吸收。然而，這些系統需要仔細地設計以防止昆蟲、老鼠的進入，所以是有所限制而非隨意的地點或其他有空氣汙染不健康之處。另一個限制是，所有的熱虹吸管系統將在夜間扭轉方向，除非有單向阻尼器來防止回吸。

藉由潤濕空氣方式的太陽能煙囪在乾燥的氣候特別有效。用水冷蒸發的方式來冷卻空氣，基本上經常需要供應充足的水，但此條件並不是永遠符合。

特隆布牆可以藉由在牆的頂部和底部增加通風孔而成為一個熱虹吸管系統，如圖 3.16 所示。這些通風口讓室內空氣在牆後循環及陽光加熱。暖空氣上升並透過頂部通風口進入建築物內部，而冷空氣進入底部的通風口來置換熱空氣。這建立了無機械輔助的自然對流循環。然而，當太陽高照時，於特隆布牆增加通風口以傳遞熱量到室內，而不是在太陽下山後，限制熱能的儲存並於夜間取暖之用。此外，通風口必須在夜間關閉，或特隆布牆將其反向運作：冷卻溫暖的室內。通風口也允許粉塵和其他會造成降低特隆布牆性能的汙染物。儘管如此，通風特隆布牆可以不藉由窗戶的眩光而提供可用的日間加熱。

日光空間

第三種被動式太陽能系統是日光空間 (sunspaces)，如日光浴室、溫室或附屬溫室，它結合直接增益和間接增益系統。日光空間有時被稱為分離系統 (isolated systems)，因為它們能夠獨立地在建築物內部作用。

在這種形式系統中，陽光透過大量面南窗戶直接加熱日光空間。日光空間接著透過傳導方式經過質量牆，或透過開放空間的對流在建築物中分享熱源，如圖 3.17 和圖 3.18 所示。在地板上的熱質量、共享牆，甚至是水桶都可適度調節溫度的變化。雖然日光空間常因白天

Chapter 3 被動式太陽能設計

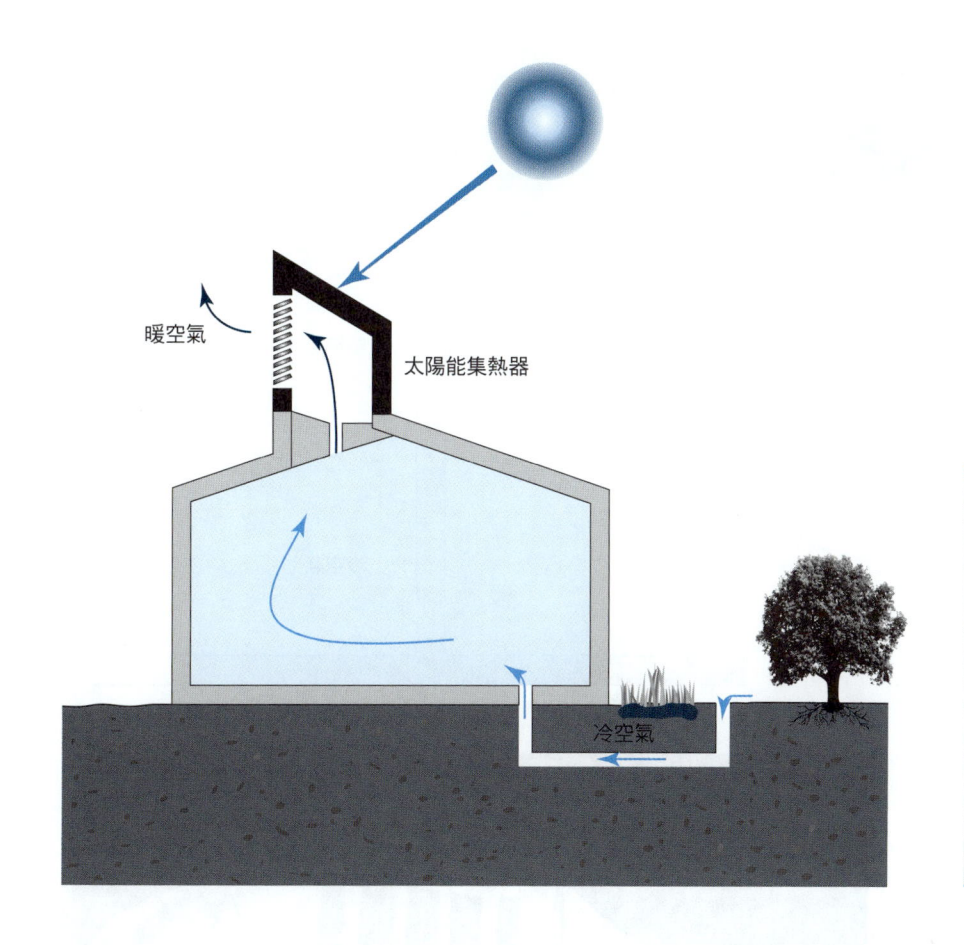

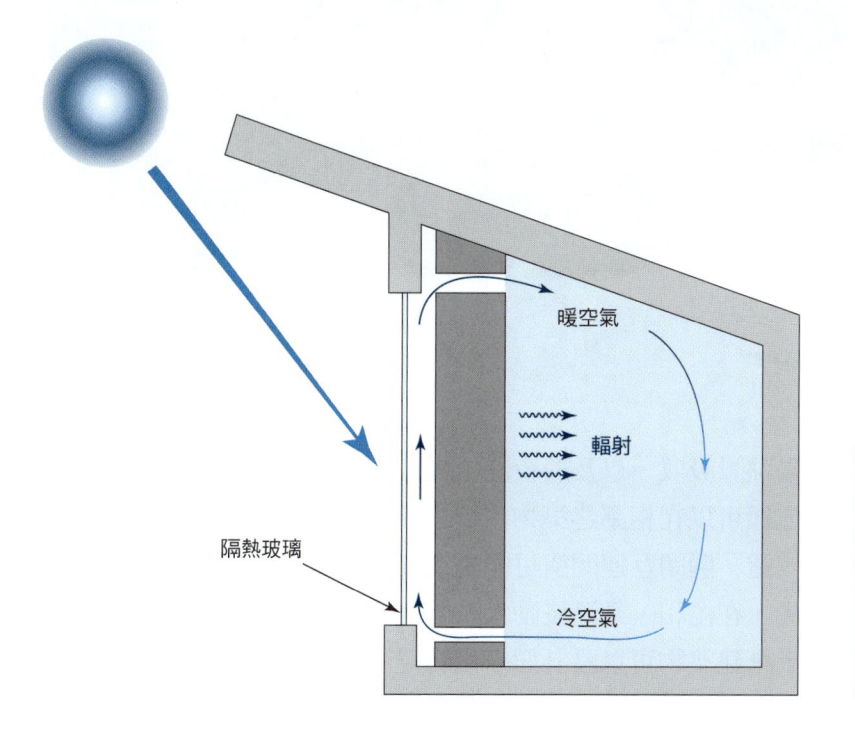

圖 3.15 熱虹吸管系統經由在太陽能煙囪加熱，可以在白天冷卻建築物。煙囪內的熱空氣上升，並從建築物內部吸收暖空氣。涼爽清新的空氣流入，以取代排出的空氣。在乾燥的氣候條件下，於空氣中添加水分，進一步經由蒸發來冷卻建築物。© 2016 Cengage Learning®.

圖 3.16 特隆布牆通風到內部的作用就像一個閉迴路的熱虹吸管系統。暖空氣通過頂部排氣上升，並經由較低處的通風口吸收較冷的空氣，在白天而不是在晚上來加熱內部空間。© 2016 Cengage Learning®.

75

再生能源與永續性設計

圖 3.17 在白天，日光空間透過適當的通風口之對流或經由特隆布牆的傳導，加熱鄰接建築(如圖所示)；在夜間，日光空間可能變得相當冷，並可用於冷卻建築物。無論日光空間加熱或冷卻相鄰的空間皆取決於通風。
© 2016 Cengage Learning®.

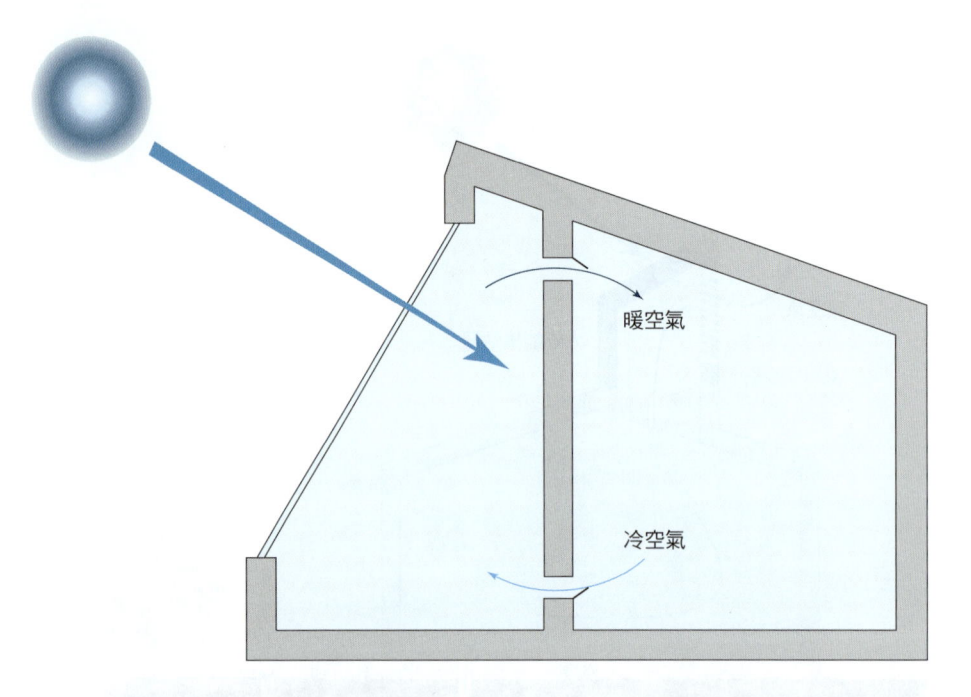

暖空氣

冷空氣

圖 3.18 此附屬溫室與在威斯康辛州北部毗鄰的農舍共享它的熱源。Courtesy of Clare Hintz, Elsewhere Farm.

顯著地太陽熱量吸收，以及於夜間透過窗戶的大量熱散失，而遭受極端溫度。這樣可以在相鄰建築物內折衷能源效率和舒適性，除非兩個空間相離較遠。關閉互連門窗可能是需要防止在白天的熱增益或夜間時的熱散失。在溫和、氣溫波動大及陽光充足的氣候下，日光空間之間的牆和毗鄰建築物可以設計像一個特隆布牆，允許在夜間逐步傳遞

熱能。這有助於防止白天過熱及晚上過冷的現象，但是在較冷或多雲氣候下卻不太有效，其原因為陽光不足，難以補償熱散失。

主動式系統

雖然被動式太陽能設計不需要機械輔助即可轉移熱能，但許多製造商卻選擇**主動式太陽能系統** (active solar systems) 來加強被動式太陽能設計。這些系統可以於較遠處非常有效地提供熱能到建築空間中。例如，通風特隆布牆和熱虹吸管系統可以包括風扇來分配空氣或打送循環水。當由太陽能電力系統供能量 (如第七章所討論的)，這些系統能成為中性能量，以增加舒適性而不增加建築物的電氣需求。吊扇裝置可自然增加熱能分配，也是常見的附加被動式太陽能結構。

個案研究 3.1

被動式太陽能家庭

地點：北威斯康辛州 (北緯 46.5 度)

建造年分：2011

規模大小：1750 平方英尺

氣候：平均每月氣溫從冬季寒冷變化到夏季舒適。日照量也常年隨著些微雲層變化而改變。在冬季，特別是在 11 月和 12 月裡，雲層覆蓋可達數週之久，有時也會達到零度以下的溫度。在冬季供熱是首要關注的問題。

系統設計偏好：蓄熱牆於極端寒冷和雲層較多時期之氣候下是無效的。用於冷卻的熱虹吸管系統相對於溫和的夏季來說是不必要的。屋主在隔熱良好的建築物中選擇直接增益被動式太陽能的設計。

透光：透光由房子南側的 11 個大窗戶所組成，這些窗戶都是遮陽篷風格及三窗格，可提供 U = 0.24 的絕緣值。當所有的窗戶都包含 low-E 塗層，而南側窗戶則未經處理，提供 0.57 的 SHGC (允許 57% 的太陽能進入屋內)。在建築物北、東及西邊的窗戶包含而外的塗層，可以降低 SHGC 到 0.24，在夏季期間限制不必要的熱能。

吸熱表面和熱質量：高質量地板是指位於這個房子兩層樓之間的地板提供吸熱表面和熱質量。本建築建立在一個暗色混凝土板上，用 4 英寸擠塑聚苯乙烯泡沫塑料從各方地面絕緣。在陽光燦爛的冬日，5 英寸厚的板可充當樓板的主要成分，吸收太陽能，緩慢升溫，端視其熱質量和在夜間逐漸釋放熱量。板坯的暴露面積是大於 500 平方英尺，足以從 75 平方英尺玻璃窗吸收和儲存熱量，甚至在陽光充足的日子也能防止過熱。

再生能源與永續性設計

　　二樓的地板由自建築工地上收穫的樹木做局部研磨 ¾ 英寸厚的實心橡木板所組成。屋主選擇移除這些樹木，以提高太陽能的照射。為了提高木地板的蓄熱容量，屋主於 1.5 英寸的地板下方鋪設乾淨的沙子。超過 400 平方英尺的暴露地板面積足夠儲存來自 63 平方英尺窗口區域的太陽能。

　　原生耐旱植物所組成的生態屋頂，替代主樓層上方的傳統屋頂，透過二樓的窗戶最大限度地減少夏季光線的反射，限制不必要的熱量。從生態屋頂打開的窗口排出和蒸發，提供涼爽和清新的空氣。在冬季，生態屋頂支撐住雪，透過窗戶用以反射較低的太陽射線，並於最需要的時候增加太陽能增益。

熱分佈：主樓層的一個開放空間設計，讓熱量從房間自由傳遞到另一房間，而淺色的牆壁與天花板反射熱和光在整個建築物上。同樣地，二樓牆壁是淺色的，而拱形天花板和開放空間讓熱能容易分散。當需要時，高效節能吊扇也提供額外的冷卻及熱能分配的選項。

控制措施：於較高和較低平面延伸 2.5 英尺的牆壁屋簷作為控制。在東、西及北側的落葉喬木進一步降低夏天熱量的吸收。

性能：從 4 月至 10 月，在完全以被動式太陽能設計的情況下，無輔助加熱或冷卻措施時，家中依然舒適。在冬季，當寒冷的氣溫增加供熱需求及長期的雲量減少被動式太陽能增益時，高效率的柴爐增加了補充熱量。根據雲量及冬季的嚴峻程度，柴爐每年燃燒 1.5-2 捆 (cords) 的木材。丙烷燃料提供烹煮，每年消耗 40-50 加侖，而電力運行的冰箱、冰櫃等家用電器，每年消耗 2000 kWh 的能量。

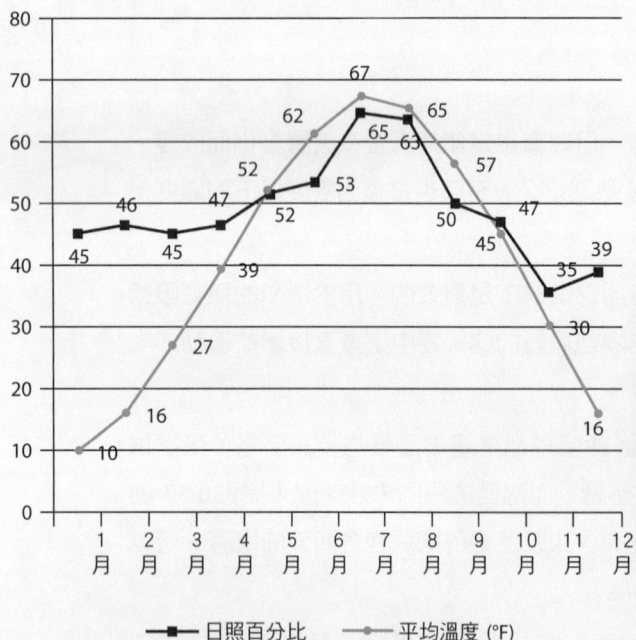

平均每月溫度和日照百分比顯示，威斯康辛州北部的建築物大部分時間需要補充熱能。特別是在 11 月和 12 月多雲的月分，被動式太陽能設計不足以保持舒適的溫度。 © 2016 Cengage Learning®.

冬至日所拍攝照片顯示出落葉樹附近的陰影。隨著樹木的生長，它們可能限制被動太陽能增溫。
Courtesy of Scott Grinnell.

78

個案研究 3.2

高質量房屋

地點：亞利桑那州圖森(北緯32.1度)

建造年分：1998

規模大小：2240平方英尺

氣候：圖森經歷溫和的冬天；夏季熱乾，春季與秋季氣候溫和。圖森被沙漠包圍著，每年只有10-12英寸的降雨，每年近200個無雲天。在這種環境下，夏季冷卻是主要關注的事項。然而，建築物也必須有足夠的保溫和中度熱質量以防日常溫度波動，並保持居住空間全年舒適。

系統設計偏好：這三個被動式太陽能系統——直接增益、蓄熱牆和熱虹吸管系統，都能夠在這種氣候下良好地工作。然而，施工現場的尺寸和形狀可能影響最佳化設計，促使設計者選擇主動系統以收集和散發熱量。

太陽能集熱器和熱量分佈：三個平板型太陽能熱水集熱器安裝在屋頂，當需要時提供熱能給房子。水流動通過太陽能集熱器，溫度升高至160°F以上的溫度，並通過大絕緣箱的熱交換器。電動泵透過在房子地板中的水管循環熱水，讓熱量在整個房屋內散失。

本建築還採用兩項創新性的低能冷卻系統。第一個系統使用由波紋鋼屋頂散熱器，迅速冷卻到夜空中。高效率的泵循環液從散熱器流體到內部砌築牆體，從牆壁吸取熱量並且冷卻房子之溫度多達7°F-8°F。該系統在白天或夜間雲層覆蓋時關閉，以防止過多的冷卻效果。第二個系統則採用變速鼓風機來吸收早晨涼爽的空氣進入屋內。當需要時，用小泵濕潤鼓風機旁的掩蔽物用以滋潤空氣。蒸發進一步將空氣冷卻，並且可以降低房子內的溫度多達25°F。該系統每天使用40-70加侖的水，是從所收集的4000加侖的雨水中供應。

在房內的幾個窗口很小，不作為顯著太陽能孔。所有的窗戶都有塗層以減少熱量的吸收，達到0.24的SHGC和0.29 U值。

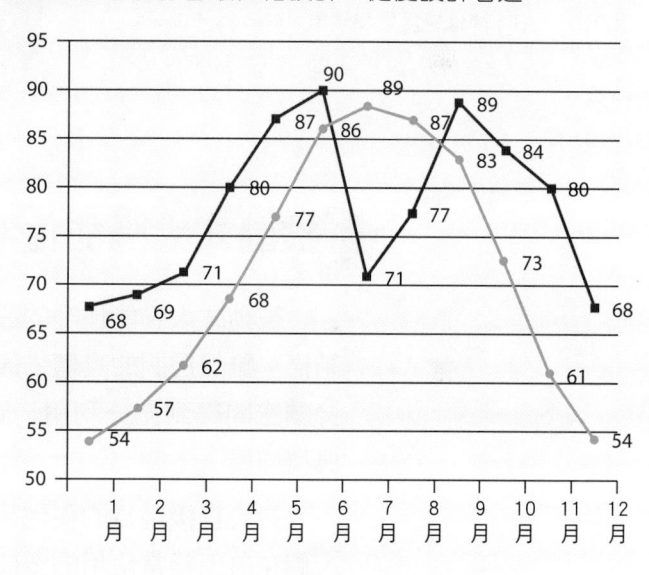

亞利桑那州圖森的平均月溫度和日照百分比顯示一年中大部分時間需要某種形式的冷卻。在圖森平均雲最多的一個月比威斯康辛州北部最晴朗的一個月提供更多的陽光 © 2016 Cengage Learning®.

熱質量：絕緣混凝土形式組成外牆，提供絕緣與熱質量來緩和每日溫度變化，並保持全年生活空間的舒適。石膏進一步有助於牆壁的熱質量。用於地板和內牆的軟質磚也為結構增加充足的熱質量，從而最大限度地減少內部溫度的變化。

小型窗戶及充足的熱質量使在夏季行動不便者可進出的房屋中，降低過度供熱現象。Courtesy Scott Grinnell.

被動式太陽能住宅的內部空間

被動式太陽能住宅的設計是使內部空間舒適的高節能、高度絕緣結構。雖然房間的具體佈局取決於個人喜好，一般設計原則有助於直接讓空間得到充分利用。圖 3.19 顯示直接增益被動式太陽能住宅的典型佈局。

對於直接增益的住宅，陽光照射的空間明亮而溫暖，往往是那些人們在白天經常使用的空間。包括客廳、飯廳，還有一些從事休閒工藝或嗜好的房間，這些房間應坐落在房子的南側。臥室不是在白天大量使用的房間，並且在晚上之前通常不需要加熱，可以設計在房子非直接增益的地方，或在房子的東、西或北側。臥室是否要在早晨或傍晚獲取光線，取決於居住者的喜好。浴室、廁所及儲藏室和樓梯可以設計在房子中心的剩餘空間。能自行產生熱量的空間，如廚房和雜物間，也可以設計在北側。

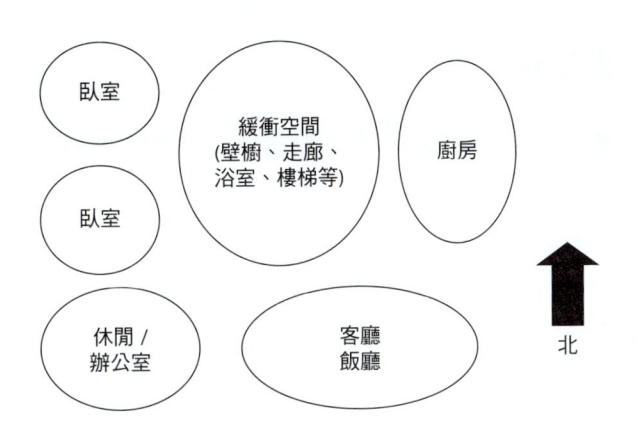

圖 3.19　直接增益被動式太陽能住宅通常安排白天活動的空間於南側，凡可自行產熱或晚間使用的處所安排位於北側。© 2016 Cengage Learning®.

本章總結

　　被動式太陽能設計可追溯到數千年前。只是在最近，廉價石化燃料的可資利用，才讓建築商忽略了太陽能設計的價值。然而，許多被動式太陽能功能成本沒有比常規建造來得貴。被動式太陽能設計沒有額外的營業成本，並提供免費的能源用於建築物的使用，降低對環境的不利影響，提供更大的經濟安全，並創造更舒適的居住空間。被動式太陽能設計是綠建築一個極有價值的成分。

複習題

1. 窗戶被限制在北側、東側和西側之太陽能房屋，可能導致屋內昏暗情況，因而鼓勵居民使用人工照明，削弱了一些固有被動式太陽能節能設計的功能。在不增加窗戶數量或大小的情況下，有什麼其他方法可以讓內部空間更明亮？

2. 建築師在新墨西哥州南部設計了一座有玻璃遮蔽的池塘於辦公大樓屋頂上。在冬季，白天時池塘流體(水和防凍液的混合物)吸收太陽光，而夜間以泵循環溫暖液至整個建築物。日落時自動控溫馬達在池塘上方覆蓋隔熱板，防止熱量散失到夜空。在夏季，白天時隔熱板覆蓋池塘而日落則撤回，致使液體冷卻到夜空中。白天以泵循環冷卻液體到整個建築物。這是一個被動式太陽能系統嗎？請評估其有效性。這是一個好主意嗎？

3. 良好的隔熱牆隔開一個附加房子及一間日光浴室。設計人員正在考慮兩種不同的方法來調節熱量流進屋內。第一種方法將安裝恆溫控制的通風口於日光浴室和房子之間，根據溫度來自動地打開及關閉通風口。第二種方法將依賴於幾個大的、手動操作的窗口，讓日光浴熱量進入大樓。你會推薦其中哪一個，為什麼？

4. 個案研究 3.1 北部威斯康辛州兩層式樓房，使用超過 1.5 英寸厚的沙床、¾ 英寸厚的實木地板在直接增益被動式太陽能設計上。識別吸收劑、熱質量，以及用於該系統主要熱分佈方法。請討論此系統的有效性。與一樓的固體混凝土板比較，你如何看待它的性能？

5. 作為直接增益被動式太陽能屋之太陽能集熱器的窗戶，應盡可能地透明來最大限度地提高太陽能熱增益。然而，low-E 塗層的三重窗格的 SHGC 僅為 0.57 以下 (相比之下，透明玻璃的單窗格有 0.78 的 SHGC)。玻璃的多個窗格(其導致更大的反射)和 low-E 塗層(其阻擋紅外線波長)都發揮了作用，以限制透射率。對住宅而言，需要最大的太陽能熱增益，進行哪些安排可以不用過度妥協使用絕緣物？

6. 建築師設計一個劇場，利用太陽能而不使用直接增益系統的眩光，如圖 3.20 所示。朝南的絕緣壁包括在底部和頂部的通風口。在牆壁外，黑色金屬吸熱板在大型雙面窗之後迅速吸收太陽光熱。溫度控制風扇吸入溫暖空氣進入劇場，這將被通過底部通風口冷空氣所取代。到了晚上，通風口關閉，以防止熱量散失。這個系統比作一個特隆布牆。它有什麼相似處？又有什麼不同處？你會如何歸類這類型的系統？

7. 大多數的入口大門和高質量遮陽篷或平開窗相比，能允許較多的空氣滲透。什麼樣的設計方案可以幫助減輕這個問題？

8. 在佛羅里達州邁阿密，建築者對被動式太陽能設計有興趣。邁阿密很少遇到寒冷的天氣。1月和7月的平均溫度是 68°F 與 84°F，且全年伴隨者高濕度。傳統的建築依靠空調和除濕機，以提高建築的舒適度。你會推薦何種使用能源較低的解決方案？太陽能設計應該聚焦在何處？

被動式太陽能設計 **3**

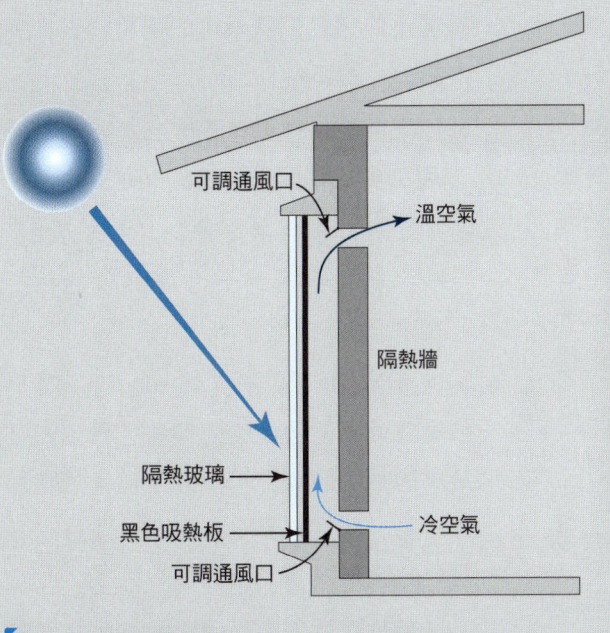

圖 3.20　牆的描繪。© 2016 Cengage Learning®.

圖 3.21　太陽能牆。Courtesy of Scott Grinnell.

9. 在 2003 年，明尼蘇達州德盧斯的哈特利自然中心，在遊客中心(圖 3.21)的南邊牆上安裝一個黑色金屬太陽能集熱器。在晴天，新鮮空氣流過金屬擋板小孔，在陽光照射下溫熱集電極迅速地加熱，並經由集熱器頂部的管道進入建築物中。變速風扇將熱量分佈於整個建築物。溫度感測器驅動阻尼器，以防止系統運行時過冷或過熱。你會如何歸類這類型的系統？它是被動式還是主動式？這系統和問題 6 的系統相比又有什麼不同？

練習題

1. 住在緬因州的一個藝術家希望用被動式太陽能設計來加熱小工作室，它是從主樓分開。藝術家希望工作室只能透過北邊的光線間接照射避免眩光。請設計一個適當的被動式太陽能特色的建築結構。須考慮工作室的取向、建築材料及系統的類型。

2. 如果正確通風特隆布牆，可以兼作防暑降溫太陽能煙囪。請繪製建築物的設計，以實現此功能。

3. 考慮一個一層有兩間臥室、一衛浴的住宅，以足跡測量為簡單的矩形 30 英尺 × 340 英尺。描繪以下房間大致位置：臥室、廚房、餐廳、客廳、浴室、洗衣房、儲藏室，以及三個壁櫥。指出此建築物的取向，和太陽能系統類型的選定，以及該建築所在地的氣候。

4. 在經歷擴展雲的區域，大多數利用太陽能的建築物仍然需要輔助加熱。在明尼蘇達州北部的伊莎貝拉實驗站的 2100 平方

83

英尺的房子，可以完全由太陽能加熱。除了直接增益的被動式太陽能設計外，超絕緣的房子在夏季使用太陽能熱水集熱器吸收及儲存足夠的太陽能，全年度都能加熱房子。在房子的地下室中，充滿了 210 立方碼砂和發泡聚苯乙烯，由 16 英寸鐵燧岩顆粒硬質泡沫所隔離。在夏季，泵經由通過嵌入在沙子和鐵燧岩的管道循環熱水，所儲存的能量可以在任何時候撤回。假設在夏季的太陽可以溫熱整個體積砂及鐵燧岩至 160°F 的溫度，並且周圍地下室的土壤溫度是 40°F。地下室的牆壁和地板的總面積為 1800 平方英尺。

a. 熱傳導用什麼速率通過地下室的牆壁和地板地面？

b. 如果沙子和鐵燧岩丸可以儲存的熱能總共為 1200 萬 Btu，如果閒置不用，每個月會有多少百分比的熱能散失？假設溫度保持不變。

5. 在一個寒冷、陽光明媚的冬日，一個特定的被動式太陽能房屋吸收 20 萬 Btu 的太陽能。在隨後的 24 小時期間，同一房屋經由傳導、對流和輻射損失的熱量為 26 萬 Btu。窗戶的總損失為 92,000 Btu。屋主發現，在窗口安裝隔熱棉就可以防止在冬夜 30,000 Btu 的損失。

a. 屋主的常規加熱系統的需求代表多少百分比的節約？

b. 如果這些條件保持不變，加熱費是每月 $200，每個月可節省多少？

c. 如果一組窗戶的隔熱棉花費 $2200，要多少個冬季月分才能實現盈虧平衡？

6. 在阿拉斯加州費爾班克斯 2000 平方英尺被動式太陽能房屋的建築者，希望安裝足夠的朝南的窗戶可以完全於 4 月時加熱房屋，當平均溫度為 29°F，並且家庭需要的熱量 21 萬 Btu 時。

a. 窗戶玻璃的總表面積需要多少方能滿足供熱需求。平均而言，如果家中為每平方英尺窗玻璃並且太陽能 3000 Btu 進入的情況？

b. 在 1 月，平均溫度為 −12°F，房子每天需要熱量為 42 萬 Btu。窗戶將會滿足哪些部分的總熱量需求，如果 1 月分太陽僅提供 450 Btu/ft^2？

c. 至少給出兩個理由說明對普遍 4 月的日子而言設計程序不合理。什麼方式會比較好？

替代性建造

Chapter 4

Courtesy of Kelly Hart.

簡介

　　泥土及其他的天然原料作為人類房屋的材料已超過一萬年歷史。橫越各種氣候，人們僅用腳下的土壤及土壤所孕育的植物便建造了無數建築。建築者以泥磚造出雄偉的清真寺、以坯磚塑造高原上的都市 (圖 3.12)、以夯土立起了部分中國長城、以捏土造出小屋 (圖 4.1)，並以稻草建出學校與教堂 (圖 4.2)，再再的一切都以時間證明其有效的實用技法完成。在那些缺乏可規模伐木用木材的地區，以替代物建造提供簡單、經濟且可自主的方式。

　　運用泥土及其他天然原料作為建物的方式盛行了幾個世紀。實用技法及設計依地區而有所不同，主要依當地氣候與可取得原料而定。然而，在工業革命時代，由於標準化生產所需的勞力減少，使得這樣

圖 4.1　這個捏土小屋在 1865 年建造，過去居住著來到有著適中氣候的紐西蘭馬爾堡，身為拓荒先驅者的一家人。以當地建材建成，這個小屋有著 16 英寸厚的捏土牆、覆蓋薄層水泥的夯土地板，以及倒地並風化的松木。在 1906-1909 年間，小屋被作為校舍，現在則被馬爾堡歷史學會當作博物館。Courtesy of Francis Vallance.

85

再生能源與永續性設計

圖 4.2　美國內布拉斯加州山德希爾斯地區有著稀少的木材與品質低劣的草皮。這導致 1928 年的亞瑟城居民，不得不使用稻草作為房屋、學校，以及圖中這座教堂的建材。Courtesy of the Nebraska State Historical Society.

的狀況特別在美洲與歐洲發生了劇烈變化。長距離運輸使得可選擇原料更多，而標準化裁切的木材由於其單純性與效率，最終取代了傳統的做法。伐木成為大規模產業，大片的野生叢林被機器砍伐殆盡。經過一段相對短暫的時期，大部分易於取得並生長成熟的木頭皆被砍伐完畢。

對於全球森林逐漸減少的壓力，人們對使用這些傳統且經濟的建築技法重新燃起興趣，而有了替代性建造 (alternative construction) 的想法。使用自然或回收原料，替代性建造讓建築者能以減少對環境影響的方式來創造舒適空間。直接使用當地可用原料幾乎沒有花費，使得替代性建造比一般木材建造更便宜，然而在人力成本方面無法避免大量支出。就算是由屋主付出勞力，勞力成本仍無法忽略。但另一方面，為建物提供勞力的人們能夠藉此時常聚集，因而促進當地社群的交流及發展。然而，這樣的社會效益在當建設是由專業建設公司負責時便會消失。

大部分替代性建造會有證明其為手工而建造的痕跡 (圖 4.3)。在常規建造中，機器研磨並製作的建材——如統一標準化的飾釘、夾板、石膏板等——能夠完成一致並無菌的建物。傳統工法最初通常是迫於必要，而使用手邊現用的原料。而如今，使用替代性建造的主要目的是，為了帶來一種被手工而自然的空間環繞的感受。創造出舒適的環境——並且是因個人的意志而選擇——是一個在綠建築中相當重要的概念。

本章將簡單介紹替代性建造的常見形式，在綠建築原則下解釋其優點及限制。所有的工法皆能運用被動式太陽能設計來降低能源消耗，並提升居住品質。

圖 4.3　有一個能夠客製化並體現親手建造的家園，這樣的概念使得許多人轉向替代性建造，就如同這座在加拿大溫哥華的捏土建築。Courtesy of David Sheen.

常見形式

　　所有的替代性建造都會運用到當地可直接運用的原料。其中有相當多的原料來自因其他行動而產生的廢棄物，如來自穀物收割的稻草、來自砍伐的廢木、來自掩埋場的廢棄輪胎等。其他的則運用大自然當地有的材料，如泥土與砂礫。通常替代性建造最大的好處是，此工法藉由極少化原料加工與運輸而達到隱含能源。

　　替代性建造的另一個特色是，相對低度訓練的勞工與少量機械便能完成。這顯示屋主更有機會實際參與常規建造過程，但同時也代表需要在勞力資源上付出更多投資。然而，對許多人而言，能夠客製化自己的空間——去完成一個獨一無二的創作，而非單純的建造——是完全值得付出更多勞力，也使得替代性建造越來越熱門。

　　土磚、捏土、夯土等土質原料通常隔熱性較差，若是要用以製造舒適環境，建築物勢必要有厚重牆壁。而厚重的牆壁雖然的確可以增強保溫性，但對寒冷氣候而言仍是不足的。然而，額外的厚度基本上增加了建築物的熱質量，使這些原料非常適合用於溫暖的氣候，增加熱質量比減少熱流失來得更加實際的一般氣候狀況。

　　然而，這些厚牆同時也佔據了大片可居住的空間。這使得此種工法在維持同樣內部空間的同時，需要比一般現代建築更大的建物(因而在這方面更加擾亂自然環境)。

土磚

土磚 (adobe) 是最古老且被廣泛運用的建材之一。以沙、泥，以及如稻草的纖維性原料混合，最後塑成方塊狀並在日光下曝曬 (圖 4.4)。乾掉的磚塊提供防火、無毒的建材，並且僅需泥土便可黏合。世界上大部分的地區都可運用這種工法，但乾旱的地區最常見，因為磚頭能夠乾得更快。

土磚有著自然、容易取得、便宜且不需特殊器材即可安裝的特性。在以傳統手工製造的情況下，土磚有著相當低的隱含能源，然而由於現在有機器能夠攪和原料並塑造成磚，隱含能源增加不少。土磚提供相當好的熱質量，但隔熱性極低 (R 值 = 0.2 每英寸到 0.5/每英寸)，因其能夠延緩並儲存日照能量，而適合有著劇烈日溫差的地區。歷史上，磚土牆有著 10-30 英寸的厚度，能夠調和數週到數月的溫度，讓內部溫度接近當月均溫 (圖 4.5)。

土磚建物非常耐用，世界上有些最老的建築便是以此為建材 (圖 4.6)，有些歷史甚至超過千年。然而，土磚建物笨重卻易碎的特性讓它們難以抵禦地震，使得其在板塊活躍地帶並不安全。增加木頭或金屬的支撐能夠大大增加其抗震性，然而大部分的傳統土磚建物並沒有支撐。

圖 4.4　日曬烘乾土磚是至今仍被世界各地所使用的古老建材。在手工混合打造的情況下，土磚在提供可用建材的同時也有著極低隱含能源。圖中顯示位於美國奧勒岡州西南部 Humming Bird Studios 的磚頭。Courtesy of Leslie Lee.

圖 4.5　傳統土磚建物。本建築是在美國加州密欣聖克拉拉 (Mission Santa Clara) 的廢墟牆壁。磚土牆提供大量的熱質量但極低的隔熱能力。Courtesy of Charles Berry, Santa Clara University.

圖 4.6 本傳統土磚建物在 1850 年代建於美國新墨西哥州拉斯維加斯，有著一個面北的庭院，提供居住者在白天使用。Courtesy of Scott Grinnell.

土磚建物需要紮實並排水優良的地基，來防止建物傾斜與龜裂。地基同時必須確保建物不受地下水和降水的侵襲。

捏土

捏土 (cob) 是一種如土磚般古老的建材，同樣的主要以沙、泥與稻草組成，但在比例上有些許不同。與土磚最後以方塊形式塑造不同，捏土以一層層疊加的方式提供一整塊無縫的整體 (圖 4.7)。捏土較土磚有更大比例的稻草，讓它在隔熱性能上優於土磚。

捏土的製造過程以水混合沙、泥土，以及稻草──傳統上以腳踩或是輔以諸如馬或牛的獸力──製造出一種黏稠、具延展性的原料，使其可以手工塑形來製作厚重、有曲線的牆面，以及平滑的通道。捏土在防火及抗龜裂的表現優良，讓它被廣泛運用在世界各地。由於在

圖 4.7 以石造地基為支撐，這個 18 英寸的捏土牆在美國愛荷華州的陽光下烘乾，並成為一個 300 平方英尺房舍的架構。以現地材料層層堆疊製作，捏土牆提供手塑空間並客製化設計的可能。Courtesy of Hap and Lin Mullenneaux.

89

地取得並手工混漿，捏土相當便宜並擁有極低隱含能源。捏土不需要任何特殊訓練或機械，而且能夠展現相當多不同質料紋理與形式 (圖4.8)。

捏土的隔熱性不佳 (R 值 = 0.3/每英寸到 1.0/每英寸)，因此其較適合運用在氣候相對溫和的地區。在英國，一個捏土工法歷史悠久的地區，捏土老房通常有著超過 30 英寸厚的牆。這樣的牆壁提供足夠的隔熱性 (R 值 30 以上) 在冬季維持室內保暖。更重要的是，極高的熱質量提供室內極為穩定的溫度，僅在月分間稍微變化。

儘管這樣的建材自然而便宜，但捏土工法相當耗費勞力，需要許多工人執行。捏土乾燥後硬度可比水泥，並且能覆蓋石膏或灰泥來防水。如同土磚，捏土建物需要厚實的地基來防止沉降，並且必須保持乾燥，抵禦降水與地下水的侵蝕 (圖 4.9)。

圖 4.8　在 2008 年建造，使用了大約 7000 美元與 1500 小時的勞力，這棟小屋即將完工並準備好塗上最後的石膏層。Courtesy of Hap and Lin Mullenneaux.

圖 4.9　石灰膏讓這棟美國愛荷華州的房子有著白色外觀，以及會呼吸/通風的牆。屋頂簡單的設計及巨大的屋簷引導雨水遠離牆壁與地基，而排水管則用來收集雨水。Courtesy of Hap and Lin Mullenneaux.

積木式建造

　　積木式建造 (cordwood) 同樣是古老的建築工法，運用長度通常在 12-24 英寸的短木材。有如壁爐火堆般的堆疊，積木通常有一端暴露在外，一端則面向內部 (圖 4.10)。木材通常以捏土、石膏泥或其他混合水泥所組成的泥漿黏合。由於木材的尾部是暴露在外的，大小、形狀與年輪的不同，形成一種此工法獨有的美感。

　　歷史上，這些用於積木式建造的木材來自伐木業的廢棄物：鋸木廠無法處理或對於直接建造房屋而言太過歪斜。由於材料便宜，積木式建造在大蕭條時代興起，尤其是在美國威斯康辛州遍佈廢棄木材的已伐木地帶，充斥著未處理原料 (圖 4.11)。由於是利用廢棄木材，積木式建造的隱含能源極低，特別是當木材是由天然材料所組成的泥漿黏合時。雖然積木式建造的勞力需求較高，但積木式有著能夠單人操作的優點，如同堆爐火一般，一個人便能抬起並擺放每根木材。

　　積木式建造通常提供比捏土更好的隔熱性。內、外的兩層泥漿足以固定木材，使得在泥漿中的空隙能夠在牆壁中央提供隔熱效果。泥漿中更可混入如紙、稻草、木片與浮石等添加物，提供更好的隔熱度。

　　限制積木式建造隔熱性的其中一個因素是，木材一面朝內、一面朝外的直向配置方式。這樣的擺放方式使積木式建造比才一般木造房屋更容易散失熱能，因為熱能能夠沿著木紋流動。以乾燥後的雪松而言，一般橫向配的 R 值大約為 1.5/每英寸，然而直向配置的 R 值則為 0.5/每英寸。積木式建造的 R 值大約在 1.0/

圖 4.10　兩條 3 英寸厚的水泥漿固定 12 英寸長的當地砍伐松木，製成這個積木式牆壁。乾燥的松木屑填補兩條泥漿間 4 英寸的縫隙以增強隔熱性。Courtesy of John Olson.

圖 4.11　積木式建造為這個在美國威斯康辛州北部的小屋增添了自然美感。使用當地與回收建材，這樣的房屋僅需常規建造的些許花費即可建成。Courtesy of Scott Grinnell.

每英寸到 1.5/每英寸之間，因木材的種類、孔洞，以及建築者本身的技巧而有所不同。一片 24 英寸的積木式牆壁能夠提供高達 R 值 36 的隔熱值，足以應付寒冷氣候。

厚實的木牆與泥漿提供足夠的熱質量調節氣溫變化，增進居住舒適度。然而，和土磚與捏土結構相比，積木式建造在同樣的厚度下提供較少的熱質量。在泥漿間的空隙也影響了熱質量的穩定維持，所以積木式牆壁並無法如土磚與捏土般提供溫室效果。

確切的乾燥、剝皮、準備並挑選木材對積木式建造相當重要，才能避免木材龜裂。木材本身會因濕度與溫度而膨脹或收縮。潮濕的夏季會使得木材膨脹，可能造成泥漿龜裂而對建物整體結構有所危害。乾燥的冬季則使得木材收縮，在泥漿與木材間形成孔隙，造成冷空氣及昆蟲進入，降低舒適性與隔熱效果。孔隙可在木材乾燥後以木嵌修補，但這又添加了一道耗費人力的工序。想要避免這些問題，積木式建造的過程必須謹慎小心，尤其是當在極端氣候時建造。

沙包

沙包的使用已有很長的歷史：抗侵蝕以控制洪水，防彈以當作軍事碉堡與靶場用途等。多功能且易用，沙包也可作為牆壁與屋頂的任意建築形式材料。沙包 (earthbag) 建造在 1970 年代的美國流行，作為可抵抗嚴酷氣候與地震的避難所建材。

沙包建造需要結實的麻袋，如聚丙烯製成的袋子，以及主要以淤泥、砂礫與碎石組成的無機土。可用來製造沙包的材料範圍和捏土與土磚相較之下較廣，而後兩者需要以特定比例的沙、泥與稻草混合製成。

層層堆疊整齊排放的沙包能夠建構出厚重、高質量的牆。現代的沙包建造者使用鐵絲來固定沙包防止其滑動。鐵絲固定聚丙烯布袋的效果非常優良，甚至能夠抵抗颶風和地震。沙包建造也能夠防火、抗洪，以及隔絕害蟲。

沙包建造額外的好處是，沙包本身能夠當作地基，而沙包內部孔隙較大的砂礫能夠隔絕來自地下的濕氣。在嚴寒的氣候環境下，作為地基的沙包必須妥善乾燥，防止因霜凍現象導致結構性損毀。

就像其他以土質為主要成分的建造方式，沙包建造有著極大的熱質量與不佳的隔熱值，讓它能夠適合有著較大日溫差的溫和氣候。然而，若是填充適當的隔熱添加物，如蛭石、稻殼或火山灰，沙包建造同樣能夠適應寒冷環境。這些材料必須是近乎不可壓縮的，以避免建物沉降或沙包移位 (圖 4.12 與圖 4.13)。

沙包建造所需的原料——飼料袋、鐵絲與泥土——非常便宜且容易取得，使得此種工法可運用在許多地方。

在泥土本身取自建造現場的情況下，沙包建造的隱含能源極低。它需要大量勞力，但不需要特殊器具與訓練。然而，聚丙烯袋必須避免日光直接曝曬，防止其劣化，因此通常會盡可能地使用石膏或灰泥覆蓋。

圖 4.12 以火山灰填充聚丙烯袋構成的沙包牆建造了這座位於美國科羅拉多州的太陽能小屋。以碎紙與水泥混合的泥漿填補沙包間的空隙，並提供主要的隔熱性，讓小屋在 8000 英尺的海拔高度仍能有溫暖的冬季。Courtesy of Kelly Hart.

圖 4.13 外圍的垛狀構造為牆壁提供支撐。雖然沙包建造幾乎能呈現任何設計形式，但使用曲狀建築是最為穩固的構造。Courtesy of Kelly Hart.

夯土輪胎

夯土輪胎 (rammed-earth tire) 的建築利用廢棄的汽車輪胎，以土壤緊密填充並環繞著半地下的被動式太陽能建物堆積而成。在1970年代的新墨西哥州因麥克・雷諾茲 (Michael Reynolds) 以地球船 (Earthships) 的概念提倡下興起，這樣的建築體現了與自然和諧共生，並運用當地可用的副產品作為素材 (參見延伸學習：地球船哲學)。數千散佈在美國各地掩埋場的廢輪胎成為可用的原料 (圖 4.14)。將這些輪胎移出掩埋場，同時減輕對自然及人體健康的負擔，因為輪胎在掩埋場除了作為蚊子絕佳的繁衍場所之外，燃燒輪胎散發的毒素及空氣汙染也因此減輕。地球船建造是一種降低社會巨大的垃圾問題的方式。

延伸學習　地球船哲學

地球船哲學 (Earthship philosophy) 鼓勵多加使用不需再加工、耐用並稍加訓練即可使用的現地原料。這些原料可以是天然的，也能是來自回收廢棄物。此種哲學鼓勵單純性與自主性，並使用諸如太陽能和風力的自然能源。典型的地球船建築會有以下功能：收集雨水供日常使用、建造溫室生產食物、在當地處理汙水、運用天然原理調節溫度，並且獨立於公用電網之外。

圖 4.14　廢棄輪胎構成地球船建築的基礎。工人需耗費勞力以鐵鎚聚合輪胎。Courtesy of Monica Holy.

Chapter 4 替代性建造

　　夯土輪胎建造相當笨重，而單一充滿夯土的輪胎超過 300 磅重。數千個填充後的輪胎總重又因部分掩埋在土壤中，通常是面南的土丘，而增加重量。純正的地球船建造不為牆壁與地板做隔熱處理，使得室內溫度極受地面溫度影響。在足夠的深度下，地面溫度能夠維持在與年均地表溫度相當的程度。在擁有充足冬季日照的地區，大片南面窗戶能夠捕捉足量日光以維持舒適室內溫度 (圖 4.15)；而夏季時的日照則較少照射到屋內，使得地面能夠維持室內涼爽。然而，對於冬季長期多雲的氣候來說，必須增強夯土輪胎建造的隔熱性避免多餘的熱流失。使用窗戶套或是其他的隔熱措施也能夠增強舒適度。

　　夯土輪胎建造極度耗費勞力，需要挖掘現場及夯實土壤的槌子，以及運送數千顆輪胎。此種工法也因為整體建物的大型體積及輪胎形狀而有設計上的限制。現今對於原始地球船設計多有其他工法混合，例如，使用捏土與稻草捆構造來增強設計上的彈性。為冬季多雲的地區設計的夯土輪胎建造則運用多種策略增強儲熱與隔熱值，可參見延伸學習：被動式年度儲熱。

　　雖然廢棄汽車輪胎在掩埋場仍常見，但現今有 70% 的廢輪胎會回收作為其他產品，包括瀝青、體育場與遊樂場地地面、隔熱材質、屋頂材質、輸送皮帶，以及有毒物容器等。以石油為原料製作，輪胎同時也是一個不錯的燃料來源。這些因素導致現今回收輪胎作為建材並不像 1970 年代那樣有吸引力，特別是基於促進回收概念而言。然而，地球船哲學仍對那些尋求單純、自主、低環境影響生活方式的人們有著強大吸引力。

圖 4.15　大部分以土掩埋，地球船以巨大熱質量及南面窗戶維持每日與每季溫度。這座在 2011 年以雷諾茲指導建造的地球船房屋位於不列顛哥倫比亞省的海灣群島。Courtesy of Monica Holy.

延伸學習　被動式年度儲熱

在某些寒冷氣候中，由於冬季多雲而使得一般的被動太陽能設計效益不彰。一般的被動太陽能設計思維——極大化吸收冬季所需的日照，並極小化夏季不需要的日照——在冬季無法有效提供室內溫暖。沒有日照，大面的南面窗戶反而變成熱散失的因素。

而被動式年度儲熱 (passive annual heat storage) 便是因應此情況的替代方案，以土地覆蓋建物，並建造一面大型南面窗戶吸收以夏季為主的整年日照。在這樣一般建物會因此受到過多熱能的狀況下，特殊設計的地中屋能夠將熱能轉移到周圍的土壤，使室內全年維持相對穩定的溫度。

被動式年度儲熱主要仰賴土壤本身較低的隔熱性，藉此將多餘的日光熱能轉移。一大部分的隔熱——一個罩住建物並向外延伸約 20 英尺的傘狀構造——降低熱散失至地表。熱能被傘狀構造困在泥土中，宛如一顆巨大的電池。

此種地中屋通常完全以水泥蓋成，除了南面窗戶以外皆埋在土中。在無隔熱處理建物上方有幾英尺的泥土，而傘型構造則覆蓋在下層與上層幾英尺的泥土之間。以聚乙烯套住的 4 英寸厚壓縮聚苯乙烯製成的傘狀構造，不僅提供隔熱效果，更能防止建物內部受到濕氣侵襲。設計良好的斜坡及排水能夠確實排出來自暴雨的降水。只要傘狀結構下方的泥土保持乾燥，土壤在夏季吸收的大量熱能便能在冬季當室內溫度相對低時轉移至室內。

泥土因其組成成分的不同而有不同的 R 值，通常在 R 值 2-4 英尺之間，而在建築周圍 20 英尺保護區提供 R 值 40-80 英尺。這樣的

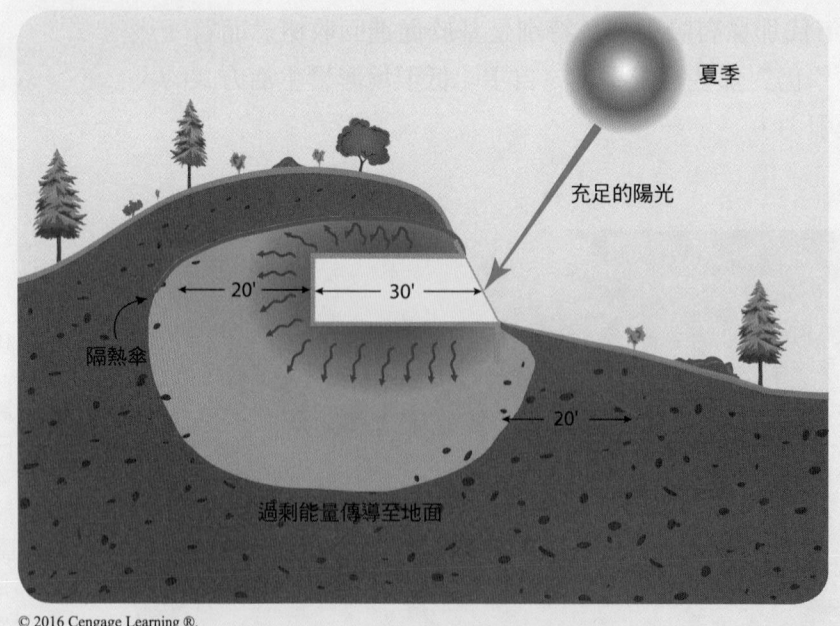

隔熱能力使得熱在 20 英尺保護範圍內難以逸出，而使熱能到了冬季能夠使用。藉此，這樣的建築不須任何額外熱能來源，就算在冬季日照稀少的地區亦能四季恆溫。

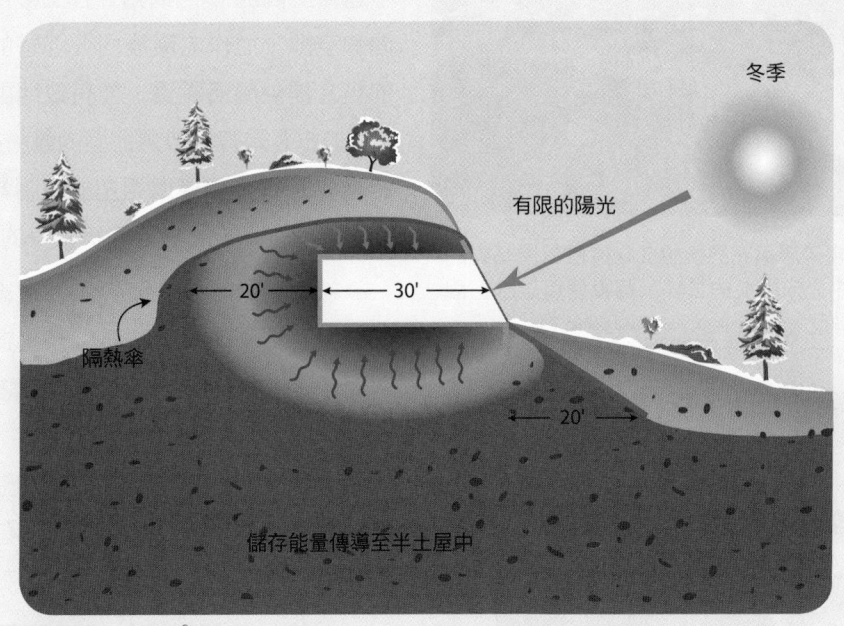

冬季

有限的陽光

20'　30'

隔熱傘

20'

儲存能量傳導至半土屋中

© 2016 Cengage Learning®.

個案研究 4.1

夯土輪胎牆

地點：美國科羅拉多州 (北緯 39 度)

建造年分：2011

規模大小：1950 平方英尺

造價：156,000 美元 (每平方英尺 80 美元)

建築描述：

　　位於海拔 8400 英尺的洛磯山脈，這座半地下太陽能房屋主要以夯土輪胎建成。受益於一年 250 天的日照天數，這座建物達到電力完全以太陽能自給自足的零淨能源消耗目標 (在第七章個案研究 7.4 也有提及)。

本建築使用來自建案位置30英里外輪胎工場的950個廢棄輪胎。屋主耗費十個禮拜，大約一千個工時將輪胎與500,000磅的分解後花崗岩(在現場取得)，並且將輪胎排列成四個十座輪胎高的U形構造。捏土被用以填補輪胎間的空隙，並作為最後內裝牆壁的材質。這樣的組合提供高熱質量，並有效地調節了氣溫變化。排水瓦為直接放置地面的輪胎牆保持乾燥。四座U形構造與環環相扣的輪胎為建築提供極佳的穩固性，輪胎成為建築本身的地基。

被埋在地下的牆壁，以及環繞著的五英寸厚的水泥板，與地面並不隔熱。這樣的設計讓地面——終年維持著大約55°F度左右的表面溫度——很大程度的影響室內溫度。然而，被動式太陽能設計與足夠的日照能夠溫暖冬季，而地面則能夠調節夏季溫度。太陽能吸收與地面散熱的結合，意味著房屋冬暖夏涼。

一般的建築用木材建構了屋頂與其他牆面，而玻璃纖維則為屋頂提供R值38，為地面提供R值42，為屋後牆壁提供R值26的隔熱值。金屬製的五面可動式天窗為屋內提供陽光與新鮮空氣。南面的雙層玻璃有410平方英尺大，包含六面附氣窗的窗戶，聚集陽光並在必要時可疏通空氣，並在夜晚提供約R值2的額外隔熱值。

四座U形以花崗岩碎屑填充的輪胎成為這個房屋基礎的形狀與架構。圖中尚未安裝的頂部，將會使用以水泥固定的螺栓來穩固屋頂。Courtesy of Jerry and Diana Unruh.

房屋建造完成後，提供豐富的日照與山景。Courtesy of Michael Shealy.

南面的大片窗戶大量提高了日照效果，並使室內在陽光普照的冬日能夠維持在80°F以上。建物的熱質量使得這樣的溫度能夠維持整晚，甚至經歷三個天氣預報級的寒冷日子——在此區域相當罕見——仍能在不使用額外加熱設備的狀況下，維持室溫在55°F以上。

雖然太陽能夠提供建築所需近乎90%的熱能，但是屋內仍備有一個丙烷爐以供必要時使用。丙烷同時也作為烹飪、燒水與烘乾衣物的能量來源，一年大約需用掉300加侖。

屋主完成除了外包出去的電力、水管，以及架構系統外的工作，利用超過3100小時自行動手建造，省下將近80,000美元的勞工成本。更重要的是，自行建造使得他們能夠在建案中加入個人特色，創造獨特空間，並且設計出一個永續、適合氣候環境，並符合自身需求的家園。

Chapter **替代性建造** 4

地板吸收太陽能後最終會在夜晚將熱散失。捏土覆蓋輪胎牆並增加內部熱質量，為室內提供穩定而舒適的溫度。Courtesy of Michael Shealy.

稻草捆

最早從 1800 年代晚期使用稻草捆來建造房屋，在美國內布拉斯加的草原地區作為捏土牆的替代方案。在缺乏木材替代的地區，稻草捆提供一種能夠使用當地原料快速且便宜的建造房屋的方式 (圖 4.2)。

稻草是在收割如小麥、燕麥與黑麥等穀物時的廢棄副產品。將穀物收割下來，傳統上農夫儲存稻草，作為動物養殖空間、植物護根物或防止侵蝕，或單純放置在農地上在收割後燒掉。

現代的稻草建築以緊緊捆住的稻草捆堆疊綁在一起來製作牆面，如圖 4.16 所示。常見的屋頂形式會有木材支撐重量，或是直接放置在稻草堆上。以木材支撐屋頂的方式廣受各地採用，因為這種方式能夠優先處理屋頂再處理稻草。屋頂能夠提供保護，讓稻草在建造時不會直接受潮。潮濕的稻草容易發霉、長出菌類並招來昆蟲，導致稻草本身劣化，最後影響結構安全。

稻草能夠在短時間持續而快速生長。當地收割的稻草提供一種永續、無毒，並且可生物分解，隱含能量低的原料。稻草同時也具備不錯的 R 值，約為 2.4/每英寸。然而，由於空氣會在稻草的縫隙間流通，實際上的 R 值大約是 2.0/每英寸。儘管如此，以 18 英寸到 24 英寸厚的稻草捆而言，稻草牆的隔熱值能夠有 R 值 36-48，對於酷寒氣候依然足夠。

圖 4.16 稻草捆覆蓋這棟位於美國威斯康辛州南部，以木材為架構的太陽能小屋。一般的木條固定支持窗戶與門框。Courtesy of Greg Weiss.

99

雖然稻草的密度相較土質牆來說要低得多，但是足夠厚度的稻草捆仍能提供足夠熱質量來調節室內溫度，為稻草屋增加舒適性。然而，如同其他以厚牆作為工法的建築一樣，這意味著稻草屋必須佔據更大的空間來換取與常規建造相等的溫度調節效果和居住面積。

稻草捆建造的耐用性已被歷史證明——最老的建築歷史百年之久——但前提是稻草被保存在乾燥的狀況下。要保持稻草乾燥，稻草必須以石膏或灰泥製成的抗濕氣基座自地面隔離，並且以大片屋頂、良好排水，以及大量窗沿引導水流出遠離牆壁 (圖 4.17 與圖 4.18)。

圖 4.17。石膏水泥覆蓋在六角鐵絲網上，作為使稻草免除天氣影響的保護。Courtesy of Greg Weiss.

稻草捆建造與土質建造工法相較下勞力需求少得多，尤其是和夯土技法相比，歸功於稻草捆較輕且易於整理。稻草捆建造的設計彈性大，需要的技巧與訓練相對較少且不需特殊機械。

然而，稻草作為農業副產品，之所以會存在是由於人類使用工業機械清空森林與自然草原來種植非本地作物，並且利用石化肥料、除草劑與殺蟲劑來維持。操作農用機具與製作肥料等添加劑的隱含能源並不被算在稻草上，因為這些活動主要的目的是生產穀物本身，而非不見得會被利用的稻草。儘管如此，之所以有稻草存在並被作為建築材料，追根究柢仍是因為有高能源消耗農業活動的原因。

圖 4.18。上層尚未覆蓋石膏的稻草對比下層已覆蓋完成的牆面。Courtesy of Greg Weiss.

個案研究 4.2

木頭架構稻草捆屋

地點：美國威斯康辛州 (北緯46度)

建造年分：2004

規模大小：800平方英尺

造價：38,500美元 (每平方英尺48美元)

建案描述：

這座兩層樓高、有著雙臥室的稻草捆房屋是一個60公頃有機農場與家園的一部分。在一小片樹林之中，小屋以一片水泥板作為地基，四周圍上2英寸厚的擠塑聚苯乙烯泡棉作為隔熱。然而，5英寸厚的水泥板本身並沒有隔熱處理，保持夏季涼爽的同時，在潮濕天氣時常有收縮現象。

屋頂與骨架以當地砍伐的松木建造，用以支撐一般的鐵皮屋頂。取自當地的稻草捆包圍骨架建成牆面，窗戶與門戶則以2×6英寸的木條嵌進稻草堆中支撐。外牆與內牆分別放置六角鐵絲網，並以水泥覆蓋形成1英寸厚的牆面。兩大片的屋頂將降水與濕氣引導離開稻草。屋主表示房屋外觀不需特別維護，僅有時需要填補石膏外層的坑洞。

抗輻射熱雙層垂直窗在維持良好通風效果的同時，也提供一種因經濟因素而對效率的妥協。缺乏壓力密封，垂直窗相對讓空氣更容易進入，剛好適合缺乏中央通風的這棟建築。一個木柴爐提供房屋所需的所有熱能，每年消耗兩捆木柴。屋主以一個可移動的電風扇，以及白日關閉窗戶、夜晚將窗戶開啟的方式因應炎熱夏季。由於房屋在樹林中，樹木的遮蔽使得建築無法運用太陽能板。

稻草捆牆24英寸厚，提供R值44的隔熱值，而在頂樓添加的纖維素隔熱體處理則提供大約R值60的隔熱值。

除了為水泥地基灌漿、架構木造主幹與架設電力與水管系統之外，屋主與志願者親手完成這棟房屋，使得房屋帶有個人特色並大量減少人工成本。然而，這意味著自身大量勞力付出，佔據了約一年的時間。

在屋頂已經組裝完成並以木梁支撐的情況下，屋主與志願者得以在免受降雨威脅的情況下開始處理稻草捆。Courtesy of Autumn Kelley and Chris Duke.

再生能源與永續性設計

稻草捆屋提供了對於威斯康辛州北部寒冷的冬季而言足夠的隔熱效果。Courtesy of Autumn Kelley and Chris Duke.

本章總結

　　替代性建造是綠建築中的重要概念。使用自然與回收原料，替代性建造已證實為一種實際、經濟且舒適的選擇。使用現地原料極小化隱含能源並降低對環境影響，而大部分的天然原料並不會如現代房屋般有揮發性有機化合物的問題。

　　儘管土質原料通常缺乏與現代一般建築同樣程度的隔熱性，厚重的牆壁隨之而來的大量熱質量，使得土質構造在各種氣候皆適用。有百年歷史的建築仍在使用，可證實替代性建造的耐用性。

　　但是，替代性建造對於現今多數人具有吸引力的主要原因在於，能夠不受限於標準化的一般建材，以自己的雙手創造有特色的個人空間。

　　表 4.1 彙整課文中所提不同替代性建造的優缺點。

　　表 4.2 比較常規建造與以不同形式完成的替代性建造牆壁間隔熱效果的不同。

　　最後，表 4.3 比較以同樣 4×8 英寸大、18 英寸厚的牆壁為例，一般現代建築與不同替代性建築牆壁各自的隱含能源。隱含能源的計算方式參見表 2.1，並且包含以下假設：

- 所有的建造方式都包含對最終產品的運輸能源。在當地直接運用原料能夠減少這樣的隱含能源，而必須從比一般建材更遠處運送的原料則會增加隱含能源。
- 對於土磚、捏土與沙包有兩種不同的估計值，高的一方是假設如挖掘、攪拌與運輸材料是由機器完成，而低的一方則是假設原料的處理與運輸完全以人工，未借助任何機器進行。

- 稻草捆建造的隱含能源包含收割、綑綁與運輸至工地現場的設備所耗費的能源，同時也包含將稻草捆在一起所需的聚丙烯和鐵絲網的隱含能源。
- 積木式建造的方面，我們假設廢木是取自當地，以車輛運輸，並以鏈鋸切割，並且包含水泥漿與纖維素隔熱體的運用。
- 常規建造方面，我們假設它有 6 英寸厚的牆面，並在每 16 英寸的間隔有著 2×6 英寸的窗框，雙層頂板與單層底板，半英寸厚的定向刨花板護套，上面每隔 6 英寸打上一般的 8d 釘，並且在頂層支撐上有纖維素隔熱體加工。

▼ 表 4.1 替代性建造的彙整

建造方式	優點	缺點	特色與功能
土磚	• 極高熱質量 • 防火 • 無毒 • 極低隱含能源 • 耐用	• 低隔熱值 (每英寸 R 值在 0.2-0.5 之間) • 高勞力需求 • 耐震性低 • 在乾燥速度快的有風地區表現較佳 • 必須避免潮濕	• 厚牆與深窗框 • 適合日溫差劇烈的氣候
捏土	• 極高熱質量 • 防火 • 無毒 • 極低隱含能源 • 耐用 • 抗龜裂	• 低隔熱值 (每英寸 R 值在 0.3-1.0 之間) • 高勞力需求 • 必須避免潮濕	• 厚重、曲線與曲牆 • 多種紋理與形式 • 能在牆上雕塑
積木式建造	• 中等熱質量 • 使用廢木 • 無毒 • 低隱含能源	• 木頭排列方式影響隔熱值 • 高勞力需求 • 因空隙導致保熱效果不佳 • 木材可能會有龜裂狀況	• 木紋的自然美感 • 單人即可建造
沙包	• 極高熱質量 • 可利用任何有機土壤 • 抗極端氣候與地震 • 防火 • 自身可作為地基	• 高勞力需求 • 窗戶與門戶少 • 聚丙烯袋必須避免日曬	• 圓頂形屋頂
夯土輪胎	• 極高熱質量 • 使用廢棄原料 • 防火 • 自身可作為地基	• 極高勞力需求 • 需要重器具與卡車 • 設計上限制多	• 半地下 • 以廢輪胎建造 • 被動式太陽能設計 • U 形內裝
稻草捆	• 中等熱質量 • 使用農業廢棄物 • 無毒 • 極低隱含能源 • 乾燥狀況下耐用	• 勞力需求普通 • 必須避免潮濕 • 稻草是因為高能源消耗的農業才存在	• 厚重牆壁 • 高彈性設計

© 2016 Cengage Learning®.

▼ 表 4.2　R 值比較表

建造方式	每英寸 R 值	一般牆厚度 (英寸)	一般牆 R 值
常規建造			
玻璃纖維隔熱	3.1	3.5-5.5	11-17
纖維素隔熱體	3.7	3.5-5.5	13-20
替代性建造			
土磚	0.2-0.5	10-30	2-15
捏土	0.3-1.0	10-30	3-30
積木式建造	1.0-1.5	12-24	12-36
沙包	0.2-1.5	8-16	2-24
稻草捆	1.8-2.0	15-24	27-48

© 2016 Cengage Learning®.

▼ 表 4.3　估計隱含能源 (不包含內裝與外裝牆面)

建造方式	隱含能源 (1000 BTU)	R 值
土磚	0-1000	4-9
捏土	0-800	5-18
積木式建造	730	18-27
沙包	180-1200	2-24
稻草捆	100	36
常規建造 6 英寸厚牆 (2×6 英寸窗框與纖維素隔熱體處理)	290	20

© 2016 Cengage Learning®.

複習題

1. 使用以下的建造方式建造居住處各適合何種氣候？請解釋之。
   a. 土磚與捏土
   b. 積木式建造
   c. 沙包
   d. 地球船
   e. 稻草捆

2. 許多天然原料都能像稻草一樣綑綁後成為建材。這些素材包括天然草、樹葉與碎樹皮。使用非稻草植物捆的優缺點各為何？

3. 傳統土質房屋相較常規建造有著相當厚的牆。請以數個原因解釋。

4. 許多替代性建造需要在不論內部或外部的牆面添加額外塗層增強保護。使用黏土、石灰與石膏，以及其他的纖維原料如稻草與禽畜糞便，混合砂礫能夠製成天然塗料。這種天然塗料通常能在當地取得，使得其隱含能源較低。然而，這種天然塗層比一般的灰泥塗層更需要經常維護，而灰泥是由水泥與砂礫組成，在製造過程中有更大的隱含能源。請討論天然塗層與灰泥間的優劣。何者較適合長期使用？

5. 有些夯土輪胎建造的建築者會使用灌水泥鋁罐，用以作為非支撐性的牆面。使用鋁罐能夠減少水泥的利用，並且讓廢鋁罐再利用。然而，鋁罐的回收是最容易且經濟的回收物之一。試著組織一正一反的辯論，並闡述你的立場。

6. 有些人認為地球船適合任何氣候。以綠建築六項原則，嘗試闡述在圖 1.16 所列的氣候下，地球船的優點及限制。

7. 在什麼情況下捏土建造比積木式建造好？在什麼情況下積木式建造比捏土建造好？

8. 替代性建造原始的概念為使用當地手邊可用的原料。嘗試從本章討論的六個替代性建造方案中，找出其中可以用現代一般建材改良的部分。若是你認為無法用現代一般建材改良，請解釋之。

9. 包含但不限於本章所討論的建造方式，你認為何種建造方式適合炎熱而潮濕的氣候？為什麼？

10. 想像有三個人住在美國奧勒岡州朋德爾德 (Pendleton) 這個多風的草原地區，年均溫為 52°F，年均降水量為 13 英寸。三人都想建造一棟綠建築，請為三人各推薦一種建築方式，並解釋你的原因。
    a. 一位失業者，雖然口袋沒什麼錢但時間很多
    b. 一位只有微薄收入與空閒時間的人
    c. 一位收入高但沒有什麼時間的人

11. 個人喜好影響其對綠建築六項原則優先順序的判斷。對於喜愛與戶外環境接觸，因此喜好多面採光的人，要在寒冷地區建造房屋需有哪些犧牲？要如何達到最好的平衡？

12. 哪一種氣候不適合熱質量太高的建築？哪一種形式的建築適合這種氣候？

13. 一位在蒙大拿的建築者想在一個北面的河堤挖一個長 16 英尺、寬 8 英尺的地窖。為了要穩固土壤並支撐內部結構，但又要能適當控制濕氣以存放食物，你會建議他採用哪 (幾) 種建築工法？為什麼？

14. 哪一種建築方式適合一個在北明尼蘇達州的蒸氣浴，那裡的平均溫度為 37°F？提示：蒸氣浴場的加熱速度必須要快。

15. 藉由防止種子凍壞，溫室能夠顯著地延長作物的生長期。它們在維持相對穩定的溫度時的效果最好。在一個寒冷並潮濕的氣候，你會推薦何種建築工法？請解釋之。

16. 生產工程用木材的廠商能夠使用不適合鋸木廠的木材，用以製作定向刨花板與層壓板。在過去，伐木者只取優質木頭，留下不適當的木頭任其腐朽。廢棄木材造就積木式建造的出現，而儘管今日有許多方式再利用廢木，但積木式建造仍是受歡迎的工法。製作一棟積木式房屋所需的木頭，在今日再利用技術的投入下，能夠產出三到五棟差不多大小的房屋所需的木材。以綠建築六項原則為出發點，闡述積木式建造的優點與限制。

17. 現今的社會越加重視回收有價資源的重要性 (如輪胎、鋁罐與紙漿材)。這樣的狀況會如何影響我們對綠建築建材的選擇？

18. 想像洛杉磯政府為了促進永續發展，規定所有新建物都必須以土磚製成。這樣的政策會對營造業與環境有什麼樣的衝擊？

19. 若是規定一種替代性建造工法必須被用在全美國的新建案上，你會推薦哪一種形式？請解釋之。

20. 若是要讓替代性建造成為主流會需要哪些因素？話說回來，替代性建造應該成為主流嗎？為什麼？

練習題

1. 一個 1400 平方英尺的夯土輪胎建造需要大約 1000 個輪胎。屋主打算駕駛一輛貨車到當地掩埋場撿拾免費輪胎。假設貨車每加侖汽油可行駛 15 英里，一次可運回 20 個輪胎：

   a. 如果掩埋場距離工地 30 英里，運完 1000 個輪胎的過程需要多少加侖的汽油？

   b. 以當前的油價來說，這樣會花費屋主多少油錢？

   c. 兩個人共同工作，假設處理好一個輪胎需花費 20 分鐘，兩人需要揮汗工作多久才能處理完 1000 個輪胎？

   d. 假設屋主以一小時 60 美元的代價聘請兩位工人，人力費用總共會是多少？

2. 製造一個汽車輪胎所需的能量大約是每磅 48,000 Btu。燃燒輪胎所回收的能源只有每磅約 18,000 Btu，比輪胎的隱含能源一半還要少。然而，回收輪胎作為其他產品的原料能夠收回高達每磅 30,000

Btu 的能量。假設一個夯土輪胎建築使用了 1000 個輪胎，每個輪胎重達 22 磅：

a. 若是這些輪胎用來回收製造成新產品，能收回多少能源？

b. 用在沙包建築的聚丙烯麻袋的隱含能源約為每袋 4800 Btu。如果製造與利用 1000 個輪胎製成的建築，同樣大小的沙包建築需要 1200 個麻袋，並把輪胎拿去回收，轉而購買麻袋，有多少的能量 (Btu) 能被收回？

3. 有一面 18 英寸厚的積木牆，長 20 英尺、高 8 英尺，以及另一面以常規建材的同樣長度與高度的牆壁，並以 5.5 英寸的密封壓縮纖維素做隔熱處理：

a. 以每英寸 1.2 的 R 值計算在牆兩面溫差 25°F 時，積木式建造的熱能流失速度 (英熱單位/每小時)。

b. 評估常規建材牆的 R 值與在上述情況下的熱能流失速度。

c. 在奧勒岡州的朋德爾頓，室外年均溫大約比一般人喜愛的室內溫度 72°F 還要低了 25°。以此為依據計算兩種牆壁每年分別流失多少熱能。

d. 若是每 100,000 Btu 需花費 2.2 美元，兩種牆壁每年分別需花費多少費用？

e. 若是常規建材牆壁的密封壓縮纖維素層從 5.5 英寸加厚到 18 英寸，牆壁的 R 值會是多少？

4. 影響積木式建造隱含能源的因素相當多。假設有一面以當地廢木為材料，長 20 英尺、高 8 英尺的積木式牆壁。假設屋主手工裁切並擺放木頭，以獨輪手推車運載、攪拌水泥，從森林蒐集、運輸並裁切木頭需要 13 加侖的汽油 (汽油每加侖隱含能源大約為 115,000 Btu)。總共 35 立方英尺的水泥漿黏合木頭，45 立方英尺的纖維素隔熱體填充木頭與水泥漿中間的空隙：

a. 請計算整面積木牆的總隱含能源。

b. 請計算相當大小的常規建材牆壁的隱含能源。假設該牆包含 11 骨 2×6 英寸窗框，每個有 8 英尺長；5 張半英寸厚、4×8 英尺大小的定向刨花板；五張半英寸、厚 4×8 英尺大小的石膏板；以及 62 立方英尺的纖維素隔熱體。使用表 2.1 的數據。

能量

Chapter 5

資料來源：David Parsons/NREL.

簡介

能量及其使用決定了人類文明的形式。能量促使了社會各方面必需物資的製造和運輸——從食品、服裝和建築產品，一直到現代機械和技術。能量形式被用於滿足人類的需求而大大地影響了社會和環境的健康。

人們所利用能量的第一種形式——超越自己的肌肉與那些動物——包括燒木柴和乾糞來做飯及取暖、用水力磨穀物和切割木材，而風力可運轉泵和研磨 (參見圖 5.1 到圖 5.3)。在十八世紀，石化燃料的使用促進了工業革命。人們發現，石化燃料比傳統能源有更大的能量密度。煤炭，尤其是動力蒸汽發動機、燃料工廠、火焰鼓風爐，大大地促進了工業機會。傳統能源減少了，石化燃料的效力才被確立，煤炭、石油及天然氣滿足了今日世界大多數對於能源的需求。有趣的是，這一切的能量，無論是從木頭、水、風，或石化燃料——都來自單一終極來源：陽光。

太陽能

太陽一小時所提供到地球的能量比全人類一年所消耗的還多。在陸地、海洋和大氣吸收大部分這種能量，但是雲、冰原及其他可反射的表面退回太空大約 30% 能量 (參見圖

圖 5.1 木熱是人們利用能量的最簡單和最古老的形式之一。這種傳統的柴爐提供熱送到威斯康辛州北部一個家庭。Courtesy of Scott Grinnell.

109

圖 5.2　數以千計的水車曾散佈於鄉村，用來研磨穀物製成麵粉。圖中所示的是位於新墨西哥州的拉斯維加斯。Courtesy of Scott Grinnell.

圖 5.3　幾百年來，人們用風車抽水和研磨穀物。圖中所示的是位於荷蘭的傳統碾磨機。© meirion matthias/Shutterstock.com.

5.4)。太陽能是推動地球複雜系統的基礎來源，並體現在各種形式的基本資源：

- 生物質能 (biomass energy)：從生物體衍生，生物質包括木材和農產品、禽畜糞便，以及城市垃圾。從光合作用來看，植物吸收陽光與二氧化碳來產生碳水化合物，此碳水化合物可以形成建築物木塊和其他有機材料。太陽是所有的生物質能的最終來源。

- 水能 (hydro energy)：當陽光溫暖海洋和陸地時，它的一些能量蒸發水分並驅動水循環。降雨落在山區和高海拔的平原隨後匯集在河流及重回湖泊和海洋。這種流動可以驅動輪子研磨穀物或旋轉渦輪機以產生電力。因此，陽光是所有水能的來源。

- 風能 (wind energy) 和海流能 (ocean current energy)：太陽的熱帶垂直照明及磁極的偏斜照明，導致地球加熱不均。溫度差會造成巨大的氣流和海流，而引起風和海流。此外，風吹過開放式的水會產生水波。因此，太陽是負責所有的風、浪和海流能。

- 石化燃料 (fossil fuels)：石化燃料代表了數百萬年的濃縮太陽能。史前藻類、細菌和植物吸收太陽光，透過光合作用儲存能量，並

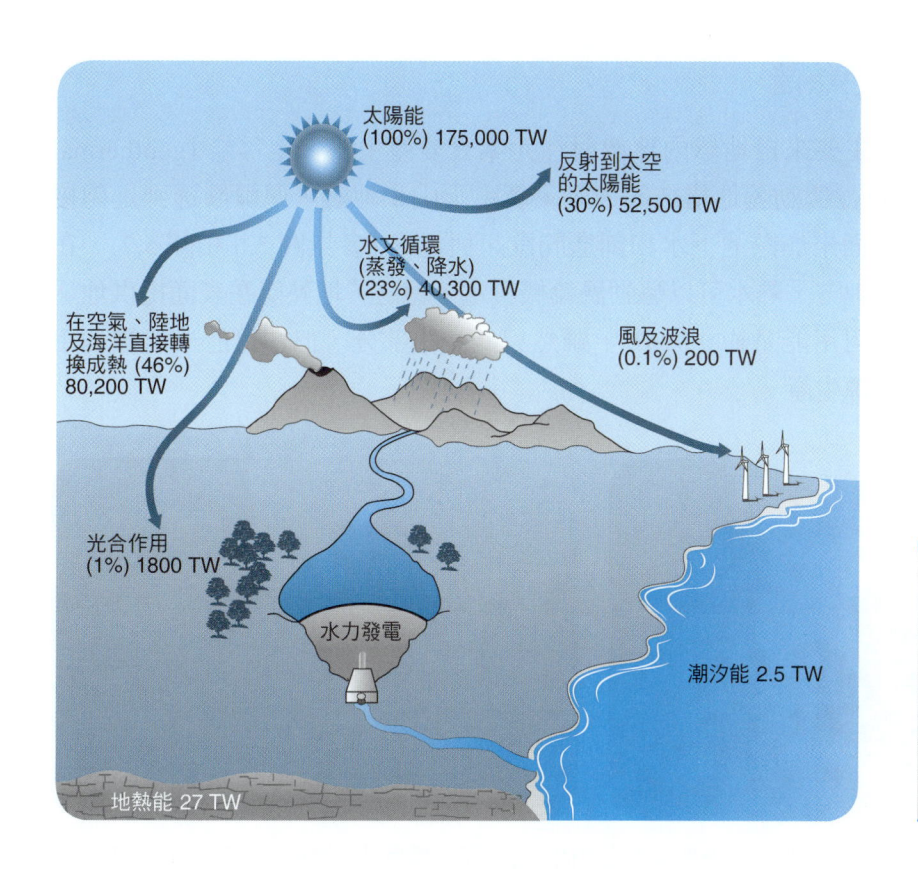

圖 5.4 陽光提供地球上幾乎所有的可用能量。某些太陽的能量蒸發水來驅動水文循環；某些產生了風、浪和洋流；有些則提供植物光合作用的能量。1 TW = 1 萬億瓦特 (1×10^{12} 瓦特)。© 2016 Cengage Learning®.

且被掩埋，而在沙層壓實。這種濃縮能量使石化燃料比可再生能源更有效。但它也讓使用石化燃料產生更多的問題。工業革命以來，石化燃料的燃燒——幾百年的延伸——已經散佈數百萬年儲存碳進入大氣，增加大氣中二氧化碳的濃度，並導致全球性嚴重的挑戰。因此，石化燃料代表史前太陽能。

陽光以其直接和衍生的形式，在地球上約佔 99.97% 的可用能量。如同我們所知的，沒有陽光就沒有雨或風或自來水，就沒有土壤、沒有植物、沒有生活。儘管如此，兩個非太陽能來源仍然是重要的：潮汐能和地熱能。

潮汐能

潮汐能 (tidal energy) 源自於月球和太陽對地球的引力。這些力量牽引地球及海洋，引發潮汐上漲。由於地球依其軸自轉，潮汐上漲幾乎保持靜止，並且抵抗陸地牽引。大陸與海洋的相對運動引起的每日潮汐提供另一個可用能量的來源。在許多沿海群落，潮汐能是豐富的 (圖 5.5)。

再生能源與永續性設計

地熱能

　　主要來自地球內部放射性元素衰變產生的，地熱能 (geothermal energy) 帶動陸地構造的運動，產生火山和地震，偶爾滲透到足夠接近表面來加熱地下水和創造間歇泉與溫泉 (參見圖 5.6 和圖 5.7)。在某些地方，熱水可以驅動渦輪機發電。總之，地熱能在表面提供地球上總可用能量約 0.016%，雖然只此一小部分，但卻可能永遠被利用於能源生產。

圖 5.5　芬迪灣，加拿大新布藍茲維和新斯科細亞之間，經歷了世界上最大的潮汐，超過 50 英尺的變化。在世界各地的許多沿海區域，這種水位上的變化提供了能源。(a) © GVictoria/Shutterstock.com. (b) © Melissa King/Shutterstock.com.

圖 5.6　當地熱能加熱水後滲入裂縫時，則會形成間歇泉。圖中所示的間歇泉位於黃石國家公園。Courtesy of Chris Grinnell/Bearing the Light LLC.

圖 5.7　地熱能加熱熔化岩石，可以在地球表面猶如火山噴發。© beboy/Shutterstock.com.

112

這三種物質的來源——太陽能、潮汐能和地熱能，主要提供取之不盡、用之不竭的持續性可再生能源。每一能源的來源都有優缺點，以及不同的形式被限制為特定的地點、季節或一天中的時間。沒有任何單一來源的再生能源可以取代目前石化燃料的消耗。滿足未來能源的需求，將需要提高效率及節約能源相結合。

本章介紹能量的基本類型，討論了管理能量使用的原則，然後檢查兩個與駕馭能量最相關的使用：計算電能的使用情況，並評估現有的太陽能資源。

各類能量的形式

三種基本的能量來源——太陽能、潮汐能和地熱能，代表人們利用能量並可用它做些有用工作的機會。這些「來源」不產生能量，並使用能源而沒有消滅它。自然基本規則，稱為熱力學第一定律 (First Law of Thermodynamics) 指出：

> 能量既不能被創造也不能被消減。它被簡單地從一種形式轉換成另一種形式。

使用能量的行為是轉換的過程，不是消耗。宇宙的總能量不變，今天它同樣一直保持。雖然一般常說成耗能，但它只是意味著從一種形式能量轉換到另一個。

能量可以四種基本類型存在：動能、重力、電能，以及核能。

動能

動能 (kinetic energy) 是運動的能量。所有運動的物體——機車在道路奔馳 (圖 5.8)、水嘩嘩流過水壩、橫跨草原的風，以及保有動能的渦輪旋轉軸。物體移動的越快越大、質量更大，則動能就越大。

圖 5.8　動能是運動的能量。© okx/Shutterstock.com.

再生能源與永續性設計

除了所觀察對象的運動，另一個不太明顯的動能形式發生在分子方面。熱能——我們覺得是熱的傳遞——是原子和分子構成物質的原子及分子的平均動能。溫度測量平均分子動能：較熱的原料，則有較大的分子動能(參見圖 5.9)。這種能量的形式是混亂且高度無組織的。

重力勢能

重力勢能 (gravitational potential energy) 是在重力存在的前提下，與物體的位置相關聯之能量(參見圖 5.10)。在地球上，物質舉得越高，質量越大，則重力勢能越大。提起稻草捆比放下它們更費力；同樣地，在陡峭的山頂上一顆球滾下，重力勢能會轉換成動能。

圖 5.9 熱能是原子和分子的隨機動能。鐵原子在熾熱的刀尖比刀柄更迅速地運動。Courtesy of Scott Grinnell.

電能

電能 (electrical energy) 是與帶電粒子的位置及運動有關的能量。每一個原子是由圍繞在中央帶電原子核的電子雲所組成。電能以三種常見形式呈現：電力、化學能，以及電磁能。

- 電力 (electricity) 是自由電子有組織的運動。原料如金屬允許電子從原子自由移動到原子，且在一般的運用中通常當成傳達電子。從電腦、手機到馬達和燈泡，電力可作為多數科技的基本能量來源。閃電是電力的自然形態 (圖 5.11)——通過地球大氣層的電子移動。

- 化學能 (chemical energy) 包括與食品、汽油、火柴和電池相關的儲存能量。一個電子的位置及原子或分子中的狀態決定其化學能。當原子或分子建立或打破鏈結或改變它們彼此的安排時，電子分佈及位置將發生改變。化學能的釋放是在與電子重新排列相關的電能量之變化。例如，點燃一根火柴，如圖 5.12 所示，導致電子如硫和磷的原子鍵與氧氣快速重新定位。

圖 5.10 重力勢能存在於當物件受到重力影響而落下時。在不同高度峽谷地層間走鋼絲的男子具有重力勢能。© istockphoto.com/Michael Svoboda.

114

Chapter 5 能量

圖 5.11　電力是電子的連貫運動，無論是在大氣中自然產生或發電廠內產生。在這個夜晚，兩者皆照亮城市。© Jhaz Photography/Shutterstock.com.

圖 5.12　火柴的燃燒所釋放的能量來自儲存於原子間的化學鍵電能。Courtesy of Scott Grinnell.

- **電磁能量** (electromagnetic energy) 包括可見光、紫外線、紅外線輻射 (熱)、微波、無線電波，以及 X 射線。當電子加速時，其電場變化而產生磁場。依次變化的磁場產生另一個電場，這兩個領域——一個創造另一個——產生的電磁波，可以無限期地傳播。電磁波具有可以穿越空間，而不需要物質媒介來維持電磁波的獨特能力 (圖 5.13)。

核能

　　核能 (nuclear energy) 是與在原子核中質子和中子結合在一起的數量相關聯之能量。儘管核能在日常生活中較為少見，但是在太陽核心內氫融合為氦——轉換核能為電磁能——此為創造太陽光為地球上所有生命的必要過程。相反的過程則為大量元素的分裂，如鈾的核分裂，是現有的核分裂發電廠及原子彈的基礎 (參見圖 5.14)。

115

再生能源與永續性設計

圖 5.13　陽光是電磁能的一個可見的形式。大多數形式,如通過該塔傳遞的手機信號,是人眼無法發現的。Courtesy of Scott Grinnell.

圖 5.14　原子彈的爆炸釋放出的能量是在地球上很少經歷的一種形式:原子核結合在一起的能量。© Sergey Nivens/Shutterstock.com.

能源轉換

能量可以從一種形式轉換成任何其他形式。考慮下列轉換:

- 當利用陽光製造碳水化合物時,葉子的光合作用為電磁能量轉換為化學能。
- 燃燒一塊木頭提供熱和光,可將儲存的化學能轉化為熱能與電磁能。
- 用旋轉葉片移動空氣的吊扇電動機,將電能轉換為動能。
- 泵的旋轉葉輪將水引入高架水塔,此為動能轉化為重力勢能。
- 太陽能電池將陽光轉換成電能的電磁能。

Chapter 5 能量

雖然能源可以從一個形式轉換成任何其他形式，但是會傾向移動到和原始組織相比較為鬆散組織的形式。熱能，隨機移動分子的混亂動能，是能量的最少組織形式，並且是能量轉換的必然結果。這失序的傾向是大自然的另一基本原則，稱為熱力學第二定律 (Second Law of Thermodynamics)：

> 在任何轉換，一個系統的能量總是從更有序的形式改變為較為失序的形式。

熱能的無序狀態限制其轉換成其他形式能量的能力，因此降低了它的整體效用。出於這個原因，熱能被認為是低等級能量 (low-grade energy)；相反地，電力 (電子的連貫動作) 更高度的組織，所以它的應用更加多樣化。電力可輕鬆轉換成其他形式的能量，因此被認為是高等級能源 (high-grade energy)。

低等級能量 (如熱能) 可以轉換成高等級的能量 (如電力)，但總是在其他地方創造更多無序的能源。雖然部分熱能變得更有序，但此熱能的其他更多部分會變得更紊亂，導致全面的失序 (參見圖 5.15)。考慮到後續章節中常規燃煤發電廠時，這些陳述將更為明確。

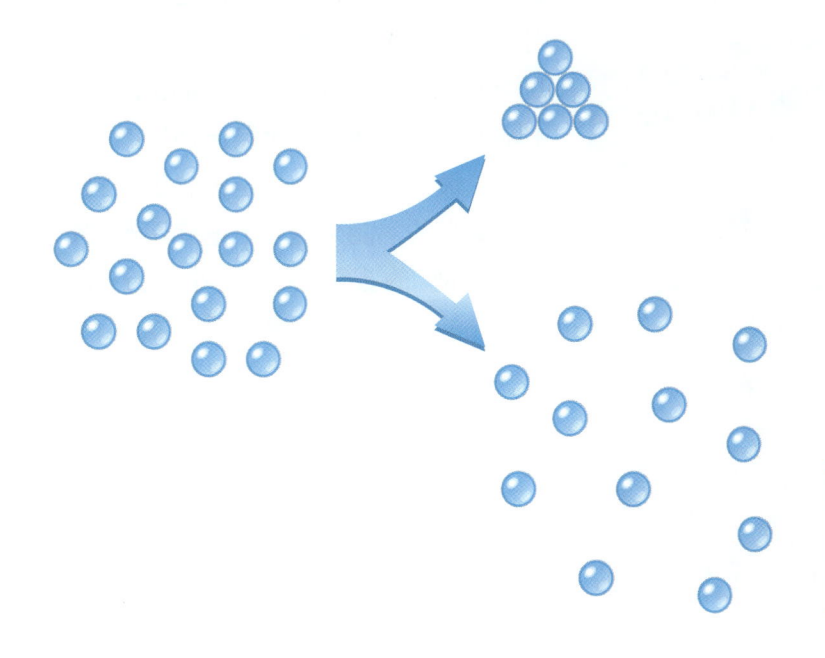

圖 5.15 每當某些能量轉換成更有序的形式時，會更大幅變得越來越無序。能量轉換的每一個過程中產生更大的整體紊亂。© 2016 Cengage Learning®.

再生能源與永續性設計

傳統發電

熱力學第二定律設定的固有限制，說明可以從熱源提取電力或是有用的功。沒有任何巧妙的設計或工程上奇妙的壯舉可以繞過這個固有限制。這是自然且不可改變的基礎。

煤炭在常規發電廠燃燒其化學能 (從光合作用數百萬年所儲存的)轉化為熱能。此熱能用來煮水，並在高壓下產生蒸汽。蒸汽分子碰撞特殊形狀的渦輪葉片，並傳輸一些動能到渦輪機。該旋轉渦輪旋轉了發電機的軸，而發電機中的磁場將軸上的動能轉換成電能。

當一些水蒸汽的熱能由渦輪轉換成電能而變得更為有序，但是熱能其餘更多部分變成廢熱，其形式更加混亂。大多數常規發電廠乾脆將這些廢熱轉移到附近的湖泊或河流，如圖 5.16 所示。

該程序的一個說明例子，如圖 5.17 所示，提供了在常規燃煤電廠的能量轉換中每個過程的典型效率。效率 (efficiency) 表示輸出能量與輸入能量之比，因此總是小於 100%。

機械研磨煤炭成粉末狀，並將其混合受控空氣一起吹進燃燒室中。當煤炭點燃後其化學能轉換成熱能時，一些熱量必然由煙囪排出，並帶走廢氣 (顯示為 14% 的損失，這意味著 86% 熱能仍然是可用的煮沸水)。在絕緣缺陷、移動物件的摩擦，以及導線內之電阻都在此過程中降低效率而轉換成廢熱 (約 6% 損失)。然而，最大的效率損失是會發生在渦輪提取蒸汽的熱能來建構上述旋轉軸的動能上 (56% 的損失)。僅一小部分的低等級熱能可以轉換向高品質動能；不管如何設計完美的工程，都是由熱力學第二定律來制約。其餘部分的熱能變成廢熱，對河流或湖泊加溫 (更資源豐富的設計) 或流經地下管道預熱城市建築。熱能作為廢熱使得它比蒸汽的原始熱能更為失序，儘管產生一些電力，但卻導致更多的總體無序。

圖 5.16 所有常規發電廠，無論燃料是透過煤炭或木屑燃燒，均藉由連接到發電機的渦輪機旋轉來轉換熱能為電能。
Courtesy of Scott Grinnell.

能量 Chapter 5

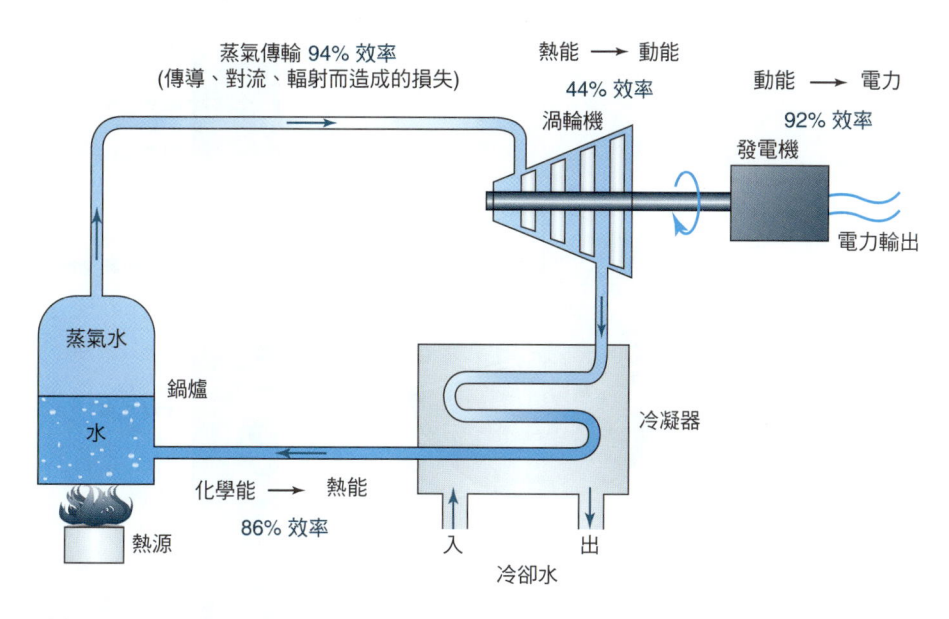

蒸氣傳輸 94% 效率
(傳導、對流、輻射而造成的損失)

熱能 → 動能
44% 效率
渦輪機

動能 → 電力
92% 效率
發電機

電力輸出

蒸氣水
鍋爐
水
熱源

化學能 → 熱能
86% 效率

冷凝器
入 出
冷卻水

總效率：86% × 94% × 44% × 92% = 33%

圖 5.17 煤炭儲存的化學能轉化為電能的總效率大約是 33%。廢熱佔其餘原化學能的 67%。發生效率最差的轉換為熱能轉換成動能，受熱力學第二定律限制。© 2016 Cengage Learning®.

最後，動能在發電機轉換成電能是大約 92% 的效率，失去額外 8% 的廢熱。

整個過程的總效率是效率在每個過渡程序的乘積，或 $0.86 \times 0.94 \times 0.44 \times 0.92 = 0.33$。存在於煤炭中的儲存化學能，只有 33% 最終轉換為電能。其餘的 67% 大部分是犧牲作為廢熱。發電廠和使用者之間的傳輸損耗進一步降低此效率。

所有利用高溫熱能發電的傳統發電廠其原理都是相同的，僅其燃料源為煤炭、木屑、天然氣或濃縮鈾（在核電廠）。此外，同樣的原理也適用於汽車的內燃機中，雖然傳送到汽車的動能只儲存在汽油中的化學能約 20% 而已，其餘的大部分傳送到環境中作為廢熱。

再生能源

再生能源 (renewable energy) 不同於石化燃料能源之處，在於它的補充與消耗一樣的快。陽光到達地球表面的速度比人類的綜合油耗速度大 10 萬倍，況且利用太陽能並不會削弱其供應。相反地，石化燃料的不可再生之因是地球內部持續石化燃料生產的速度比不上人類消費速度。

在美國，再生能源目前只能提供 9% 的總能源需求，以水力發電、木材，以及生物燃料為主（參見圖 5.18）。近年來，風力發電成長快速

再生能源 與 永續性設計

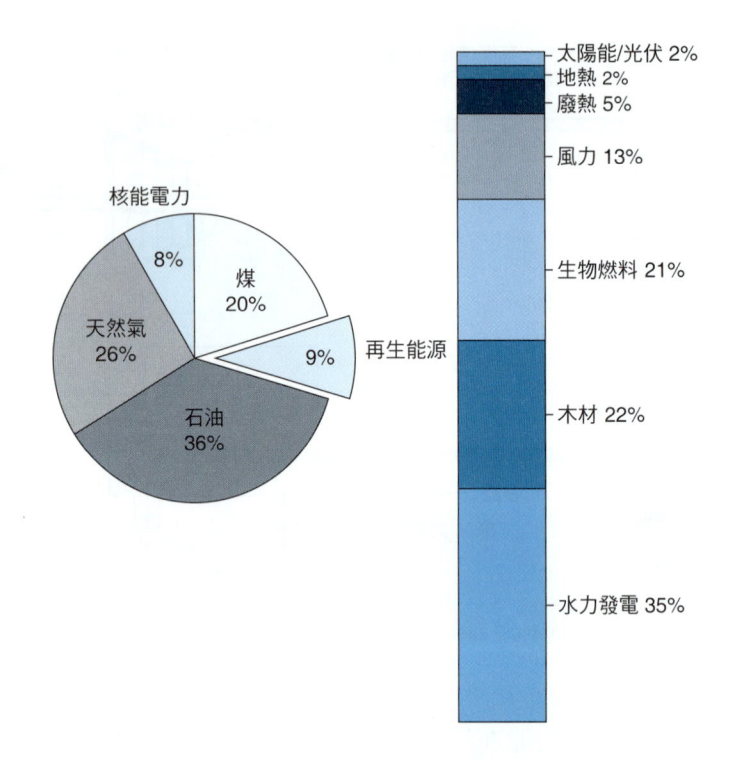

圖 5.18　再生能源供應在目前美國的能源總預算中所佔比例相對較小。然而，石化燃料儲量下降及對氣候變化的關注，提供可再生能源未來成長的機會。© 2016 Cengage Learning®. 資料來源：改編自 U.S. Department of Energy, U.S. Energy Administration.

核能電力 8%
煤 20%
再生能源 9%
石油 36%
天然氣 26%

太陽能/光伏 2%
地熱 2%
廢熱 5%
風力 13%
生物燃料 21%
木材 22%
水力發電 35%

保證提供廉價的能源，在價格上與石化燃料競爭。目前在太陽能發電技術和生物質能燃料也承諾未來會有更大的貢獻。

可再生能源的主要形式包括太陽能熱水、光伏 (太陽能電)、風、水電和生物質能。後續章節針對每一種形式有更多細節的說明。

太陽能熱水系統 (solar hot water systems) 將太陽光的電磁能量轉換成熱能。這個過程可能是所有再生能源系統中最有效率的 (實現100% 的理論效率)，因為高等級電磁能很容易地轉換成低等級熱能。太陽能熱水系統的實際效率基本上少於該理論極限，並與設計和位置不同而有顯著變化，但它通常是 60%-70% 之間。未轉化成可用的熱水的能量被集熱器反射，再輻射回到環境，或透過傳導及對流而流失。

光伏發電系統 (photovoltaic systems) 將太陽光的電磁能量直接轉化為電能。最可用的太陽能發電系統提供約 20% 的最大轉換效率，但這個值被工程所限制比熱力學所述來得多。具有改進技術的情況，有可能實現轉換效率高達 85%。

風力渦輪機 (wind turbines) 從運動的空氣提取動能產生電力，並且有 59% 的最大理論效率所限制。空氣不能失去其所有的動能，否則會使後面的渦輪停頓，阻止後續的空氣。顯然地，空氣必須超出渦

輪保持移動，因此必須保持其原有動能至少 41% 的量。現代的風力渦輪機以低於這個理論最大值來執行，從而獲得大致 35%-50% 的效率，這取決於風力條件和渦輪機設計。

　　水電渦輪機 (hydroelectric turbines) 從高處落水提取動能和重力勢能來發電，比風力渦輪機效率高，可達 90% 的效率。水力發電廠的高效率和可預測性，使它們是分佈最為廣泛的可再生能源系統。

　　根據資源和轉換的方法，生物質能 (biomass energy) 變化很大。透過光合作用將太陽光轉換成生物質能的最大效率大約是 5%，但大多數綠色植物達到的會比此效率低得多，通常小於 1%。儘管如此，光合作用在大陸和海洋生物的覆蓋面積使這種潛力無窮。不同類型的生物質利用不同的轉換技術：

- 生物質能形式如木片、市政垃圾或固體的農業廢棄物，通常在發電廠中被燃燒來產生電力，類似於傳統燃煤發電廠。這種轉換與傳統燃煤發電廠具有大致相同的效率，雖然水分和汙染物可能降低效率到 20% 或以下。
- 上述固體生物質能也可以在缺少氧氣的情況下 (其防止燃燒) 被加熱，以產生可燃氣體或液體燃料。這些燃料可以直接用於加熱或隨後燃燒以產生電力。
- 液體形式的生物質能諸如禽畜糞便或穀物漿液，可透過生物學上經由厭氧消化或發酵轉換，以產生可燃氣體或液體燃料，例如甲烷和乙醇。
- 生物質能在微藻類和油料種子作物的形式下，可進行化學轉換來產生液體燃料，如生物柴油。

　　生物質能是允許同時產生電力和創建液體燃料的來源，能夠取代人類在運輸上所需的汽油和柴油。

基本電學

　　伴隨著一些例外，如來自生物質換的能量轉換系統發電者，像是太陽能熱水系統和生產可燃氣體及液體燃料的系統。身為能源最通用的形式之一，電力在一個持續發展的科技社會中扮演著重要的角色。理解電力的基本概念和獲取一些技能來進行簡單的計算是必要的，以評估共同能源系統的性能。

歐姆定律

電力是電子的移動。電子於電場中移動，這可能起因於相鄰的電子 (或其他帶電粒子)，或因磁場的改變。強迫電子移動的壓力稱為電壓 (voltage)。電壓越大，電子傾向移動得更快。當電子流過的材料，如電線，材料中原子間的碰撞增之為電阻 (resistance)。電阻減慢了電子的移動速度，並限制每秒流過某一點的電子數量，被稱為電流 (current)。歐姆定律 (Ohm's Law) 總結了這種關係：

$$電流 = 電壓/電阻$$

電力通過導線就好比流過水管的水。在管內 (電壓) 的壓力建立了驅動力，並確定在該水管流動的速度，但尺寸和管的平滑程度 (電阻) 限制了流量 (電流)，並且降低壓力 (電壓)。電子以相對小的阻力通過材料則稱為導體 (conductors)。銅和鋁是良導體，所以最常用於傳送電力。電子在導體內移動就像在平滑的水管容易流動的水。

電力和能量

功率 (power) 表示能量使用率，亦即，在某一時間內所使用的能量。電功率 (electrical power) 取決於電壓 (壓力) 和電流 (流量)：

$$功率 = 電壓 \times 電流$$

在過程中所使用的總電能 (electrical energy) 等於功率乘以時間 (以小時計)：

$$能量 = 功率 \times 時間$$

標準單位

每一個量的標準單位 (及符號) 允許數值計算和想法的快速溝通。世界上大多數國家採用國際單位制 (SI 或公制) 進行所有測量。美國於電力的領域中已經採用 SI 系統，但仍然採用英國熱量單位 (Btu) 的舊英制系統的熱能計算。

▼ 電力的標準單位

量	符號	單位名稱	單位縮寫
電壓	V	伏特	V
電流	I	安培	A
電阻	R	歐姆	Ω
功率	P	瓦特	W
能量	E	千瓦-時	kWh
時間	T	小時	h

1 千瓦等於 1000 瓦特，功率的測量單位。轉換而言，1 瓦特 = 3.412 Btu/小時；1 千瓦小時 = 3412 Btu。

例題 5.1

一個緊湊型螢光燈 (CFL) 使用功率為 21 瓦特，插入標準 120 伏特電源插座。在 21 瓦特中，只有 4 瓦特電力的可見光。

a. 燈泡吸收多少電流？
b. 電燈泡的電阻是多少？
c. 燈泡將電能轉換為可見光的效率是多少？
d. 如果燈泡持續運行 1 週，它使用多少能量 (kWh)？
e. 如果電力公司收取 0.12 美元/kWh 時的電費，使用成本為多少？

解

a. 電流等於功率除以電壓，或

$$I = P/V$$
$$I = 21 \text{ 瓦特}/120 \text{ 伏特}$$
$$I = 0.175 \text{ 安培}$$

b. 使用歐姆定律，電阻等於電壓除以電流，或

$$R = V/I$$
$$R = 120 \text{ 伏特}/0.175 \text{ 安培}$$
$$R = 686 \text{ 歐姆}$$

c. 效率是由總輸入除以有用輸出來得到。因為 21 瓦特中只有 4 瓦特被轉換成可見光，燈泡具有的效率：

$$\text{效率} = 4 \text{ 瓦特}/21 \text{ 瓦特}$$
$$\text{效率} = 19\%$$

d. 能量 = 功率 × 時間

$$E = P \times T$$
$$E = 21 \text{ 瓦特} \times (7 \text{ 天} \times 24 \text{ 小時/天})$$
$$E = 3500 \text{ 瓦特-小時} \times 1 \text{ kW}/1000 \text{ W}$$
$$E = 3.5 \text{ kWh}$$

e. 這筆電力成本由下式得出

$$\text{成本} = \text{能量} \times \text{每千瓦小時的價格}$$
$$\text{成本} = 3.5 \text{ kWh} \times 0.12 \text{ 美元/kWh}$$
$$\text{成本} = 0.42 \text{ 美元}$$

例題 5.2

烤麵包機的加熱元件有 12 歐姆的總電阻，它有 100% 轉換電能到熱能的效率。假設烤麵包機已插入標準的 120 伏特電源插座。

a. 烤麵包機的功率為何？
b. 烤麵包機吸收多少電流？
c. 如果每千瓦小時 0.12 美元，烤麵包機連續運轉 3 小時花費多少成本？
d. 烤麵包機運轉 3 小時產生多少熱 (Btu)？

解

a. 因為在本例中沒有提供電流，我們必須使用歐姆定律來從功率方程式中消除電流。透過歐姆定律可知，$I = V/R$。因此，

$$P = I \times V$$
$$P = V/R \times V$$
$$P = V^2/R$$
$$P = (120 \text{ 伏特})^2 / 12 \text{ 歐姆}$$
$$P = 1200 \text{ 瓦特}$$

b. 目前可以用兩種方式算出：由歐姆定律，或使用功率方程式。

由歐姆定律得出：

$$I = V/R$$
$$I = 120 \text{ 伏特} / 12 \text{ 歐姆}$$
$$I = 10 \text{ 安培}$$

或另一解法：

$$I = P/V$$
$$I = 1200 \text{ 瓦特} / 120 \text{ 伏特}$$
$$I = 10 \text{ 安培}$$

c. 此電力的成本由下式算出：

成本 = 能量 × 每千瓦小時的價格
成本 = 功率 × 時間 × 每千瓦小時的價格
成本 = (1200 瓦特 × 1 kWh/1000 瓦特) × 3 小時 × 0.12 美元/kWh
成本 = 0.43 美元

d. 由烤麵包機產生熱的總量等於所用的電能，因為轉換是 100% 的效率。

熱 = 電能 × 100% × 3412 Btu/kWh
熱 = 功率 × 時間 × 100% × 3412 Btu/kWh
熱 = 1.2 kWh × 3 小時 × 100% × 3412 Btu/kWh
熱 = 12,300 Btu

交直流

電力的開始和結束都在電源供應端。一路上，機器和電器設備將電能轉換為有用的工作，在每一個電氣設備上產生壓降。存在兩種不同類型的電力。

- 直流 (direct current, DC) 電代表電子通過的電路穩定且連續，其中每個電子行進整個電路的長度。直流電的來源包括電池、太陽能光電板，以及閃電。

- 交流 (alternating current, AC) 電每秒多次反轉方向，導致電子來回振盪，但它不遊經任何較大的距離。振盪電子迫使其相鄰電子也跟著振盪，再迫使被振盪電子的鄰近電子也振盪，持續下去。在沒有任何的電子通過電路的情況下透過導體來傳播能量。商業電廠提供交流電，這是標準型家庭用電。

專為某一類用電設計的機器和家電設備不能使用其他類型的電力來工作。逆變器 (inverter) 是將直流電轉換成交流電的裝置，整流器 (rectifier) 則是將交流電轉換成直流電的裝置。如同任何的轉換，一些能量於其過程中損失而成了廢熱。

太陽能資源

太陽能的發電量會隨著不同地點和季節有很大的不同。計算由光伏陣列生成的電力、太陽能熱水系統，或特定的生物質農作物的產出等，需要可用的太陽能知識，稱為太陽能資源 (solar resource)。太陽能資源考慮到緯度、季節、平均天氣條件 (如雲量)。赤道沙漠往往有最大的太陽能資源，而陰天的極地地區則最少。圖 5.19 提供美國太陽能資源地圖。

太陽高度角

正如在第三章所討論的，就其圍繞太陽運行的軌道而言，地球傾斜 23.5°，產生了四季不同的變化。地球的傾斜使得太陽高度在夏季和冬季之間有 47° 之大變化。對於非赤道地區，太陽的高度在夏天是最高的，而在冬季則是最低的 (在赤道，太陽在春分和秋分時直射頭頂)。

再生能源與永續性設計

太陽的高度決定了它的強度：越直射頭頂，強度越強。這是兩個因素的結果：(1) 太陽直接照射時期光芒散佈在一個較小的區域，如圖 5.20 所示；和 (2) 的太陽光線穿過地球稀少的大氣，其吸收和散射部分的能量。

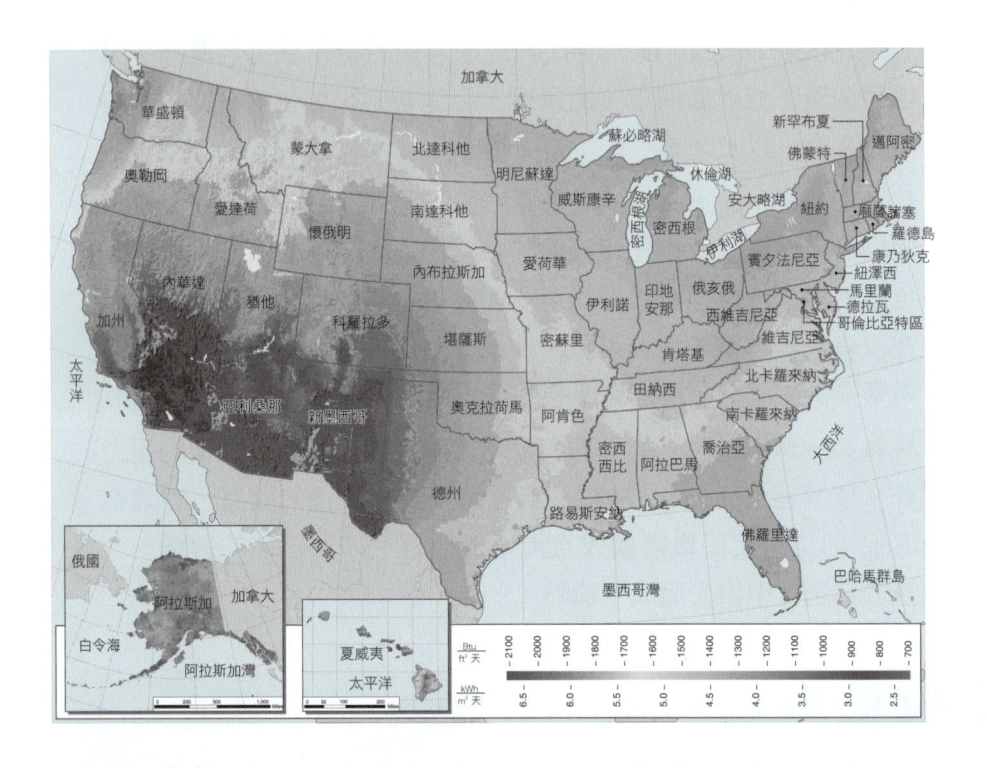

圖 5.19　美國的太陽能資源在西南高達 2150 Btu/ft² 到低至 850 Btu/ft² 在阿拉斯加的部分地區有所不同。太陽能資源考慮到氣象條件 (如雲量)、太陽 (這取決於緯度) 的角度及大氣的相對厚度。值如圖所示，假設所示在該緯度之收集器是傾斜的。© 2016 Cengage Learning®. 資料來源：改編自 National Renewable Energy Laboratory (NREL).

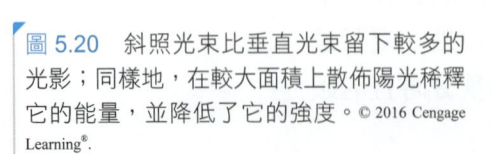

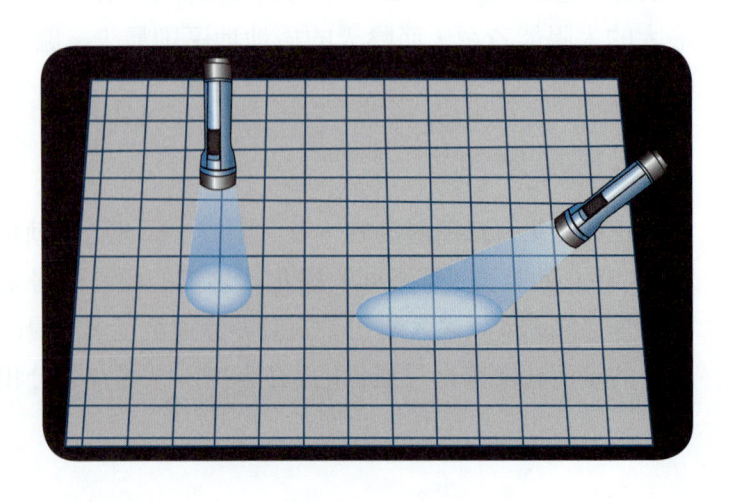

圖 5.20　斜照光束比垂直光束留下較多的光影；同樣地，在較大面積上散佈陽光稀釋它的能量，並降低了它的強度。© 2016 Cengage Learning®.

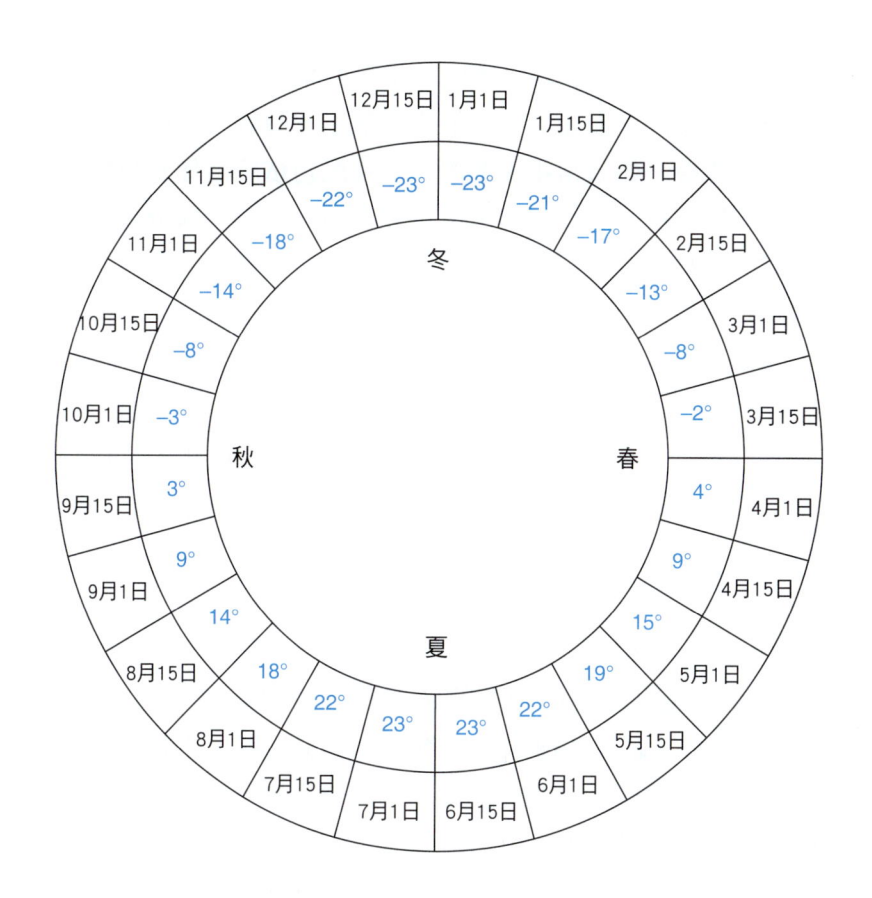

圖 5.21　一年中任何一天的太陽高度可以透過添加季節調整值(顯示為藍色)，以 90°-春秋分緯度來求得。秋季和春季之間的負數是減少太陽高度。© 2016 Cengage Learning®.

　　圖 5.21 可以估計全年的任何緯度的太陽高度。對於任何特定緯度的太陽高度角 = 90°- 在春分及秋分時的緯度。在一年中的其他時間，太陽高度等於春秋分值加上所提供的季節性調整角度。例如，在 5 月 15 日緯度 60°N (阿拉斯加州的朱諾) 的太陽高度等於 90°-60°+19° = 49°。這代表地平線上的太陽在 5 月 15 日中午的高度。

　　系統擷取可用太陽能資源的能力，取決於其相對於太陽的方位。理想情況下，集熱器在任何時候應該直接朝向太陽。這種佈局可以擷取最大數量的陽光，並最小化從集電極表面的反射，越傾斜角度越大，反射越顯著。

　　由於電線的柔性性質，太陽能光電系統具有追蹤太陽，並有最大限度地由集熱器收集能量的能力。但是，大多數太陽能熱水系統以硬管連接到集熱器，所以系統無法動彈。因此，取向的選擇必須在安裝時進行。

　　對於固定的太陽能系統，無論熱水或太陽能光電，集熱器定位垂直於正午的陽光可以最大化接收能量。這需要兩方面的調整：(1) 定

向的集電極面對正南 (在北半球)；和 (2) 傾斜的集電極配合太陽的高度。由於太陽的高度因季節而異，當最需要熱水的時候，太陽能熱水系統就需要一個選擇。如果常年需要熱水，那麼可依緯度傾斜位置的集熱器才是理想的選擇。這個目的是使集熱器可在太陽春秋分點的高度，這也是年平均高度。為了提高在冬天的效率，集熱器必須比其緯度更為過度傾斜；相反地，為了提高在夏天最大限度的效率，集熱器必須較少過度傾斜。由於太陽的角度每個季節期間由 23.5° 變化，增加或減小傾斜大約一半的這個量 (通常約為 15°) 可最大化季節性加熱。例如，在阿拉斯加州的朱諾 (北緯 60 度)，為冬季收集的最佳角度大約是 60° + 15° = 75°。這些集熱板通常安裝在建築的牆壁上，而不是屋頂。

遮蔽

用於決定在特定點的陰影程度的儀器稱為**太陽能追跡器** (solar pathfinder)。該儀器透過疊加樹木、建築物等陰影投射，來繪製一年中每月每日的太陽路徑圖。在圖中任何部分的陰影表示陰影將在當月特定的時間出現。圖 5.22a 顯示一個適合的位置在北緯 43 度到 49 度。該曲線繪製每個月早上 6：00 至下午 7：00 太陽的路徑。代表夏季的月分 (當太陽在天空中的高點) 的曲線在底部；那些代表冬季的月分 (當太陽在天空中低點) 是在頂部。

圖 5.22b 顯示塑料圓頂，可以看出其中鄰近樹的陰影。叢樹樹蔭

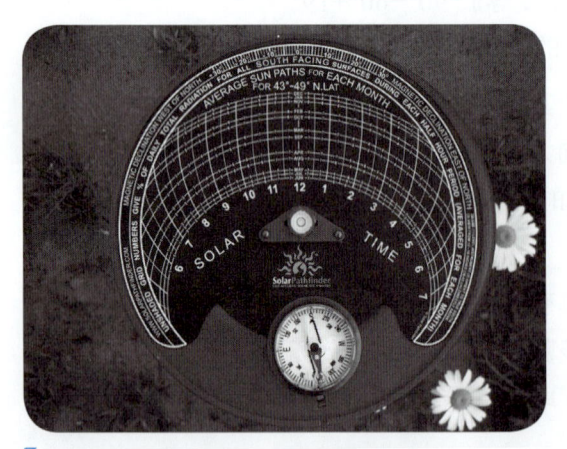

圖 5.22a 每一個曲線繪製特定月分太陽的日常路徑，夏季在底部和冬季在頂部。Courtesy of Scott Grinnell.

圖 5.22b 由樹木陰影顯示時間和日期時，陰影會減少可用的太陽能資源。Courtesy of Scott Grinnell.

遮點，在夏季為上午 8：00-8：30，其他時間到上午 9:30。當暮色開始阻擋陽光，在冬季為下午 2：00，而暑期大約在下午 5：00。然而，最關鍵的陰影，發生在 12 月和 1 月期間，此時該處幾乎經常被遮蔽。此遮蔽將在冬季降低太陽能資源，並危及太陽能熱水集熱器、太陽能光電發電系統，以及建築物設計為被動式太陽能加熱的有效性。如果樹木有落葉、陰影則不會那麼顯著，但即使是光禿禿的樹枝也會降低太陽的強度。

太陽能追蹤器允許在任何位置，正確預期太陽能資源的測量，並幫助決定太陽能設計建築和可再生能源裝置建置的適合位置。

本章總結

提供給人們在地球上所有的能量絕大多數都來自於太陽。陽光產生風能、波浪能、水能，並從光合植物衍生能量。石化燃料代表數百萬年的集中太陽能，這使它們比再生形式更為密集。然而，再生能源提供比所有人類活動消耗的總能量多出數千倍。

能源是永遠不會被創造，但也不會被消滅。「消費」能量表示從一種形式轉換到另一種。在轉換的任何過程中，系統的總能量總是比它轉換之前鬆散。如果一些能量變得更加有組織的，它的更多其他部分會變得越來越鬆散。這限制了電廠轉換燃料成電能的效率，此電能是電子的有序運動。高度的電力是為了使其能夠方便地轉換成其他形式的能量，這將使得電力有很大的通用性，並使得電力成為科技社會中不可或缺的重要能源。

複習題

1. 一台普通汽車停在紅綠燈停車線時，會出現什麼形式的能量轉換？具再生制動煞車系統的車輛其處理程序有何不同？此形式的煞車如何整合到大多數的油電混合車上？

2. 兒童在公園盪鞦韆來回擺動。在什麼時候兒童的動能最大？在什麼時候兒童的重力勢能最大？

3. 為什麼不能把能量從某種有用的形式轉換為另一種，而一直永續下去呢？

4. 如何生活在一個空間和水完全由太陽能加熱的房子裡？太陽會影響一個人的日常生活嗎？

5. 假設一對父子徒步到山頂。如果兒子體重為父親的一半，當他們站在山頂上，你怎麼比較他們的重力勢能？

6. 木材是生物質能的一種形式，通常被認為是一種可再生能源。這在所有地方都為真嗎？請證明你的答案。

7. 乙醇可透過玉米的蒸餾進行。當考慮農業、運輸、加工和蒸餾時，用來生產乙醇的能量的花費剛好接近製造出乙醇能量。請討論用玉米生產乙醇的優劣。

8. 在印度農村中，人們收集禽畜糞便並非罕見的生活，將糞便放在適當的蓄水池管道，並通過厭氧消化產生可自燃氣體。然後，該氣體被用於烹飪。由陽光開始追蹤一系列能源轉換，最後到由爐子釋放出熱量。

9. 5 月 5 日在阿拉斯加州費爾班克斯太陽的最大高度是多少？

練習題

1. 某居住地的幻影負載包括以下內容：電視 = 20 瓦特；電話 = 8 瓦特；時鐘 = 1 瓦特；電腦 = 12 瓦特。如果房子每月使用 200 度電，每月總用電量多少百分比是來自幻影負載？

2. 數百萬年來，植物吸收陽光創造生物質能。一些生物質能形成泥炭沼被埋藏沉澱並壓縮成煤。使用下表，估計用燃煤發電廠供應的電製造 CFL 光的整體效率。從原始陽光開始。與此相比，在被動式太陽能住家朝南的窗戶，讓可見光的 60%，進入窗戶並照亮大廈。

流程	效率
太陽光轉化為生物質能	3%
泥炭沼澤的生物質能	10%
泥炭沼澤轉化為煤	4%
煤礦	88%
煤的運輸	92%
發電	33%
電力的傳輸	90%
電轉化成光	20%

3. 核能發電廠在發電 35% 的效率消耗 5.0 百萬 Btu/hr 核燃料，核電廠有多少熱能 (Btu/hr) 被排入環境中？

4. 假設 5 盞節能燈，每盞吸收 23 瓦特，是無意中因主人不在點了一個月。假設發電和傳輸的效率是 30%。1 瓦特 = 3.412 Btu/hr。

   a. 發電廠有多少來自煤的化學能，用以生產照亮這些燈泡一個月所需電力 (Btu)？

   b. 電廠有多少能量 (Btu) 被當成餘熱傾倒？

   c. 多少的纖維素絕緣材料 (立方英尺) 的能耗等於餘熱 (參見表 2.1)？

5. 一種電動車輛在 100 英里的旅程內耗能 4.1 英里/千瓦時，並由一個鋰離子電池所提供。

   a. 電池必須能夠儲存多少化學能 (kWh)，以允許車輛行駛的全部 100 英里範圍？

   b. 如果電池帶電，售價 0.12 美元/kWh，需要多少花費行駛 100 英里？

   c. 在相同 100 英里的旅程中，如何與傳統汽油動力車耗能 33 英里/加侖相比？

6. 一種用於標準 120 伏特插座的無線電話充電基座耗電 12 瓦特。

   a. 它獲得多少電流 (安培)？

   b. 充電基座的電阻為何 (歐姆)？

   c. 在一年中使用多少能量 (kWh)？

   d. 如果電力成本是 0.12 美元/kWh，電話插電一年的費用是多少？

7. 即使在關閉時，電視機也會耗電。這種連續用電稱為幻影負載，可以讓遙控器啟動時立即做出反應。假設一台電視擁有 18 瓦特的幻影負載。

   a. 如果電視平均每天 20 小時處於關閉狀態，在一年內有多少能量由幻影負載消耗 (kWh)？

   b. 如果 0.12 美元/kWh，一年費用為多少？

   c. 如果發電和輸電的效率為 30%，多少餘熱浪費在燃煤電廠提供電力幻影負載上 (以 Btu 計算)？

8. 冰箱是熱泵的一種形式。電力讓壓縮機運轉，將冰箱內部的熱散出到周遭的房間。運行壓縮機所需的電力也變成廢熱，並一樣散出到周遭的房間。假設一個特定的冰箱使用 120 伏特電壓及 1.5 安培的電流。

   a. 冰箱消耗多大的功率 (瓦特)？

   b. 假設冰箱門是開著，允許冷空氣進入房間。這個房間的淨熱 (Btu/hr) 為何？

   c. 請解釋為什麼開冰箱門不會冷卻房間？

Chapter 6 太陽能熱水器

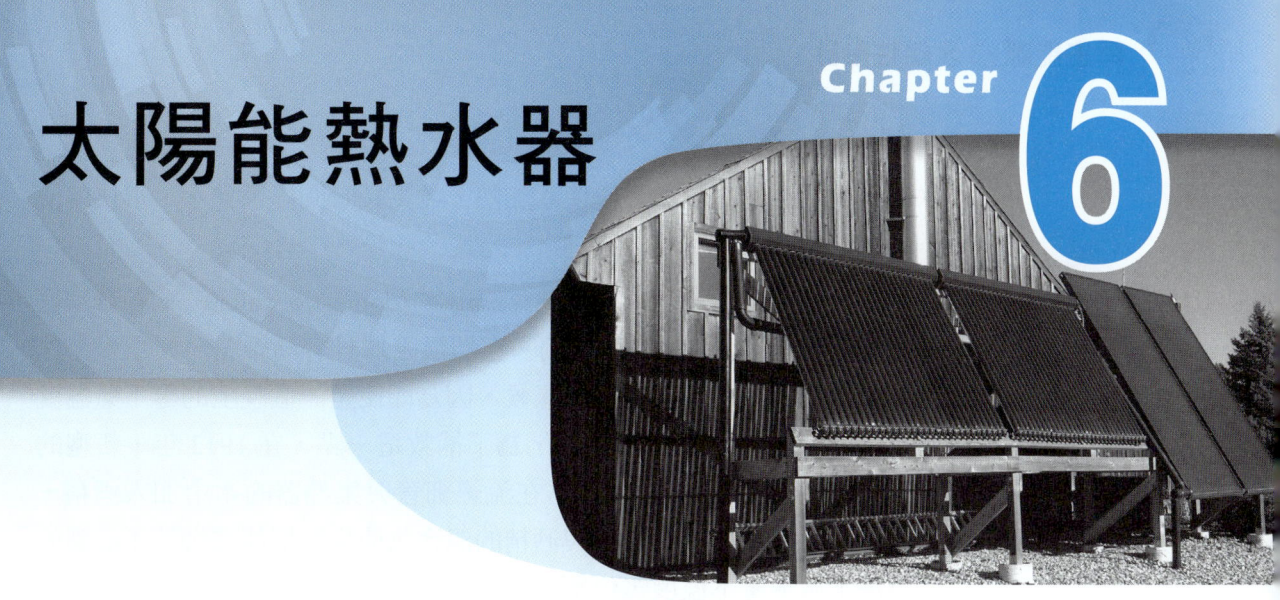

Courtesy of Scott Grinnell.

簡介

在早期文明中，人們會使用陽光來讓水加熱。古埃及人在土製罐中加入水並放置在陽光下，用來洗澡與烹飪。羅馬人使用被動式太陽能設計來加熱公共澡堂。早期的農場工人在黑色水槽中裝滿水，工作一天結束時用被太陽加熱的水來舒緩疲累的肌肉。

即使在古代，使用太陽的能量來加熱水已變成人們生活的一部分，但現代的第一個太陽能熱水器系統，直到十八世紀自來水在建築物間普及後才出現。這些早期的集熱器通常是安裝在屋頂上的簡單黑色水槽，由陽光直接加熱。然而，即使在晴天，這些水槽通常要到下午才會變熱，而且缺乏任何形式的隔熱，在晚上就會迅速地冷卻。在1891年，第一台太陽能熱水器以 *Climax* 的名稱發售，將水槽封閉在由玻璃窗格封閉而成的隔熱箱中，以改良這個模型(參見圖6.1的原始廣告)。這個箱子減少夜間流失的熱能且增加日間的收集效率。在1909年，一台名為 *Day and Night* 的新太陽能熱水器，設計成集熱器與儲存水槽分離，因此讓水槽能完全隔熱。這個集熱器由細管的網格所組成，附著在黑色金屬的吸收器上，以淺的玻璃箱覆蓋。當陽光加熱管中的熱水時，隔熱水槽的熱水會直接升起超過集熱器，是天然的熱虹吸管。夜間隨著集熱器冷卻，冷水會變得密集，留在集熱器中且不會從儲存槽掉

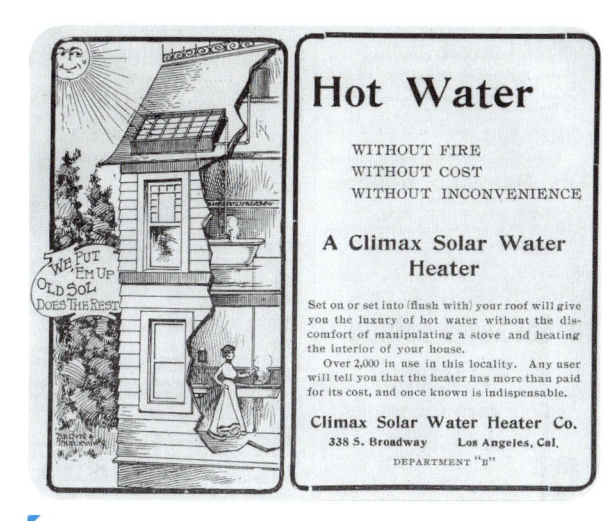

圖6.1 世界上第一台商業用太陽能熱水器在1891年於加州發售，售價25美元。資料來源：Period Paper.

133

取熱能。這個系統能更快使水加熱，並更長時間提供熱水，很快就使 *Climax* 退出市場。

這些早期系統會直接加熱家庭用水 (domestic water)——包含家庭使用的飲用水 (potable water)。它們很簡單且容易維護，又環保。然而，它們天生受限於溫暖的氣候，因為即使是一個晚上的零下氣溫就會使細管破裂並破壞集熱器。為了補救這一點，在 1913 年，新型的 *Day and Night* 太陽能熱水器在流經細管與集熱器的水中加入酒精，提供防凍的形式。雖然水與酒精的混合物使集熱器能在細管不破裂的情況下體驗零下溫度，但卻不再能飲用，因此不能與家庭用水混合。這創造了第一個集熱器流動家用水仍保持分離的間接系統。當儲存槽的酒精溶液受熱時，它為家庭用水藉由水槽內部的銅管線圈提供了熱能，如圖 6.2 所示。銅管線圈代表一種熱交換器 (heat exchanger) 的形式，常見於許多今日的太陽能熱水器系統。

隨著在液體流動中加入防凍劑，集熱器 [稱作傳熱液體 (heat transfer fluid) 或太陽能液體 (solar fluid)] 擴大了適合太陽能熱水器的氣候地區。這幫助熱水器系統推廣至溫暖氣候以外的地區，也在設計

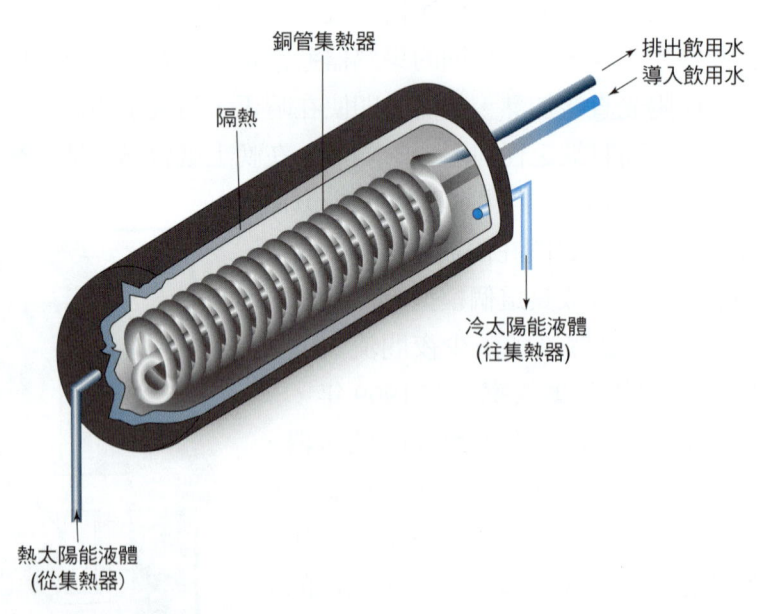

圖 6.2　第一個從集熱器中被日光加熱的液體轉移到飲用水的非直接系統，流經儲存槽中的銅管。現代集熱器以相似原理運作。© 2016 Cengage Learning®.

上做了改良。到了 1920 年代，平板集熱器在加州及佛羅里達州已經可以使用，而這個概念很快擴散到日本、以色列和澳洲等進一步加以創新改進的地區。

即使太陽提供取之不盡的免費能量，但卻不能完全取代傳統的加熱，因為直接的陽光照射並不總是可取得的。有時候多雲的天氣會阻隔一個地區的太陽熱能長達一週，使太陽能成為一個斷斷續續的資源。因此，在大多數的應用中，太陽能熱水器並非取代而是補充常規系統，並考慮到政治與經濟因素嚴重影響市場化的狀況。

在 1900 年代早期，太陽能熱水器的初始普及化之後，便宜的石化燃料降低了太陽能的需求，使這個產業崩解許多年。石化燃料可以無視天候狀況確保一天中任何時間都能提供熱水，直到 1973 年石油禁運危機後，太陽能熱水器才在全世界站穩腳跟。有些國家 (如以色列) 甚至通過法律要求所有當地施工必須包含太陽能熱水器系統。以結果而言，今日超過 90% 的以色列家庭有太陽能熱水器。

現代的太陽能熱水器系統包含種類繁多的選擇，以適應不同的氣候類型。有些相對而言比起最早期的設計並沒有太多改變，其他則包含泵、感測器、選擇性吸收器、塗料與先進的隔熱。本章研究常見於當地使用的太陽能熱水器系統類型及一些商業的應用。

太陽能熱水器的種類

設計上的不同，使太陽能熱水器系統能適應多樣性的氣候與應用。然而，有兩個基本的分類能區分這些系統。

1. 被動對主動的系統

- 被動太陽能熱水器系統 (passive solar hot water systems) 單獨倚賴熱虹吸管效應 (thermosiphon effect)——熱水升起與冷水下沉在整個系統運輸液體。它不需要泵或是機械設備，而這種單純的特性也讓它變得非常可靠、相對便宜、低維修需求。

- 主動太陽能熱水器系統 (active solar hot water systems) 使用電動泵來推動液體。雖然增加系統的複雜程度，通常也會增加維修的需求與操作成本，但卻提供更好的設計用途。

2. 開環式流動對閉環式流動

- 開環式流動太陽能熱水器系統 (open-loop solar hot water systems) 直接由集熱器運輸內部的水。開環式系統限制了應用在非結凍的情況下，而在使用較低礦物質含量的水時性能最好，因為礦物質會在集熱器中沉澱並危害整個系統。

- 閉環式流動太陽能熱水器系統 (closed-loop solar hot water systems) 使太陽能液體在整個集熱器中流動，更甚於本身內部的水，而使用熱交換器將熱從太陽能液體轉移到內部的水。在任何時候太陽能液體都不會與內部的水混合。這種系統比開環式系統提供了更好的設計用途，但也更複雜而缺乏效率。

這兩個基本分類的不同，在上個世紀中產生許多種類的系統，而其中許多有著有限的運用也被用途更廣的新一代所取代。今日五個住宅應用中，最常見的太陽能熱水器系統包括整體式、熱虹吸管、開環式直接、閉環式加壓，以及回排系統。表 6.1 彙整這些系統的比較。

整體式收集儲存

最早的太陽能熱水器系統直接加熱安裝在屋頂上的水槽，是一種整體式收集儲存 (integral collector storage, ICS) 系統。ICS 中塗成深色的水槽不只能儲存熱水，也能當作集熱器使用。它是被動、開環式的系統，能應用在溫暖或熱帶的氣候或是在度假小屋、露營地或是休閒設施中做季節性的運用。由於飲用水在集熱器中流動，防凍劑的缺乏限制了這個系統無法用於冰凍的狀況。當作季節性使用時，水槽可以倒乾並在冬季中持續保持。

為了增加效率並延展使用的季節，許多 ICS 系統會利用隔熱低輻射的玻璃、選擇性的水槽塗層、水槽與管道內部的反光與泡沫隔熱，如圖 6.3 所示。這允許系統在輕微霜害的短暫間隔之間生存。然而，ICS 系統在夜晚與多雲天氣中會大幅地冷卻，是因為玻璃的隔熱不佳。因此，它的效率在先天上會比儲存槽與集熱器分離的系統來得差。

▼ 表 6.1　太陽能熱水器系統的比較

系統種類	特色	主/被動	開/閉環	優點	限制
ICS	儲存槽可以作為集熱器使用。 集熱器總是充滿水。	被動	開環	• 簡單 • 便宜 • 不需要電力	• 不適合寒冷氣候 • 非常重，需要大量支撐
熱虹吸管	直接安裝在集熱器之上的隔熱儲存槽。 集熱器總是充滿液體。	被動	開環或閉環 (取決於氣候)	• 簡單 • 能適應不同氣候 • 不需要電力	• 儲存槽必須直接在集熱器之上 • 非常重，需要大量支撐
開環式直接	小的變速泵使集熱器中的水流動，並注入儲存槽。 集熱器總是充滿水。	主動	開環	• 可以利用太陽能光電板產生電力 • 容易與現存系統整合	• 不適合寒冷環境
閉環式加壓	小的變速泵使集熱器中的太陽能液體流動。 由熱交換器將熱從太陽能液體轉移到家庭用水。 集熱器永遠充滿液體。	主動	閉環	• 適合寒冷氣候 • 太陽能液體包含防凍劑 • 可以利用太陽能光電板產生電力	• 防凍劑減少效率 • 分流需要避免過熱 • 需要更多維護
回排	大型泵使蒸餾水在集熱器中流動。 由熱交換器將熱從蒸餾水轉移到家庭用水。 不使用時，集熱器會是空的。	主動	閉環	• 適合寒冷氣候 • 利用水作為太陽能液體 • 比閉環式加壓系統更低的維護需求	• 集熱器及管線需要完全回排，限縮設計選項 • 大型泵需要更多電力運作 • 噪音

圖 6.3　每一個 ICS 裝置都由被低輻射玻璃所封閉的選擇性塗層金屬水槽及隔熱外殼所保護，這個具反射性的外殼將陽光聚焦在水槽上，直接加熱飲用水。冷水從底部進入並上升至頂部，由第二個管 (不外露) 傳送所用的熱水。ICS 的簡單性與低成本使它在全世界都受到歡迎。Courtesy of Premier Solar Technologies LLC.

再生能源與永續性設計

由於它的簡單性，ICS 是其中安裝、運作與維護最便宜的。它只需要屋頂的水槽與家用鉛管，雖然很多會與備用的熱水器結合，如圖 6.4 所示。當使用熱水時，建築物給予水的壓力使 ICS 水槽底部的冷水取代熱水。

除了氣候限制性以外，ICS 系統的一個缺點是，它需要大量的屋頂支撐。由於集熱器同時也是儲存槽，這種系統的重量通常超過 500 磅，而且會對沒有設計成支撐密度如此高的屋頂造成傷害。

熱虹吸管

熱虹吸管 (thermosiphon) 系統是世界上最受歡迎的太陽能熱水器系統，常見於以色列、印度、希臘、澳洲與日本。操作方面與 1909 年發展的最初系統相似，現代的熱虹吸管系統是簡單的被動系統，由直接安裝在集熱器上的良好隔熱水槽組成，如圖 6.5 所示。當陽光加熱了集熱器中的太陽能液體，液體從集熱器的頂部上升到儲存槽，將較冷的液體拉進集熱器底部。在夜晚集熱器冷卻時，較冷的液體沉降到集熱器的底部，阻止熱虹吸管的對流傳導與儲存槽的熱能散失。

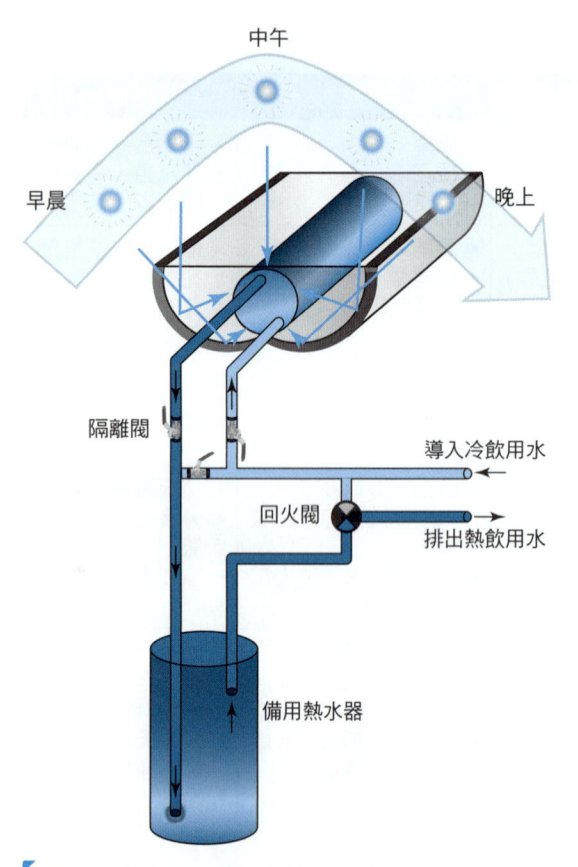

圖 6.4 當飲用水在集熱器中加熱時，會自然上升到水槽的頂部。被太陽加熱的水可以直接使用或導向備用加熱，如圖所示。© 2016 Cengage Learning®.

熱虹吸管可以是開環式或閉環式，取決於氣候。在溫暖與熱帶氣候中，飲用水可以作為太陽能液體，創造一個開環式系統。在凍結狀況偶爾會發生的溫暖與涼爽氣候，太陽能液體包含水與防凍劑 (一般為丙二醇)，並在儲存槽之中透過熱交換器流通，創造出閉環式系統。在兩案例中，加熱後的液體運動是被動的，不需泵或是機械裝置，如圖 6.6 所示。這些系統可以用於任何加壓管道系統，甚至在缺乏電力的偏遠地區。

為了確保即使多雲的日子也有熱水可用，太陽能儲存槽可以檢測到備用的熱水器，能在必要時提供額外的熱能。如同 ICS 系統，熱虹吸管水槽也相當重且需要大量的屋頂支撐，但其簡單性使它們特別可靠，並降低了維護。

開環式直接系統

開環式直接系統 (open-loop direct system) 倚賴著一個小型的變速泵來移動集熱器中的水到太陽能儲存槽。開環式直接系統是最簡單的主動系統，但只能應用在不會受到冰凍狀況的地區，因為內部的水總是會在集熱器內。與熱虹吸管系統不同，太陽能儲存槽是安裝在集熱器下，一般是在建築物中的調節空間內。這移除了屋頂儲存槽的龐大重量，並能減少夜晚時的熱能散失。如同 ICS 與熱虹吸管系統，開環式直接系統會連結到備用的熱水器，以在陰天提供額外的熱能，如圖 6.7 所示。

儘管放在儲存槽之下的集熱器，只需要很小的泵就能將水灌進集熱器，但因為總是會有等量的水從集熱器中下降。小泵只是克服了系統的摩擦，以 10 瓦特之少的電力運作，因而容許藉由在集熱器旁安裝一個太陽能光電板來啟動泵。當陽光照亮面板時，泵會啟動並讓集熱器中的液體流動。泵在明亮的晴天中運轉得較快，在陰天運轉較慢；而在夜晚則會停止。於是，使用太陽能光電板使泵自動運轉能根據太陽能資源來調整集熱器的流動率。雖然開環式直接系統是主動的且需耗電，但是在偏遠地區仍能以利用太陽能光電板運作。

圖 6.5　現代熱虹吸管系統由隔熱水槽直接放置在太陽能集熱器上組成。熱水不需泵就會自然地上升到水槽中。© Royster/Shutterstock.com.

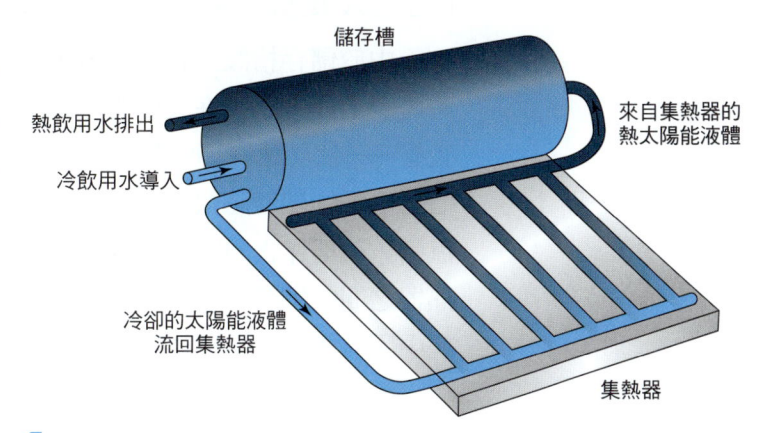

圖 6.6　熱虹吸管系統：冷水從集熱器底部進入，在日光下變溫暖時會上升。最熱的水上升到儲存槽的頂部，有管線使其能作為家庭使用。水槽底部附近較冷的水會沉降回集熱器，以產生額外熱能。© 2016 Cengage Learning®.

再生能源與永續性設計

圖 6.7　開環式直接系統：冷飲用水從集熱器底部進入，變熱後從頂部離開。由隔熱管傳輸熱水至太陽能儲存槽。最熱的水會上升到儲存槽的頂部，有另一個管線將其作為家庭使用或是連結到備用熱水器，如圖示。使水循環所必要的小型泵可以由太陽能光電板或是家庭用電來運作，倚賴電子感測器來測量水槽與集熱器的溫度，如圖所示。© 2016 Cengage Learning®.

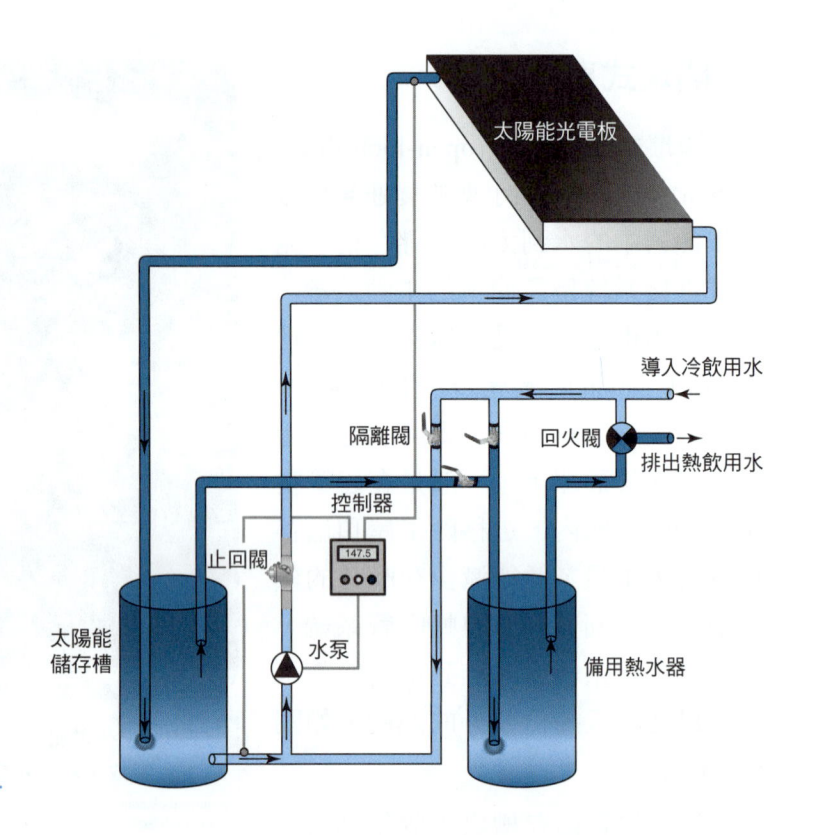

另外，開環式直接系統可以在基本的家庭電力下操作，使用集熱器及儲存槽中的泵與溫度感測器。當集熱器充分地比儲存槽更熱時，有一個調節器會啟動泵。這種系統的一個優點是，儘管增加了複雜程度及倚賴電力，但是感測器能避免泵將可能已經比儲存槽的液體還冷的水送入集熱器流動。

由於儲存槽設置在集熱器下方，當水槽中的熱水比其上的水還熱時將會上升。這將在夜晚時創造一個反向的流動——一個意外的熱虹吸管——使熱水在冷的集熱器中流動。集熱器像是散熱器一般運作，而這流失的熱能將嚴重危害整個系統的總體效率。為了預防這個反向流動，被稱作止回閥 (check valve) 的單程閥就必須安裝在儲存槽與集熱器之間的細管中。儘管相對便宜與低維護，但止回閥代表在複雜系統中所需要的大量機械設備，可能會失效並危害性能。

開環式直接系統是安裝起來最便宜的動力系統。另外，它不需要熱交換器，使用來自基本加壓熱水的家庭用水，很容易與現存系統整合，並容易在最初安裝後容納附加的集熱器。

太陽能熱水器 6

雖然比 ICS 與熱虹吸管系統更複雜及更昂貴，但開環式直接系統提供更好的便利性和設計彈性。能在建築物的調節空間中的任何地方設置太陽能儲存水槽的能力 (比起僅能在屋頂)，允許更簡單的維護與和普通家用系統的整合。它也為儲存槽提供更好的隔熱，增加其效率。這個系統的主要缺點是僅能運用在無冰凍的地點。

閉環式加壓

閉環式加壓系統 (closed-loop pressurized systems) 是寒冷氣候下的常見選擇。雖然相對複雜，但它提供自動防故障的抗冷保護也非常通用，允許鄰近集熱器、儲存槽，以及其他元件的任何安排。

閉環式加壓系統是主動的，利用一個小的變速泵在集熱器中使水與防凍劑的流動。由熱交換器從太陽能液體轉換成熱能到儲存槽內部的水。如同開環式直接系統，使太陽能液體流動的動力可以來自於集熱器旁的太陽能光電板，或是透過集熱器與儲存槽旁的溫度感測器使用家用電力。後者如圖 6.8 所示。

與開環式直接系統相比，閉環式加壓系統的主要優點是，能忍受

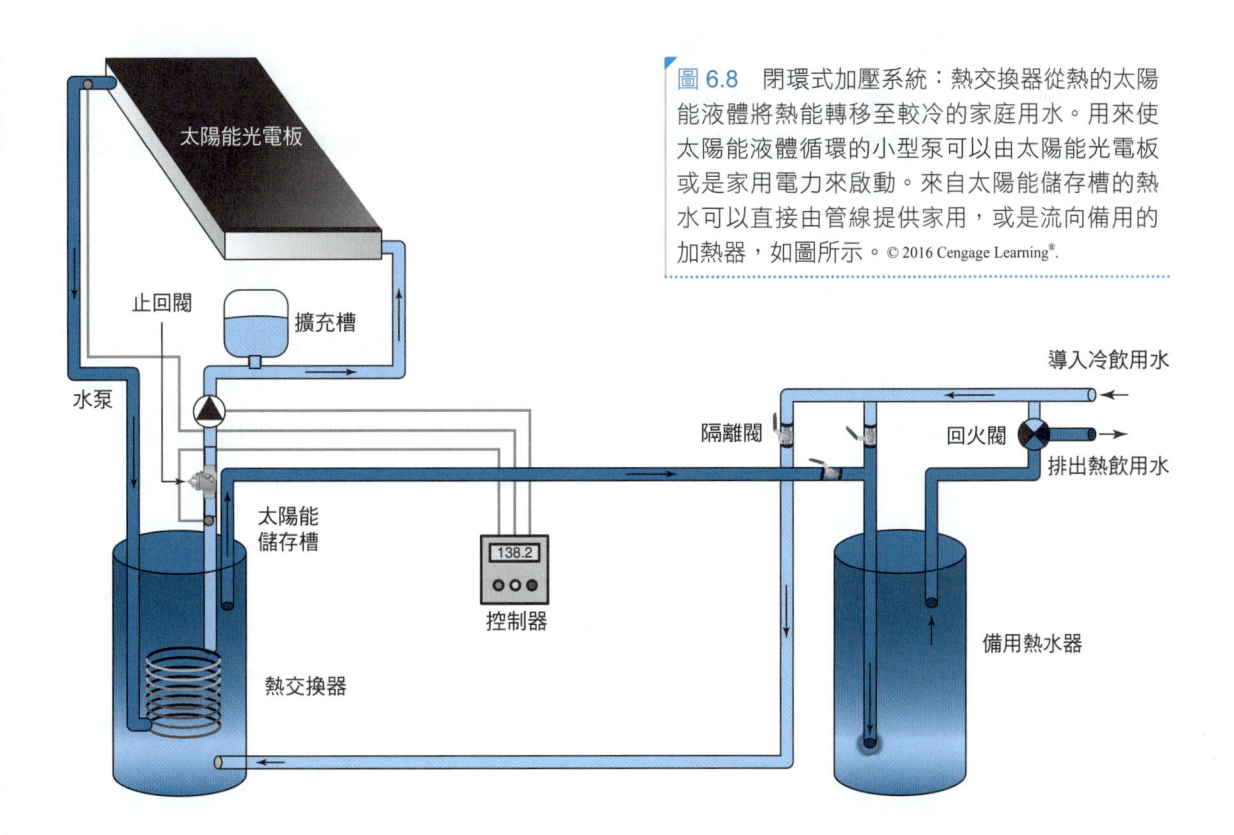

圖 6.8 閉環式加壓系統：熱交換器從熱的太陽能液體將熱能轉移至較冷的家庭用水。用來使太陽能液體循環的小型泵可以由太陽能光電板或是家用電力來啟動。來自太陽能儲存槽的熱水可以直接由管線提供家用，或是流向備用的加熱器，如圖所示。© 2016 Cengage Learning®.

非常寒冷的溫度而不結凍。然而，防凍的方式降低了系統的效率，源自於防凍劑吸收並儲存熱能的能力比純水來得差。另外，熱交換器比起直接加熱獲得的能量更少。這些減少的效率導致這些方案需要安裝更大的集熱器，才能達到相同的潛在熱量。

閉環式加壓的另一個限制是，在長時間的高溫下，防凍劑會失效並變為酸性，失去了抗凍功能，並對集熱器、泵、閥門，以及其他元件產生傷害。為了避免在有限的熱水需求期間讓液體過熱，安裝者通常會使用一個分流流動，將熱水由非絕緣的細管導向地面或附近的湖泊。這使得太陽能液體充分地冷卻，以預防防凍劑的功能失效。分流流動通常在延展夏季空窗期時使用，否則會造成嚴重的過熱問題。

即使沒有過熱，防凍劑也會逐漸地劣化，每十年左右必須更換。需要使集熱器、熱交換器，以及其他元件重新排水及沖洗；加入新的防凍劑，並對系統重新加壓。

閉環式加壓系統需要一個擴張的水槽作為加熱水的一部分，在不增加系統壓力到超過安全標準的情況下加熱液體。作為一個附加的預防措施，需要釋放壓力的閥門作為輔助填充、放空，以及維持系統的元件。除此之外，像是開環式直接系統，儲存槽設置在集熱器之下，需要安裝止回閥以預防夜間逆流。

雖然閉環式加壓系統可以在任何氣候運作，但是它主要安裝在寒冷氣候——防凍劑提供的保護功能勝過所帶來的複雜性、維護需求，以及減少的效率。

回排

如果設計得當，回排系統 (drainback systems) 能在非常冷到非常熱的任何氣候中運作，因為它不需要過熱或結凍。回排系統是閉環式系統，能讓太陽能液體 (一般是蒸餾水) 在不使用時排出集熱器回到蓄水池，稱作回排罐 (drainback tank)。集熱器中沒有任何液體，液體就不會過熱或結凍。

回排系統需要位在集熱器及儲存槽的溫度感測器。當集熱器充分加熱到比儲存槽更熱時，泵就會讓集熱器中的液體流動並加熱。這些液體回到回排罐，並通過熱交換器，也就是將熱轉移到儲存槽，如圖6.9 所示。當集熱器比儲存槽還要冷或是儲存槽達到最大的預期溫度時，控制器會將泵停止，而太陽能液體則會回排到蓄水池中。

Chapter 6 太陽能熱水器

回排系統比閉環式加壓系統更有效率，源自於它使用蒸餾水取代防凍劑作為太陽能液體。夜晚時集熱器中沒有液體，回排系統無法逆轉熱虹吸管，也因此不需要止回閥。由於這種系統並非處於壓力環境下，不需要如膨脹罐、通風口、壓力表，以及類似需要維護的機械設備。

回排系統的相對單純使它令人信賴，低維護需求且有效率。然而在設計上受限，由於集熱器必須要在回排罐上且必須有能力完全回排。這必須傾斜集熱器並提供管線內充分的斜度，不能讓水在任何一處淤積。

回排系統最重要的缺點是，需要相對大型的馬達將水抽到集熱器中。不同於開環式直接系統和閉環加壓系統的管線中經常充滿水，回排系統在管線中有空氣，在水下降回到集熱器時喪失了一些重力帶來的助力。這些泵需要 150-250 瓦特的能量，取決於回排罐上方集熱器的重量，而這動力通常在運作時要持續不斷地提供。太陽能光電板一般對這種系統是不足的，因為泵從啟動開始就需要最大功率，無法忍受斷斷續續被雲遮蓋所帶來的波動。一旦管線中完全充滿水，高級的回排系統會自動減少提供給泵的能源以節約電力。

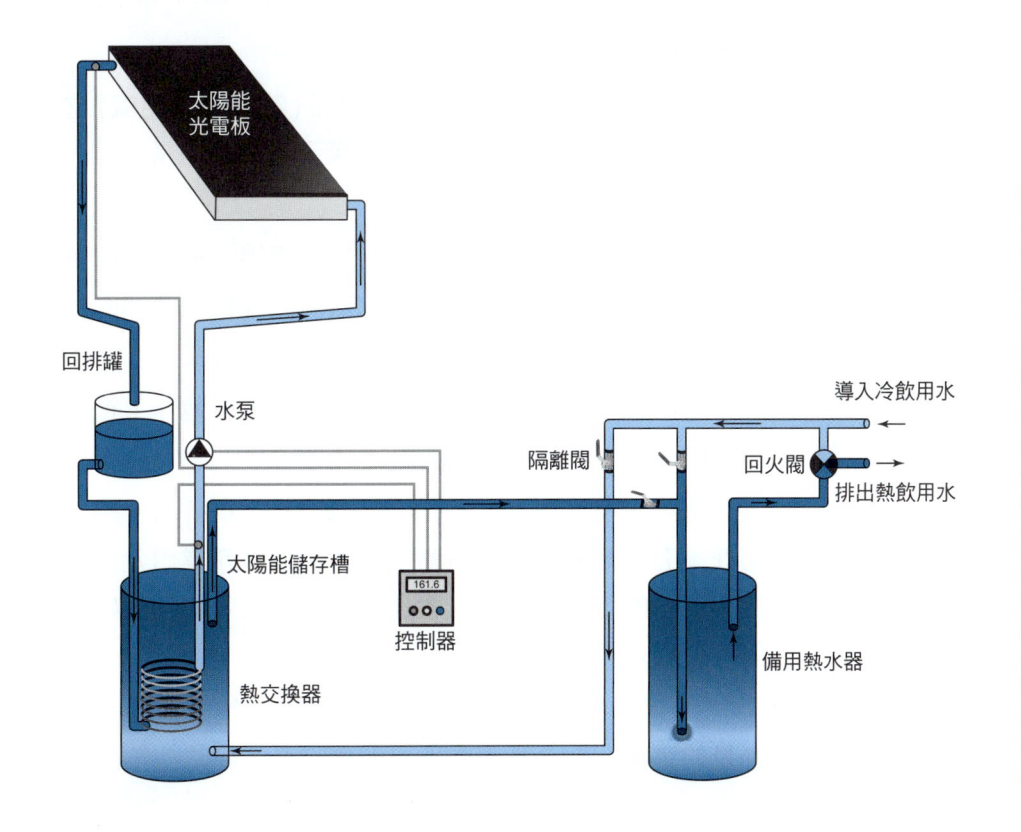

圖 6.9 回排系統當泵關閉時，太陽能液體從集熱器底部流動到蓄水池，使液體離開集熱器，並在不使用時使裸露的管子淨空。回排系統需要位在集熱器及儲存槽的溫度感測器與利用相較其他系統而言較大的泵。熱水也可以作為家庭使用或連接到備用熱水器，如圖所示。© 2016 Cengage Learning®.

143

回排系統也可能是很吵雜的，聲音聽起來像是噴泉或咖啡過濾器，源自於回排罐中空氣的存在。然而，回排系統的單純及低維護需求仍使它在許多氣候中都受到歡迎。

集熱器的種類

除了結合其特有集熱器的 ICS 系統之外，其他四種熱水器系統都利用了某些種類的集熱器。兩個最常見的種類是平板集熱器及真空管集熱器。集熱器及安裝選項會在表 6.2 做出比較。

平板集熱器

平板集熱器 (flat plate collectors) 在上百種不同的模型中都能使用，大部分由鋼化玻璃覆蓋住淺的隔熱金屬箱，圍繞著接觸吸收板的管線。吸收板通常以薄層的銅或鋁所製成，選用暗色或是塗上選擇性的塗層以最小化藉由輻射散失的熱能。面板吸收太陽的能量，並經由集熱器將熱轉移到太陽能液體。影響集熱器效率的因素包含平板與管線的接合狀況、管線的外形、吸收板的塗層、玻璃的種類、隔熱措施的數量，以及建築的原料與品質。

平板集熱器通常使用三種常見的水管配置：

- 傳統：液體流經底部 (冷液體進入處) 及頂部 (熱液體離開處) 之間的一系列垂直管線。這最大化冷液體接觸到陽光的總量，並吸收最大量的太陽能。
- 蛇形：液體流經一個從底部到頂部彎曲的單一管線，很像是放置在日光下的彎曲園藝軟管。這使得單獨的液體流動更長時間的加熱，最大化輸出的溫度，但是並非所有能量都能被吸收。
- 湧出：液體完全溢出集熱器，進入底部並向上流動。運作上很像傳統結構，但提供更好的吸收面積。

住宅最常見的熱水器系統配置是傳統式，如圖 6.10 所示。蛇形配置較常被運用在擁有充足陽光，同時需要熱水，或是商業用元件使用許多平行連接集熱器的地區。湧出配置比傳統配置的效率稍微好一些，當聚合物取代金屬及玻璃時可能會更加普遍。

最近集熱器採用有彈性的聚合物，為傳統平板集熱器提供一個環保、抗凍且輕量的選擇。聚合物集熱器可能會完全消除防凍劑的需

求,並創造更多的設計多樣性。

真空管集熱器

真空管集熱器 (evacuated tube collectors) 由許多密封的玻璃管附在一個常見的頂管上組成,稱作歧管 (manifold)。每個密封玻璃管裝入一個融入中央熱管的集熱器。空氣從玻璃管中除去,在集熱器周圍創造出真空,並避免熱藉由傳導和對流散失,與熱水瓶原理相似。在很多真空管集熱器中,太陽能液體並不直接透過玻璃管循環。取而代之的是,在每個管線中的中央熱管含有少量的酒精或是類似的液體,密封在局部的真空中。壓力的減少使液體在比平常更低的溫度蒸發了。當陽光點亮了吸收器,液體沸騰而熱蒸汽上升到熱管的頂部時,安裝在歧管的熱交換器會把熱從熱蒸汽轉移到流經的太陽能液體。蒸汽交出它的熱能並冷卻時,會凝結並往下流回熱管,使整個過程繼續(參見圖 6.11、圖 6.12)。

玻璃管中沒有太陽能液體,使得它們在整個系統不排水的狀況下受損時能個別被取代。一般來說,每個真空管玻璃管會直接插入頂部歧管,安裝與移除都很簡單。真空管集熱器的一個限制是,冷凝的蒸汽必須能往下流回熱管,要求集熱器在傾斜的狀態下安裝 (圖 6.13)。

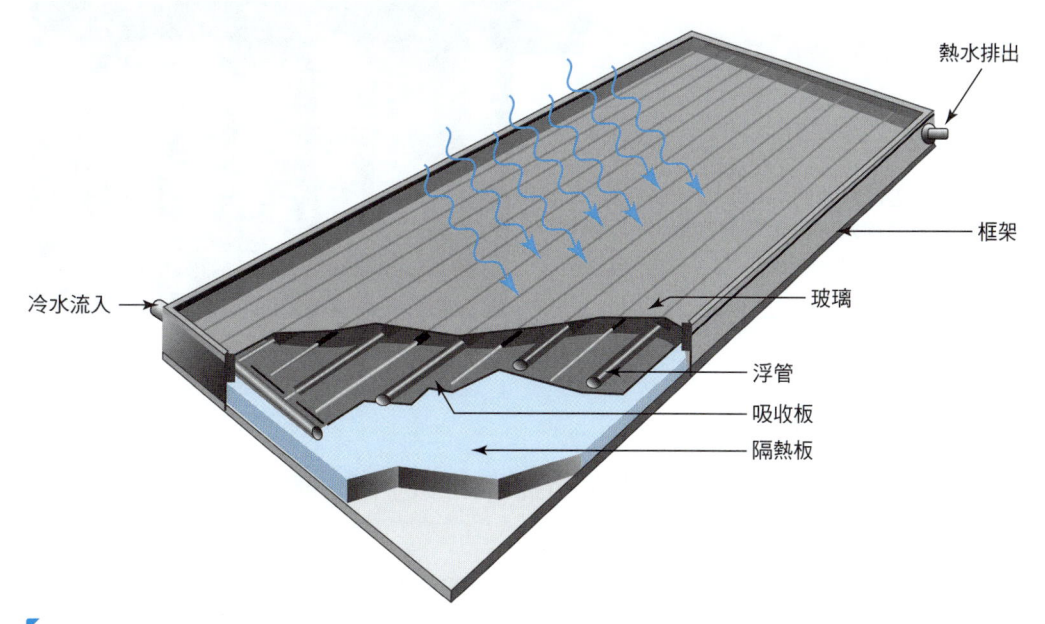

圖 6.10 典型的平板集熱器由充滿液體的管線接合在暗色的吸收板上,並由隔熱玻璃覆蓋的箱子所保護。此平板集熱器使用傳統的管線配置。© 2016 Cengage Learning®.

再生能源與永續性設計

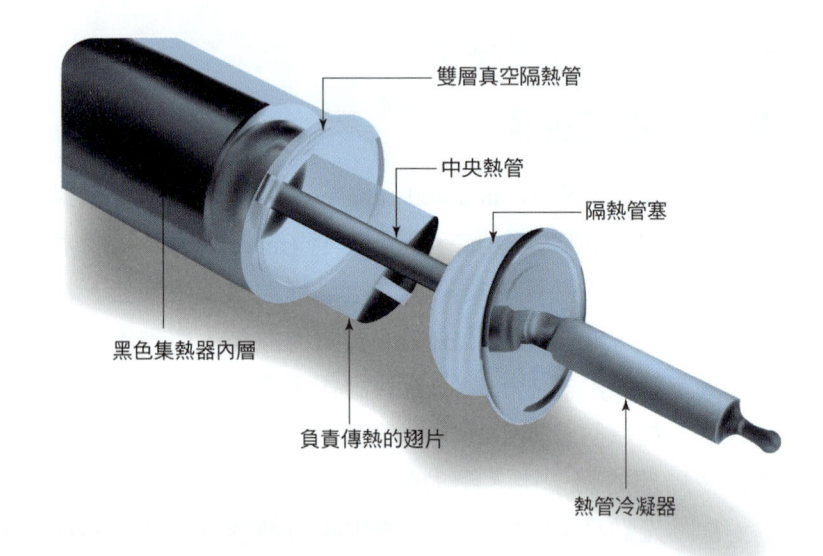

雙層真空隔熱管
中央熱管
隔熱管塞
黑色集熱器內層
負責傳熱的翅片
熱管冷凝器

圖 6.11a 這個真空管集熱器使用黑色圓柱型的集熱器及金屬翅片來傳送熱到中央熱管。© 2012 Cengage Learning From Streeby/Alternative Energy: Sources and Systems.

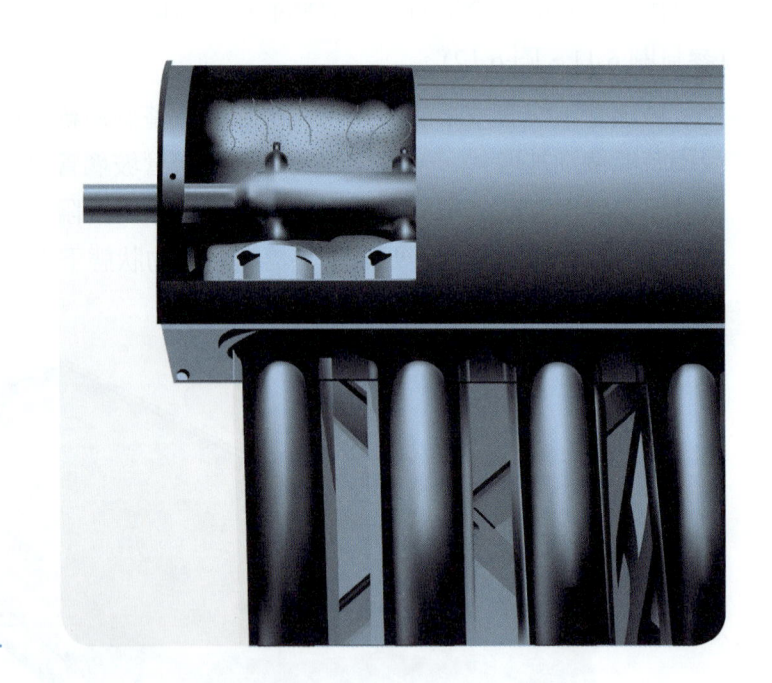

圖 6.11b 隔熱的歧管從真空管末端的球型冷凝器傳送熱到流經的家庭用水。© 2012 Cengage Learning From Streeby/Alternative Energy: Sources and Systems.

性能比較

平板與真空管集熱器的性能有些微不同，帶來了不同的優點與限制。

平板集熱器建造較簡單，隱含能源較低，一般消耗只有真空管集熱器的一半。它很耐用，低維護需求，預期能存續 50 年甚至更久。然而，平板集熱器只有在陽光明亮與受到直接照射時性能最佳。陽光

斜射集熱器會被覆蓋的玻璃所反射。儘管有玻璃上的選擇性塗層、吸收板、背面的隔熱措施，以及集熱器的周界，但是與真空管集熱器相比，平板集熱器流失相當多的熱到環境中。在部分的陰天時，平板集熱器流失的熱接近於所得到的，將導致如果有，也會是最小化的加熱。另一方面，較少的隔熱能幫助雪脫落，如果沒有這樣的需求則要避免同時啟動。

真空管集熱器較好的隔熱標準使它更容易到達更高的溫度，特別是在很冷的狀態下。自然彎曲的管線也讓它們能捕捉更多斜射的陽光，延長一天之中能獲得能量的時間長度。真空管集熱器在陰天的性能較好，因為它散失的熱較少。然而，真空管集熱器使用退火玻璃，比起平板集熱器的回火玻璃更易碎，使得真空管集熱器更容易故障。另外，由於管線之間的空間，真空管集熱器提供的陽光吸收區域比起相同尺寸的平板集熱器較少。以結果來說，當以相同大小的安裝做比較時，平板集熱器可能勝過真空管集熱器。在多雪的地區，真空管集熱器可能會讓雪累積在底部的集熱器周圍，降低冬季的性能。在雪勢大且潮濕的地區特別真實，濕雪會在管線周圍再結凍。

安裝選項

太陽能熱水器系統利用硬管來運輸太陽能液體，必須安裝在固定的狀態下。它們無法被調整成季節性(或每日的)吸收。安全地安裝太陽能熱水器是必要的，因為在可能會導致結凍的氣候中，任何的下垂或移動都會破壞管線或是製造出液體會淤積的區域。三個安裝系統提供多樣的選擇：屋頂安裝、地面安裝，以及棚安裝。

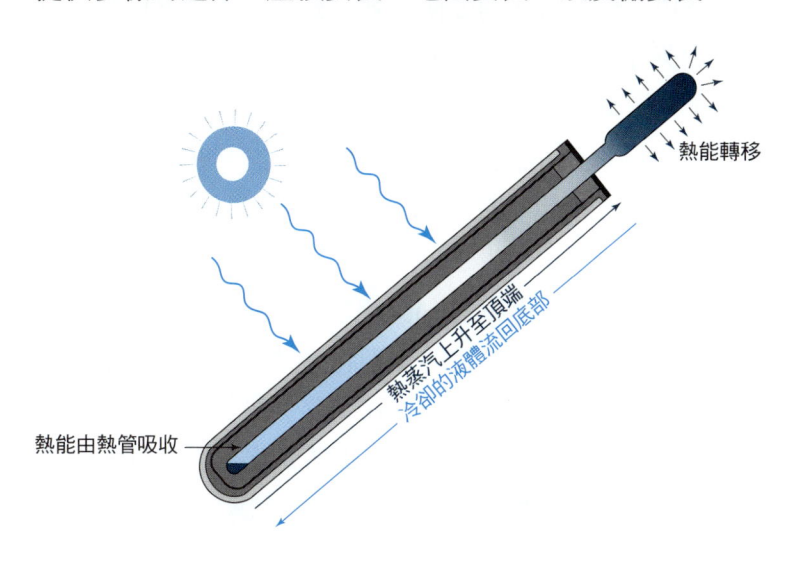

圖 6.12　真空管包含充滿揮發性液體的密封熱管，被太陽加熱時會沸騰。當熱蒸汽上升、凝結時，它會將熱轉移到流經的家庭用水。為了讓凝結的液體流回熱管，集熱器必須以傾斜狀態安裝。© 2016 Cengage Learning®.

再生能源與永續性設計

圖 6.13　位於北威斯康辛州的真空管，以傾斜的方式最大化冬季的吸收，並使雪脫落。Courtesy of Scott Grinnell.

圖 6.14　這兩個平板集熱器加熱水至回排系統。冷水進入底部的每個面板，而熱水由頂部離開。Courtesy of Scott Grinnell.

- **屋頂安裝系統** (roof mount system)：安裝在建築物屋頂的集熱器一般以支架懸掛，也以最佳角度使集熱器傾斜，或是平行懸掛集熱器在屋頂幾英寸之上。將集熱器升高到屋頂是必要的，為了屋頂適當的排水與通風 (參見圖 6.14)。

- **地面安裝系統** (ground mount system)：地面安裝系統只是簡單地以四個標竿固定在地面上，支持並傾斜集熱器以最優化其性能(參見圖 6.15)。

- **棚安裝系統** (awning mount system)：棚安裝系統將集熱器以水平支架安裝在垂直的外牆上。較長的支架將集熱器推遠離牆壁以達到理想的傾斜。棚安裝系統通常使用在冬季，最佳加熱傾斜程度超過 60 度的高緯度地區。棚安裝系統通常放置在不會有朝南屋頂的建築物的側面，如圖 6.16 所示。

當評估不同安裝選項的優點與限制時，需要考慮下列因素：

- 每個地點由樹木、電線桿、建築物等所導致的陰影程度。
- 集熱器與使用地點的接近程度。管線運輸得越短，熱就散失越少。
- 潛在的地面危害，包括可能的人為破壞。
- 易於維護，包括積雪清除 (若需使用)。
- 建築物的原料、元件，以及未來的翻新，包括屋頂與牆壁的替代。
- 設計限制，像是 ICS 的重量、回排系統的排水能力或是集熱器干涉，或阻礙建築物被動太陽能功能的可能性。
- 整體費用與安裝的難易。

表 6.2 總結平板及真空管集熱器的優點與限制，並評估三種安裝方式的好處和缺點。

▼ 表 6.2　集熱器與安裝選項

	優點	限制
集熱器		
平板	• 低隱含能源 • 較便宜 • 最小化維護 • 除雪較佳	• 需要陽光直射 • 散失更多熱到環境 • 較低的水溫
真空管	• 隔熱較佳 • 獲得更高溫度 • 捕捉更多斜射日光	• 更多易碎構造 • 除雪可能不佳
安裝		
屋頂	• 最小限度陰影 • 最小化熱散失 • 能使用回排系統 • 使集熱器免於地面危害 • 清出庭院空間	• 難於維護 • 屋頂重新建造時必須移除 • ICS 與熱虹吸管對它而言可能太重
地面	• 允許簡單維護 • 能容納像是 ICS 或熱虹吸管那樣的重系統 • 不妨礙更換屋頂的能力	• 較昂貴 • 可能經歷更多陰影 • 更容易受到地面危害 • 無法使用回排系統 • 集熱器與建築物之間更多的熱散失
棚	• 最小限度陰影 • 最小化熱散失 • 可能允許安裝回排系統 • 能簡單除雪 • 清出空間	• 可能會干擾窗戶及被動或太陽能功能 • ICS 與熱虹吸管對它而言可能太重

▶ 圖 6.15 地面安裝系統允許更簡單的維護。這個系統提供一個位於孟塔納的住家熱水。Courtesy of Joe Rightmyer.

▶ 圖 6.16 這個棚安裝系統使用兩個平板集熱器來為位於麻薩諸塞州赫德森的住家加熱水。
Courtesy of Mark Durrenberger/New England Clean Energy, LLC.

太陽能熱水器系統的大小

可用的太陽能資源各異，取決於天氣狀況。正常的雲覆蓋變化會使得太陽能斷斷續續，所以衡量一個能提供所有建築物內部熱水需求的系統大小通常是不切實際的。在身處經常是陰天的地區，太陽能系統需要更多形式的備用熱；相反地，在只有偶爾會是陰天的地區，只要安裝一個效率高的大型隔熱水槽，太陽能系統就能提供所有的內部需求。一般來說，大部分太陽能熱水器系統倚賴常見的備用來源，以確保不間斷的熱水供給。

太陽能來源隨季節而不同，不像天氣導致的那樣，是可以預測與

調適的。為了一整年的使用，集熱器可以傾斜以最大化冬季的吸收 (通常如第五章所討論的所處緯度加 15° 的角度)，減少夏天獲得的熱同時避免過熱，特別是在閉環式加壓系統。

太陽能熱水器的大小可以由考慮集熱器性能、可用的太陽能來源，以及家用熱水需求後計算出來。**太陽能等級與認證公司** (Solar Rating and Certification Corporation, SRCC) 創立於 1980 年，負責測量與證明太陽能集熱器，以及提供預期熱產出的有用資訊。一般來說，一個地區獲得的陽光越多，每一平方英尺集熱器能加熱的水就越多。

圖 6.17 粗略以太陽能來源將美國地區加以分類，預測提供有多少加侖的水能被家用系統所用的平均地面溫度 120°F 所加熱。舉例來說，在西北地區的沙漠氣候中，每一平方英尺的集熱器每天可以加熱二又二分之一加侖的水。在通常灰濛濛的太平洋西北地區，每一平方英尺的集熱器平均每天只能加熱四分之三加侖的熱水。這些數值提供評估集熱器大小的方法。

地區	每一平方英尺集熱器能加熱的熱水加侖數
非常高	1½–2½
高	1¼–1¾
適中	1–1¼
低	¾–1

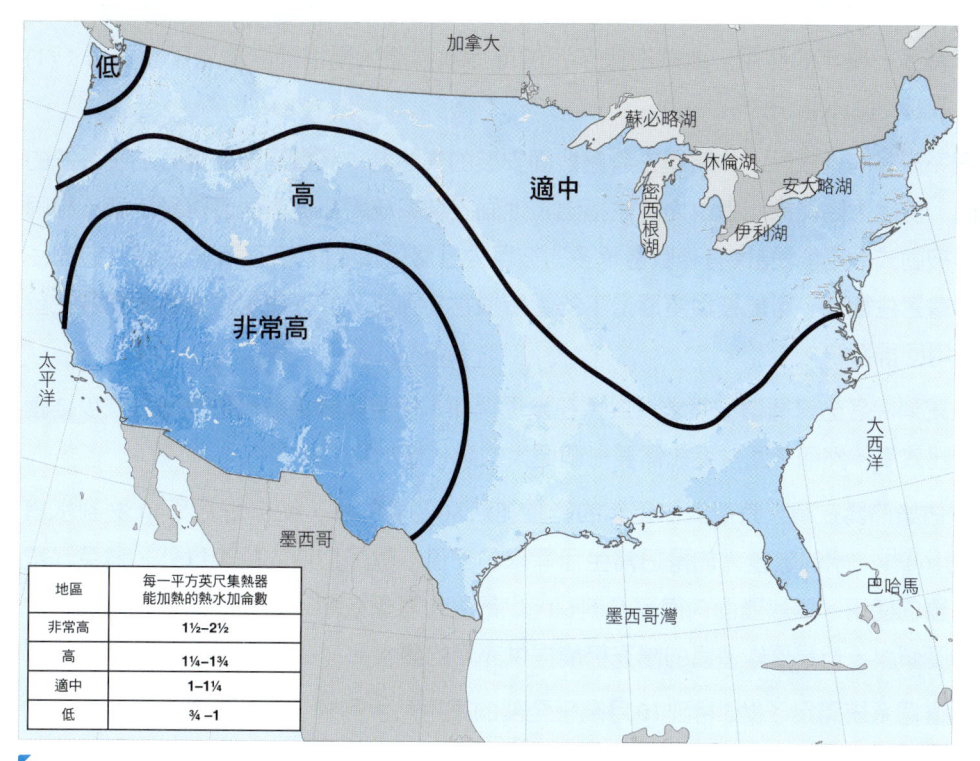

圖 6.17 西南地區提供美國最好的太陽能來源。每一平方英尺的集熱器表面大概能加熱 1½ 到 2½ 加侖的水，從當地地面溫度到預期溫度 120°F。相較之下，太平洋西北地區需要兩倍以上的集熱器表面才能達到相同的熱需求。© 2016 Cengage Learning®. 資料來源：改編自 National Renewable Energy Laboratory (NREL).

美國平均家用每人每天消耗 20 加侖的熱水。這個數字差異非常大，取決於家電的效率及使用者的習慣。高效率的滾筒式洗衣機一般只使用傳統的直立式洗衣機三分之一的熱水。有幼童的家用日常洗澡的水一般會比個人沖澡所使用的水更多。然而，每人每天使用 20 加侖的熱水對於設計熱水器系統提供有用的基準。舉例來說，一般的四人家庭需要一個 80 加侖的熱水儲存槽，總集熱區域介於 32 (在亞利桑那州尤馬) 到超過 100 平方英尺 (在華盛頓州西雅圖)。

個案研究 6.1

威斯康辛住家

地點：北威斯康辛州 (北緯46.5度)

系統種類	集熱器種類	集熱器尺寸	主要用途	安裝日期
回排	平板 (太陽爐)	兩個面板，每個27平方英尺(共54平方英尺)	家庭用熱水	2011

系統描述：為了一整年的使用，北威斯康辛州的寒冷氣候將太陽能熱限縮到兩種選擇：(1) 閉環式加壓系統；(2) 回排系統。

　　這兩個系統各有優缺點。本來屋主考慮地面安裝的集熱器，將會需要閉環式加壓系統的使用。然而，使用太陽能探測者現場評估指出，地面安裝系統將在冬季面臨陰影遮蔽；相同地，房子的被動式太陽能設計(有著數量眾多的被巨大屋簷保護的面南窗戶) 避免棚安裝的使用，集熱器會遮住窗戶，可能被從屋簷滑下的雪所損害。因此，屋主決定將集熱器安裝在屋頂上，並利用回排系統。

　　回排系統消除了分流循環的需求，以免在夏季過熱，使用蒸餾水取代防凍劑以減少維護與增加集熱器效率。然而，回排系統需要一個更大的泵，增加電力的消耗。

　　屋主評估集熱器在晴天時能提供足夠的能量加熱80加侖的水，從初始溫度40°F到水槽的最大溫度160°F。水的數量大約是日常生活需求的三倍，除了持續的陰天以外，避免了電力備用熱水器的使用。集熱器面向南且傾斜60°以最大化冬季效率。傾斜的角度也有助於除雪。儘管過度傾斜，但是夏季豐富的陽光仍能提供充足的熱水。

成本分析：這個系統滿足了從5月到10月幾乎全部的家用熱水需求，而一年中剩餘的部分約30%，有時冬季雲覆蓋持續一週。這個系統抵銷了運作傳統電力熱水器的成本，一年節省將近3700千瓦小時的電力。以每千瓦小時12美元來計算，節省的數量是每年440美元，總和在能源變得越來越昂貴時很可能會增加。

太陽能熱水器

系統的安裝花費5450美元，包含30％的聯邦租稅誘因。這意味著投資報酬率超過8％，並且系統將在12年內回本。

即使在寒冷且經常陰天的北威斯康辛州，太陽能熱水器系統仍提供利用自然再生能源的高經濟效益方法。一天天過去，在能源價格不斷增加之際，這些系統會提供令人信賴的熱水及穩定感。

Courtesy of Scott Grinnell.

工業熱水系統

雖然第一個可用於商業化的太陽能熱水器是設計為住家用的，但是工業上運用的起源也差不多在同一時間，如圖6.18所示，第一個太陽能印刷機在1882年開始運作。工業系統與住家系統是不同的，源自於工業系統通常需要比平板集熱器或是真空管集熱器所能提供的溫度還要更高的熱水；反之，工業系統通常使用拋物槽集熱器來將陽光集中到充滿流體的管線。這些管線能變得比水沸騰的溫度還要高上許多，通常是以油來填充。

現代工業上太陽能加熱的應用包含水處理和海水淡化、飲食的生產、紙漿與紙的製造、紡織品的清洗與染色、化學物質的蒸餾、製藥、挖礦和採石。

雖然技術各不相同，但工業用熱水系統與住家系統都是在同一個基礎原則下運作的 (參見圖6.19)。

再生能源與永續性設計

圖 6.18 在 1882 年，一座以蒸汽為動力的印刷機成為最早的太陽能熱水工業設備之一。拋物線反射器將陽光聚焦至裝滿水的空間來製造蒸汽。© 2013 Cengage Learning. From Hinrichs&Kleinach/Energy, 5E.

圖 6.19 這一排的拋物槽軌道用來提供熱水給在科羅拉多金州附近的傑弗孫村 (Jefferson County) 監獄。熱水用於廚房、洗澡，以及洗衣設施。資料來源：Warren Gretz/ NREL.

154

本章總結

　　太陽能熱水器系統是從自然獲得再生能源最經濟的方式之一。這些系統通常被裝置在綠建築內，並且能在 5 年內回收成本。

　　簡易、可靠且僅需少量維護，太陽能熱水器系統提供除了會造成較高花費與環境破壞的石化燃料以外的選擇，增進居住在難以取得常規資源環境下人們的生活品質，透過自然和無窮盡的資源，給予屋主更深的滿足感。

　　因應不同氣候，熱水器系統的形態也不同，任何人都可使用這項簡單的科技，從太陽所提供的免費能源中受惠。

複習題

1. 你會推薦哪一種熱水器系統給一棟位於夏威夷的三房住宅？請解釋之。

2. 用在閉環式加壓系統中的太陽能液體(通常以 50% 的丙二醇與 50% 水所組成)，與純水相比能夠吸收的熱能要少 15%。有鑑於此種液體的無效率性，請解釋為何大部分的閉環式加壓系統會選擇使用內部為純水的回排系統。

3. 一座位在華盛頓州偏遠山區的圓頂帳篷在夏季時經常被使用，最多每晚能有 8 名背包客居住。雖然當地無電可用，但是一條鄰近的水流會填滿水缸，提供加壓水源。帳篷沒有加溫設施，因此在冬季時無法使用。

    a. 你會推薦此帳篷使用哪一種太陽能熱水器系統？請解釋之。

    b. 你會推薦將集熱器安裝在屋頂、地面或棚架上？為什麼？

4. 為了要在一棟老屋的屋頂上安裝太陽能集熱器，屋主決定將現有的瀝青瓦屋頂拆除，重新安裝屋頂。

    a. 為什麼這是一個好主意？

    b. 你會推薦安裝哪一種屋頂？

5. 試著為一棟位在寒冷地帶降雪相當多的四房住宅設計一個太陽能熱水器系統，包括系統類型、集熱器類型，以及安裝位置。請解釋之。

6. 真空管集熱器必須至少維持 20° 的傾斜角度來讓壓縮液體能夠流回吸熱器。在哪一種氣候環境下，會限制最佳效率下的傾斜角度？

7. 請解釋下列因素如何影響太陽能熱水器安裝後，打平成本所花費的時間長短：

    a. 當地政府對利用再生能源的補貼獎勵

    b. 常規燃料的成本

    c. 居民本身對熱水的消耗量

    d. 低流量省水裝置與其他類似裝置的安裝

練習題

1. 在亞利桑那州賽多的居民，每平方英尺的平板集熱器能夠吸收足夠的熱，加熱 2 加侖自來水從 61°F (當時地面溫度) 至 120°F。請計算一個每人要花費 20 加侖水的三人家庭，需要多少個 4×8 英尺的集熱器。

2. 一處位於明尼蘇達州國際瀑布城的四人之家，當地地面溫度為 38°F。在當地，每平方英尺的集熱器所吸收的能量，僅足以在晴朗天氣下加熱 1 加侖自來水。

    a. 請計算在每人用水量與平均相同 (每人每日 20 加侖) 的情況下，需要多少座 4×8 英尺的集熱器。

b. 在僅使用一座集熱器的情況下，最多能使用多少熱水？

3. 英熱單位 (Btu) 的定義方式為，每一磅水上升 1°F 所需的能量。由於每加侖的水重達 8 磅，要讓 1 加侖的水上升 1°F 需要 8 英熱單位能量。

   a. 若要將 80 加侖的水從 38°F 加熱至 120°F 需要多少英熱單位能量？

   b. 若設置在北明尼蘇達州的真空管集熱器，在晴朗天氣下，每平方英尺能夠吸收 850 英熱單位的能量，請計算需要多少面積的集熱器才足以加熱這 80 加侖的熱水。

4. 連接地面太陽能集熱器與周遭建築物間的水管必須有適當隔熱措施來防止熱流失。通常水管有著 R 值 2.5 的隔熱值。集熱器距離建築物約 20 英尺，需要 50 英尺的水管連結，水管露出表面的總表面積約為 11.5 平方英尺。

   a. 若水流經埋在地下的管線時溫度為 140°F，請計算熱量流失速率 (Btu/hr)。

   b. 若集熱器太陽能吸收效率為 5400 Btu/hr，將有多少百分比的熱量會流失在管線之中？

太陽能電力

Chapter 7

資料來源：Warren Gretz/NREL.

簡介

　　太陽的能量不僅可以透過太陽能設計 (第三章) 加熱建築物，並可製造熱水供家庭生活及工業使用 (第六章)，也能發電。

　　電力是眾多科技的基礎，並且成為現代社會的重要結構。有趣的是，所有的商業電力由相同的基本技術來製造──經由發電機的轉子旋轉產生。傳統及核電廠製建高壓蒸汽來旋轉連接到發電機的渦輪機；風力渦輪機使用移動空氣動能來旋轉發電機的轉子；水力發電廠使用流水的動能和重力能旋轉發電機的轉子；洋流和潮汐發電廠利用海水的移動轉動發電機的轉子。儘管工程能量源之間有所變化，但用於發電的基本原理保持不變。然而，電力生產的一種形式──將陽光轉化成電能的直接轉換被稱為光伏 (photovoltaics, PV)──有根本上的不同。不像任何其他形式的發電，光伏電力不涉及轉動的部分，無需潤滑或日常維護，是完全無聲的。

　　光伏效應最早由愛德蒙‧貝克勒 (Edmond Bacquerel) 於 1839 年提出，後來由阿爾伯特‧愛因斯坦 (Albert Einstein) 在 1905 年加以解釋。在 1918 年，用於製造單晶矽的方法被發現，但是直到 1950 年代，在貝爾實驗室努力下，其用於生產太陽能電池的價值才變得明顯。透過密集太空研究計畫的推動下，第一個單晶矽太陽能電池創造於 1958 年，並運用在先鋒一號衛星。該技術成為商用之後，卻直到 1970 年代，大公司才開始生產使用光伏模組。夏普公司 (Shape Corporation) 於 1978 年創造第一台太陽能計算器。現今光伏發電技術用於手錶、計算器及手機充電器；在偏遠地區提供電力抽水、操作導航及電信系

159

再生能源與永續性設計

統和維護製冷、衛生和保健；並已在住宅和工業應用中廣泛使用(參見圖 7.1)。隨著技術在能源領域成為更受歡迎的形式，光伏模組已經成為標誌性的可再生能源系統。

雖然光伏技術代表太陽能最直接轉換成電能，但這不是太陽能電力的唯一形式。太陽能熱電站也透過集中太陽的能量燒開水和產生蒸汽，然後驅動渦輪機，與傳統發電廠大致相同的方式來產生電。儘管這種技術可以使用在住宅規模的大小，但它主要還是用於商業和工業上。本章將探討這兩種形式的太陽能電力。

圖 7.1a 當公用電網無法在遠方應用時，光伏模組提供了電源。這個陣列用作南極跑道照明系統的一部分，引導貨機在冰上安全著陸。資料來源：Northern Power Systems/NREL.

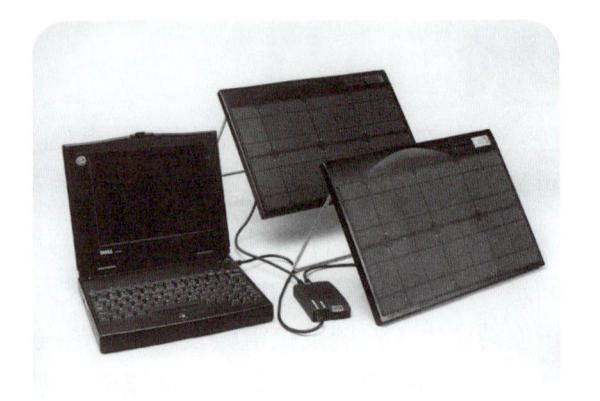

圖 7.1b 受益於光伏技術的可攜式電子設備。1小時或兩道陽光可以替電腦的電池充電。資料來源：John Lenz/NREL.

圖 7.1c 整合到車棚中的光伏模組靜靜地產生電力，不引人注目，而且能夠快速地為電動車充電。資料來源：Sandia National Laboratories/NREL.

圖 7.1d 在太空中，其他形式的能量嚴重受限，而陽光提供充足且可靠的電力供應。國際太空站應用超過 32,000 平方英尺的光伏模組，產生超過 85 kW 的電力，是在太空中最大的能量收集系統。資料來源：NASA.

光伏效應

　　直接將陽光轉換成電能的過程中是發生在微觀規模。從其第一次被偵測到開始，由於無法直觀地看到這種現象，所以日益加劇其神祕感。電力是電子的連貫動作，而陽光可以轉動電子的發現是既偶然又深刻的。

　　當原料吸收光的電磁能量時，能量激發電子從原子的正常位置到較高能量的狀態，它們在此處更能夠移動。通常被激發的電子快速放鬆返回到基態，放棄所吸收的能量作為熱或重新發射的光。光伏設備 (photovoltaic device) 是在其中一些內置的不對稱吸收積能電子元件，在它們釋能前傳遞能量到外部電路。

　　這種不對稱可以用稱為半導體 (semiconductor) 類型的原料來製造。半導體是非金屬材料，例如矽，即通常允許電子非常有限的轉動性。與金屬 (其允許電子自由移動) 和絕緣體 (其幾乎完全阻止電子流動) 不同，半導體允許電子在激發狀態時自由移動。接合不同半導體的兩薄層，用以產生光伏效應所需要的不對稱類型。

　　早期光伏原料在非常低的效率下操作，只能將 1% 或更少的可用太陽能轉化為電能。改進方式則取決於優化兩個不同的半導體。最常用的半導體是矽，主要成分是砂，而且是在地殼中天然存在最豐富的元素之一。透過故意擴散不同濃度雜質，特別是磷和硼摻入極純矽晶體中，則矽可用於兩個不同層。這一過程稱為摻雜 (doping)，大大地改變了矽的電氣性能。摻雜有磷的層引入額外的電子到矽晶體中，由於每一個磷原子含有一個比它取代矽原子來得多的電子。這些額外的電子不受晶體結構的約束，並能自由移動。由於額外電子的存在，該層被稱為 n 型 (負) 半導體 [n-type (negative) semiconductor]。另一方面，摻雜有硼的層，發生電子的不足，因為每個硼原子具有一個比它取代矽原子較少的電子。由於少一個電子，該層被稱為 p 型 (正) 半導體 [p-type (positive) semiconductor]。

　　最初的 n 型和 p 型層兩者都是中性 (姑且不論它們命名法)，因為磷和硼的原子都是中性的。任何剩餘或引入到矽晶體的電子會藉由相等的過剩或不足的摻雜原子的原子核質子達到平衡。然而，在加入這

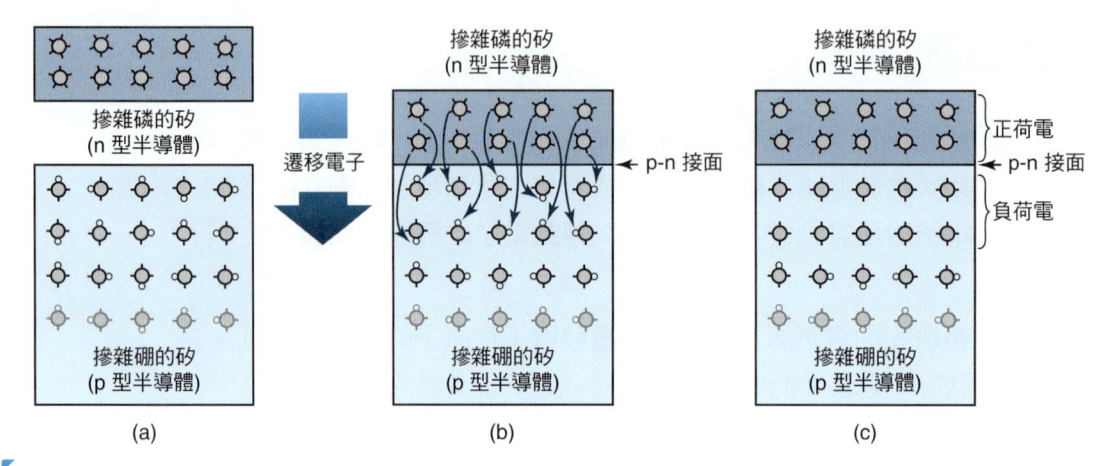

圖 7.2 (a) 當矽摻雜磷用以產生 n 型半導體時，每個磷原子引入晶體周圍自由移動的額外電子 (顯示為 -)。當矽摻雜硼用以產生 p 型半導體時，硼的每個原子引入作為自由電子可能移出後短缺的空洞 (用 o 表示)。兩種半導體都是電中性的，因為每個都具有與電子相同數量的質子；(b) 當 n 型半導體接合到 p 型半導體時，n 型半導體中的額外電子遷移越過 p-n 接面，用以填充 p 型半導體中的空洞；(c) 這在兩個層中產生的電荷不平衡：電子添加在 p 型半導體中產生負電荷，並且在 n 型半導體中電子的移除產生正電荷。這種電不平衡可驅動由陽光激發的電子到 n 型半導體的頂部。© 2016 Cengage Learning®.

兩種不同的層導致一些剩餘電子在 n 型半導體的跨邊界 [稱為 p-n 接面 (p-n junction)] 遷移並填充在所述 p 型半導體的不足。電子的重新分配將導致於接面處的電不平衡，以及 p 型半導體獲取淨負電荷，而 n 型變成陽性 (參見圖 7.2)。

當陽光照射到太陽能電池中，靠近 p-n 接面的電子吸收了一些能量，然後跳進被激發狀態，此時它們能夠自由移動。由電子的不平衡產生的電壓驅動 n 型半導體的自由電子從 p-n 接面朝向其表面。薄金屬導體的吸引電子到外部電路，並將它們傳遞回到 p 側，它們在那裡返回到其基態。由摻雜磷和硼原子所施加不同電的特性橫跨於 p-n 接面，用來維持這一持續不平衡的過程。

矽太陽能電池

矽光電池 (silicon photovoltaic cell) 是由接合於 p 型半導體的較厚基底的 n 型半導體的薄層所組成，如圖 7.3 所示。n 型半導體的頂部表面被紋理化並塗覆以減少反射。附著或蝕刻到 n 型半導體表面上的薄金屬帶，收集從 p-n 接面遷移來的電子，並引導它們到外部電路。在 p 側背面金屬底部完成電路，傳遞電子到 p 型晶體中的電洞。

太陽能電力

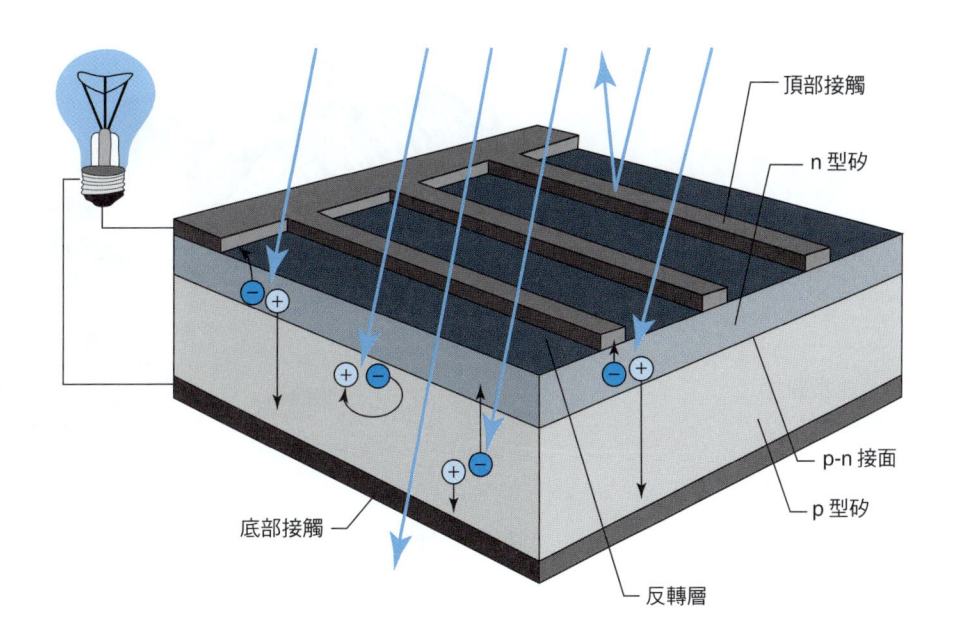

圖 7.3 當陽光照射到太陽能電池上，並將釋放其能量到電子時，釋放的電子留下一個孔。很像移動停放的汽車以填補吸引力較多的空間，如果孔更靠近電池的頂部，附近的電子將移動到此孔中。移出的電子也會留下一個孔，它將被頂部更遠的電子補充。以這種方式，孔將慢慢地沉到電池的底部。由頂部連接收集的電子流過外部電路 (可能照亮燈泡)，並返回到底部連接，此處它們填充等待的孔。只要陽光繼續對電池充電，電子連續地向頂部遷移，孔會連續地下沉到底部，建立電流。有時釋放的電子將落回到其自己的孔中，這個稱為重組的過程會降低電池的效率。© 2016 Cengage Learning®.

不同的製造方法產生三種不同類型的矽電池——單晶矽、多晶矽，以及無定形——每種會有些微不同的性質。

單晶矽電池

單晶矽太陽能電池 (monocrystalline solar cells) 開始於單一矽晶體，幾乎無缺陷或雜質。晶體圍繞一棒型物成長，從熔融矽慢慢拉出，產生的圓柱範圍可以從直徑 7-14 英寸到幾英尺長，如圖 7.4 所示。

此晶體被切成非常薄的晶片並摻雜磷和硼的雜質，形成 n 型和 p 型半導體。把這些連接在一起形成 p-n 接面，並且晶片被拋光，有時修整以更好地覆蓋矩形模組。不過，為了減少浪費，從單晶矽製成大多數模組，而在其細胞電池的周圍有間隙。因為這些間隙不參與電力生產，它們減少了模組的有效面積。由於抗反射塗層的緣故，單晶矽電池的外觀是黑色或深藍色 (圖 7.5)。

單晶矽電池是所有矽電池中最有效的，可以轉換 15%-20% 或更

再生能源與永續性設計

圖 7.4　單晶矽生長成長圓柱體，如同從熔融矽旋轉和拉伸。iStockphoto.com/Coddy.

圖 7.5　個別的單晶矽太陽能電池通常被裁切來更好地覆蓋矩形模組。廢棄的矽可以回收利用，但卻是耗能的。許多細金屬線聚集電子，並將它們傳遞到兩條較粗的線，並透過外部電路發送它們。矽太陽能電池由於抗反射塗層而呈現藍色或黑色。資料來源：Rick Mitchell/NREL.

多到達地球的太陽能為電能，因此是耐用且性能可靠，且一年又一年的生產電源，雖然它會逐漸退化而降低工作效率，但這種退化是非常小的，通常每年小於 0.5% (根據具體情況)——由於非常穩定的晶體結構。在 40-50 年前所製造的單晶矽電池目前仍在使用來生產電力，而且很多其效率之降低都是不到 10% 的。單晶矽電池在製造上是較為昂貴的，並且包含最大嵌入式的能源，由於實現一個單一純淨的矽晶體是能量和勞動力密集型的工作。

多晶矽電池

多晶矽太陽能電池 (polycrystalline solar cells) 是由鎔鑄成型、冷卻，並切成薄晶片的矽製成。晶片拋光後摻雜用以形成 p-n 接面。由於矽在模具中冷卻，所以它發展成許多不同的晶體，成為一個多面外觀像拋光花崗岩 (參見圖 7.6)。雖然多晶矽電池製造上比單晶矽電池更簡單，但是晶體之間的邊界抑制電子遷移通過半導體，降低了電池的整體效率 12%-15%。多晶矽電池不需要被修整來完全覆蓋光伏模組，因此，資源上比單晶矽電池有效率。簡化的製造過程還降低了它們的能耗和成本。多晶矽電池會慢慢地隨著時間而退化，但幾乎可以和單晶矽電池一樣的穩定。

非常薄的多晶矽帶可以直接從熔融矽汲取。該方法省去需要將矽

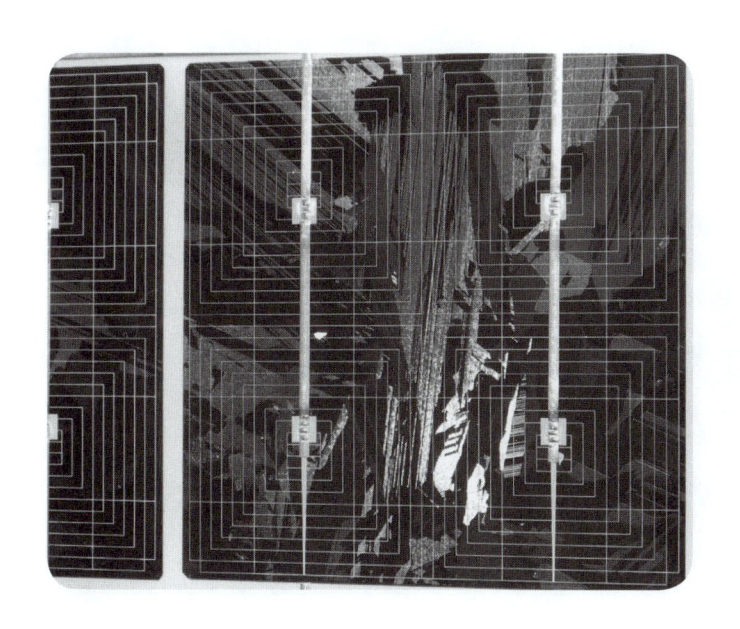

圖 7.6 許多由多晶矽組成的小晶圓反射光線略微不同，並於成品電池呈現多樣的外觀。多晶矽電池可以在方形模具中鑄造，並且裁切成相當薄，可以減少勞動和能量。然而，許多晶體邊界卻降低了電池的效率。
Courtesy of Scott Grinnell.

裁切成很薄的晶格，也能節省原料和能源，進而降低成本。然而，晶體往往較小，引入較多的邊界，甚至會進一步降低效率。

非晶電池

非晶太陽能電池(amorphous solar cells)(圖 7.7a) 使用沉積在基底材料上的薄膜非結晶矽。它們通常只有 5%-8% 的效率，但卻提供更大的通用性。幾乎可以在任何形狀和尺寸，以及最不浪費的情況下製造，成為半透明和層壓在玻璃上用來控制能量，同時減少窗口眩光，黏附到金屬屋頂和板壁 (圖 7.7b)，並整合到屋面瓦及其他建築材料上。當沉積在可變形的基底上時，薄膜可被捲起並容易運輸到遠處的應用。計算器、手錶等攜帶式電子設備主要是利用無定形技術。在三種類型的矽電池中，非晶電池的製造是最便宜的，但壽命也最短。無晶體結構的穩定性，非晶電池的退化會比單晶矽或多晶矽的電池更為迅速，每年失去多達額定功率輸出的 5%。

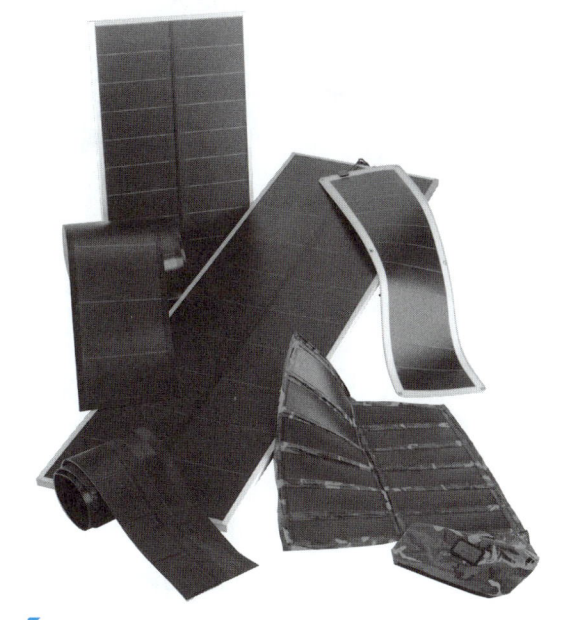

圖 7.7a 缺乏晶體結構，非晶矽可應用於極薄的膜上，使其具有彈性。然而，非晶矽不是那麼穩定，其性能比由晶體矽製成的電池更迅速地退化。資料來源：United Solar Ovonic/NREL.

圖 7.7b 不同於由多晶體矽製成的模組，薄膜非晶矽可以直接黏附到金屬的屋頂，以避免安裝有損結構及破壞美觀的剛性框架。
資料來源：Jim Yost/NREL.

對效率的限制

雖然矽電池於目前光伏產業佔主導地位，但它們卻受限於陽光轉換為電能的低效率。大部分照射在矽電池的太陽能在被轉換之前就已經損失，一個單一的矽電池其最大理論效率僅為 29%。發生最大的能量損失，其因只有小部分的陽光譜參與光電伏效應。超過一半在陽光中的能量，其波長太長而無法激發矽中的電子。這些較長波長很容易通過晶體或轉換成廢熱。其他波長太短傳遞了太多的能量。這些波長的額外能量，也浪費成熱。儘管一些光從抗反射紋理和塗層的表面反射，但還是有一些被薄金屬條帶阻止。此外，有些電子在遷移到表面並通過外部電路之前被激發鬆弛回到基態。

理想的光電材料將吸收整個太陽光譜，而不是部分較窄範圍的波長。雖然這可能永遠無法完全實現，但不同薄膜材料的多層堆疊已可增加超過 40% 的總轉換效率。或有更甚，但仍是先前所研究的奈米技術，該技術融合與半導體聚合物為十億分之一大小等級。透過優化物質粒子尺寸的分佈，奈米技術也許能夠製造出可吸收大部分的太陽光譜的薄膜材料。

用以提高輸出及增加效率的技術，包括使用反射表面於光伏原料以聚焦陽光，以及設計內部反射收集光線提高效率。雖然這些技術可以提高性能，大多數的太陽能電池在溫度增加時其效率較低，限制光線的集中應用技術無法同時改善光伏原料吸收能量的能力。

非矽太陽能電池

矽以外許多原料都適合用於製造光伏電池。非矽薄膜半導體包括由銅銦鎵硒化合物和碲化鎘所製造，兩者都提供比薄膜非晶矽更高的效率，儘管它們的製造過程包括有毒和潛在致癌化合物。實驗者也應用這種使用於噴墨印表機中的類型，它可以簡化生產光伏電池過程並降低薄膜的成本。

有機聚合物也可以製成光電伏原料，此類太陽能電池重量輕、具彈性，並且可能比矽更便宜。目前，這些電池的效率較低，並進行比矽電池更多的退化。

吸光染料是模擬發生在綠色植物透過光合作用的自然過程之技術，染料吸收陽光並產生可在外部電路使用的自由電子。雖然仍處於實驗性階段，但其相對簡單的製造過程和其使用普通材料的特性，可作為低成本用以替代矽的可能吸引力。

圖 7.8 顯示不同電池效率的比較。

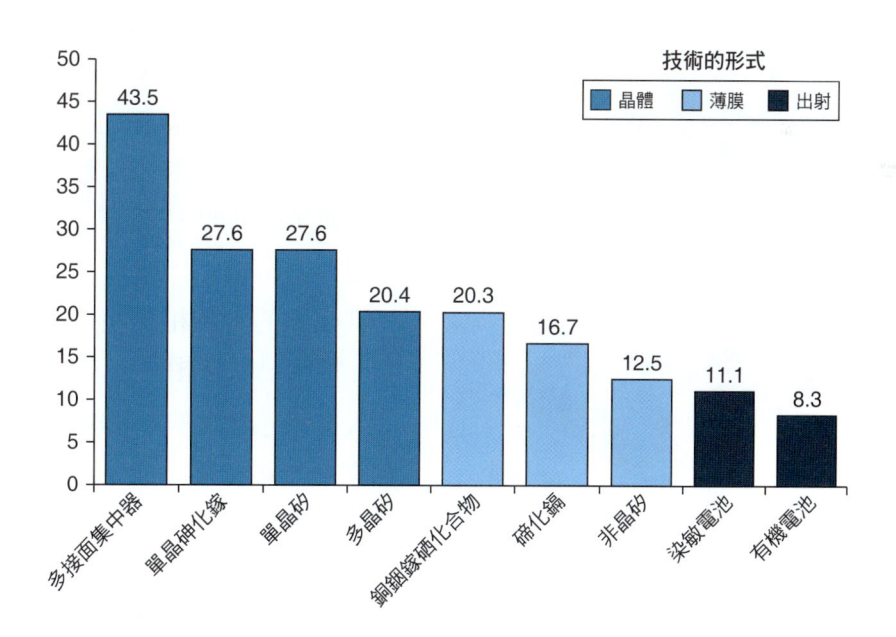

技術	效率 (%)
多接面集中器	43.5
單晶砷化鎵	27.6
單晶矽	27.6
多晶矽	20.4
銅銦鎵硒化合物	20.3
碲化鎘	16.7
非晶矽	12.5
染敏電池	11.1
有機電池	8.3

技術的形式：晶體、薄膜、出射

圖 7.8　在精細控制的實驗室中記錄了太陽能電池最大效率，替商業用途的電池建立基準。最有效率的電池、多接面集中器、層壓三種不同的半導體原料，每種吸收不同的太陽光譜，並使用透鏡或反射器來集中陽光。由矽和砷化鎵製成的單晶矽電池有類似的效果，完成近 28% 的實驗室效率，是非晶矽最佳效率的兩倍以上。© 2016 Cengage Learning®. 資料來源：NREL (2011)。

光伏發電

由矽製成的所有光伏電池不管大小,每個電池產生的電壓少於 0.5 伏特。這個電壓由矽的特性和摻雜磷和硼原子來決定。另一方面,由矽電池產生的電流量,直接取決於電池的大小和所施加陽光的強度:較大的電池及光線產生更大的電流。由於電功率是電壓和電流的乘積,所以較大的電流產生更多的電力。由光電池產生的電流是以直流 (DC) 電的形式,所以在施於家用電器之前,必須被轉換成標準的家用交流 (AC) 電的形式。

個別光伏電池組裝成完整的光伏模組 (photovoltaic modules),並用鋼化玻璃加以保護。光伏模組通常由 36-72 個個別電池所組成,將相鄰串聯連接,可以產生大約 18-36 伏特的總電壓。然後再將模組連接在一起成為一個光伏陣列 (photovoltaic array),如圖 7.9 所示。

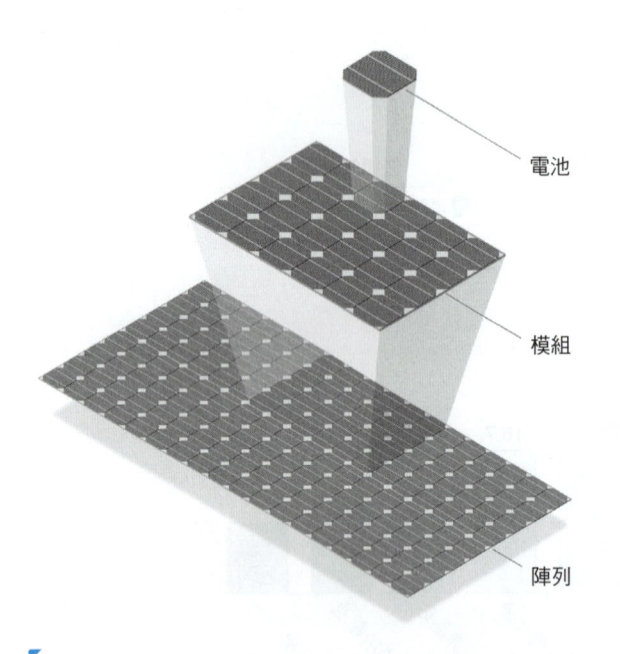

圖 7.9 太陽能陣列是收集陽光表面的總和,通常由許多模組所組成。每個模組由許多單獨的太陽能電池組成。資料來源:U.S. Department of Energy.

串聯/並聯連接

雖然個別電池組成模組時是串聯連接,但模組可以藉由串聯或並聯連接構成陣列。

- 串聯 (series):當模組接成串聯時,個別模組的電壓相加在一起,但電流與單一模組是相同的。
- 並聯 (parallel):當模組接成並聯時,個別模組的電流相加在一起,但電壓與單一模組是保持相同。

大多數小的陣列串聯在一起,以產生更大的電壓並維持低電流,因為較大的電流需要更粗的電線,就增加了系統的成本。然而,許多電氣元件不能安全地超過 600 伏特的電壓,因此,較大的陣列通常使用兩個或多個串聯串來互相並聯。總輸出功率是不受連接方式所約束的,因為功率是電壓和電流的乘積。

額定輸出功率

光伏模組 (以瓦特度量) 的額定功率代表 標準化測試條件 (standard test conditions) 下的輸出成效。在世界各地使用的標準化測試條件，在 25°C 的溫度 (77°F)，無風並假定每平方公尺 (317 Btu/ft^2/h) 1000 瓦特太陽能強度。這和海平面上直接面太陽模組的情況相類似。

例題 7.1

光伏陣列由 12 個模組所組成，每個均為 1.0 平方公尺面積。如果模組具有 18% 的總效率，請求出在標準化測試條件下陣列產生的功率。

解

陣列的總面積為 12×1.0 平方公尺 = 12 平方公尺，照射在陣列的太陽能，在標準化條件下的量為 1000 瓦特/平方公尺 × 平方公尺 = 12,000 瓦特。如果模組在將陽光轉換成電能有 18% 的效率，所述陣列的電輸出是 0.18×12,000 瓦特 = 2160 瓦特電力。這足以同時操作一台典型的微波爐和吹風機。

例題 7.2

具有 72 個電池的光伏模組以標準化測試條件下的額定功率為 180 瓦特。如果模組在 36 伏特進行操作，模組在標準化測試條件下產生的電流是多少？

解

功率 (P) 是電流 (I) 乘上電壓 (V)($P = V \times I$)。因此，

$I = P/V$

I = 180 瓦特/36 伏特

I = 5.0 安培

例題 7.3

一光伏陣列由 30 個模組所組成，在標準化測試條件下，36 伏特及 5.0 安培產生 180 瓦特的電力。安裝者決定設計 15 個模組的串聯串，並聯此兩個串聯串。在標準化測試條件下，請求出輸出電壓、電流，以及陣列的總功率。

解

　　串聯連接的 15 個模組，每串將產生的 15×36 伏特 = 540 伏特的總電壓。串電流保持為 5.0 安培。

　　當這兩個串並聯組合時，電壓相同保持在 540 伏特，但電流的增加：2 串 × 5.0 安培/串 = 10 安培。

　　因此陣列的輸出，在 10 安培下 540 伏特，其產生的 540 伏特 ×10 安培 = 5400 瓦特 (5.4 千瓦) 的總功率。

光伏系統

　　光伏陣列在任何陽光照射的地方產生電力。在沒有公用電網的地區，光伏陣列提供有價值的電力，否則幾乎不可能於此處獲得電力。對於一些如操作風扇與水泵的應用，光伏陣列可直接連接到負載 (圖 7.10)。這是所有光伏系統中最簡單的。

　　然而，對於大多數其他應用來說，直接接線是不夠的，因為充足太陽強度的日變力引發功率波動，將會損壞電氣設備。兩種方法幫助平穩光伏陣列的自然可變輸出：(1) 使用陣列進行充電的電池組；(2) 用公用電網整合陣列。

圖 7.10　所有光伏系統中最簡單的形式，這些模組直接為直流泵供電，僅在太陽照射時才給水。資料來源：Jerry Anderson/NREL.

隔離(離網)光伏系統

離網 (off-grid)(獨立於公用電網的) 光伏系統需要一個電池組，如圖 7.11 所示，以提供穩定電功率。所有電氣設備從太陽能發電電池操作而非陣列操作。光伏陣列在陽光普照時可以輕易增加能量，使電池組充電飽滿。電池組不僅可以平穩與生俱來的陽光變動而產生的電力變化，也能讓家用電器吸收超過光伏發電系統的容量峰值負荷。不幸的是，電池是昂貴的，需要定期維護，且如果處理不當可能非常危險。此外，電池必須存放在通風的空間，平均只有 7-9 年的壽命。在過了使用壽命後，電池必須進行適當的回收，以防止如鉛的有毒化合物侵入環境和構成人類健康問題。

電池儲存直流電。由於大多數的家用電器需要交流電力，逆變器 (inverter) 必須添加到系統中，用以將電池的直流電力轉換成標準的家用交流電源。逆變器進行這種轉換有 90%-98% 的效率，提供從離網時可以使用現代家用電器的實用方法。

圖 7.11　電池組儲存來自太陽能電池陣列的能量，並為家用電器提供穩定的電力。電池必須定期檢查和維護，以防止意外接觸，或排放到外部。Courtesy of Scott Grinnell.

並網光伏系統

當光伏陣列被連接到公用電網，連網行為就像一個巨大的電池。當陣列提供比在現場使用更多的電力時，電網就會向其他用戶的路線輸送多餘電力；當陣列不足以滿足現場所需的能量時 (如在夜間或多雲天氣期間)，電網剛好可以彌補此不足。網路測量系統 (net metering) 記錄輸送過剩的太陽能電力到電網，並從電網汲取電力的之差。公用事業公司依淨消耗報價向用戶收費，如果光伏陣列產生使用電力給網路時，也提供支付給用戶。

為了使光伏陣列與公用電網相互作用，由陣列產生的直流電必須通過一個同步式逆變器 (synchronous inverter)，其將所述電力轉換為交流電，並同步電壓和頻率，以匹配電網 (圖 7.12)。

因為由光伏陣列生成的電力始終與公用電網同步，每當電網發

再生能源與永續性設計

圖 7.12 同步式逆變器(白色箱子)從太陽能電池陣列獲得直流電,並將其轉換為標準交流電,可以和公用電網的電壓與頻率匹配。儀表記錄其饋入家用配電箱之前所產生的能量。配電箱將電力分配給本地負載,並將剩餘部分發送到公用電網,以供其他用戶使用。資料來源:Abigail Krich/NREL.

生斷電時,逆變器會從陣列關閉生產,即使陽光在所在點可用的情況下。因此,一些電網連接系統也是整合了電池組到系統之中,這允許自動切換到離網配置,並於使用消耗時保持電力。因此,電池無論對於離網或並網陣列組都是有用的。

光伏陣列安裝選項

光伏模組必須直接朝向太陽,以最大限度地提高電力生產。電線的撓性特質提供這種自由度,使光伏陣列可以追蹤太陽。這是對太陽能熱水系統剛性管道限制的一大優勢。

太陽在兩個方向移動:它的羅盤方向(從東邊升起,並在西邊落下),和它在天空的仰角(這是正午的最大值)。

雙軸追跡 (dual-axis tracking) 剛好涵蓋這兩個方向,而單軸追跡只遵循平常東到西的移動。相比於固定式陣列每季以手動調節面對太陽,雙軸追蹤在這一年的過程中可以產生 30%-35% 以上的能量。單軸追蹤實現對固定式陣列額外 20%-25% 的能量。這種額外的能量主要在夏季出現,當太陽以更高和更廣的方式橫跨天空。

固定式安裝

而追跡太陽是最大能源生產的最佳方式,基於安裝選項,它並不一定切合實際,如遮光條件、整合到的建築元件上、美學等。固定式安裝系統 (fixed-mount systems) 有幾個值得注意的優勢:

- 它們提供安裝選項的最大多樣性：在地上、對著牆壁、屋頂上，或連接到支撐桿(參見圖 7.13)。
- 它們可以被安裝在可調節的支架上，使得每個季節可以手動重新定位其傾斜角，以適應太陽的變化高度。
- 它們允許建築一體化系統，如光伏屋頂板或適用於屋頂、牆板或窗戶薄膜。建築一體化系統可以更有效地節約成本，而且比起單機系統減少美觀上的破壞。
- 它們沒有移動零件，避免潤滑、例行維護和更換磨損齒輪的需求。
- 在清晨及傍晚有遮蔭的地方，它們提供幾乎相同的能量產出。
- 它們往往是離網應用的最佳選擇。當離網時，透過追蹤器產生過量夏季能量通常無法正常地利用，在冬季適合建築物的需求大小的光伏陣列，即使沒有追蹤器的功能，通常在夏天也提供了過剩的能源。

圖 7.13a 安裝在地面的陣列大幅簡化了日常維護，如除雪，並且在下雪的氣候通常比屋頂安裝的陣列更好。平板太陽能熱水集熱器(其一部分在光伏陣列上方可見)更難以清潔。 © Robbie George/National Geographic/Getty Images.

圖 7.13b 對於不經歷大雪的氣候，朝南的屋頂提供實用的安裝選擇，特別是當庭園空間受限時。資料來源：groSolarÂ©/NREL.

追跡陣列

追跡太陽用以最大化陣列的輸出功率，並用於從日出到日落清晰地接觸到太陽能的並網系統是最有用的。追跡陣列 (tracking arrays)，如圖 7.14 所示的，可用兩種方式優化能源的收集：(1) 藉由最大可能暴露於太陽能中的面積；以及 (2) 降低由偏斜照明的反射。通常電網或電池組提供追跡裝置電源，而不是陽光，即使在沒有陽光時也允許陣列重新定位 (如在日落之後為了日出前做準備)。

混凝土基座的不鏽鋼柱用以支持追跡裝置。該柱必須夠高足以使陣列垂直傾斜，用以收集早晚光線，這通常需要埋入另一個 4-6 英尺、離地面至少 8 英尺以上的鋼柱。鋼和混凝土的使用，以及所述追跡裝置本身，增加了系統具體化的能量和總成本。

大多數追跡器可手動操作，也可固定在一個位置。這對除雪有利的或保護陣列免於冰雹和強風侵襲，這是固定式陣列所無法達成的。

追跡器的一個潛在的問題是，它們需要維護，可能因冰積、受鳥巢和蟲災所破壞，在其他非常可靠的技術下也有失敗的可能性。

圖 7.14 對於廣闊開放地點的連網應用，雙軸追跡系統可最大限度提高發電量。這三個陣列各使用八個多晶矽模組。資料來源：Warren Gretz/NREL.

Chapter 7 太陽能電力

個案研究 7.1

為住宅設計的連網系統

地點：北威斯康辛州(北緯46.5度)

安裝系統	模組形式	陣列大小	PV 額定功率	安裝日期
柱上雙軸追跡	單晶矽	每個 175W 的 12 個模組	2.1 kW	2008

系統描述：12個單晶矽模組，每個額定175瓦特，包括一個2.1千瓦特的雙軸追跡陣列所組成。在標準化測試條件下，每個模組產生35.4伏特的電壓和4.95安培的電流。在安裝者將模組連接在一起，成為每串六個模組的兩大系列串，創造了每串212伏特及每串9.9安培的總操作電壓與電流。

一根16英尺長的鋼柺桿埋在地下6英尺並嵌入混凝土中，支撐此雙軸及追跡裝置。連接到追跡器的堅固鋁質機架系統可承受12個模組的重量。即使在風很大的日子，追跡器和鋁質機架依舊保持模組的穩定及最佳的方向。

清晨和傍晚陰影每年大約遮擋了8%的太陽能資源，雖小但也並非微不足道的減少。

承載來自太陽能電池陣列的直流電流的導線，通過地下管線行進65英尺到達住宅，其中斷開開關允許太陽能陣列與建築物隔離。然後，直流電流通過同步式逆變器，其將電力從212伏特直流轉換成240伏特交流。第二個阻斷開關允許逆變器與電網隔離。電力通過服務面板，此處電力被分配給家用負載或繼續至公用電網上。

成本分析：在安裝時，單晶矽模組的售價僅為每瓦特5美元以上，而整個系統的成本接近每瓦特10美元。

系統組件	成本
(12) 175 瓦特單晶矽模組 (夏普公司)	$10,680
雙軸追跡裝置 (Wattsun AZ-225)	$4200
桿安裝 (勞力和原料)	$1928
同步式逆變器 (Fronius IG 2000)	$1918
接線、斷路器、保險絲、導管等	$1134
運輸	$400
總成本	$20,260
國家激勵計畫 (聚焦於能量)	–$6552
聯邦退稅	–$6078
淨成本	$7630

由威斯康辛州提供的可再生能源激勵計畫稱為「能源重點」，支付 30% 的安裝成本。聯邦退稅再提供 30%，將淨成本降低到實際安裝成本的 40%。這些計畫鼓勵新興技術，在其他情況下可能無法負擔。

追蹤光伏陣列產生的電能約為 3400 kWh/年，約為年度家庭需求 3900 kWh 的 87%。當地公用事業公司為太陽能發電平均支付 0.11 美元/kWh，節省客戶每年 0.11 美元/kWh×3400 kWh/年 = 374 美元/年的電費。如果電價保持不變，償還投資所需的時間將是 7630 美元/(374 美元/年) = 20 年。這反映了 5% 的投資報酬率。

Courtesy of Scott Grinnell.

調整光伏系統

調整光伏系統來滿足場地的能量需求取決於多種因素，包括太陽能資源、安裝類型 (固定或追蹤)、系統是否將與公用電網隔離或與公用電網相連，以及居民的習慣。

太陽能資源

美國的太陽能資源地圖 (如圖 7.15 所示) 顯示，每天透過傾斜固定式陣列在該緯度所接收的平均能量。而追蹤陣列可以收集比所指示的平均值高出 30%-35% 的能量。

圖 7.15 中所示的太陽能資源是假定沒有局部陰影。附近的樹木、建築物、桿子及電線等的存在會顯著地減少實際的太陽能資源。在安裝光伏系統之前完成測量陰影的現場評估尤為重要，因為光伏模組比太陽能熱水收集器對陰影更敏感。模組中的每個太陽能電池與其相鄰的電池串聯連接，需要電流流過每個電池。陰影部分成為其障礙，降低整個模組的輸出。因此，即使部分遮蔽模組也會嚴重降低其輸出。另一方面，與大多數住宅太陽能熱水系統不同，即使在陰天，光伏陣列仍然繼續收集能量，儘管處於退化的水準。

連網系統

對於連網系統，調整陣列大小用以產生所有場址的淨能量需求，需要將年度總用電量(單位為 kWh)除以年度資源量，其等於圖 7.15 中所示的值 (kWh/m²/天) 乘以每年 365 天。將該乘積乘以 1 kW/m² 的標準化測試條件可提供陣列的 PV 額定功率 (PV power rating)，這通常是零售商公佈的模組的功率輸出。

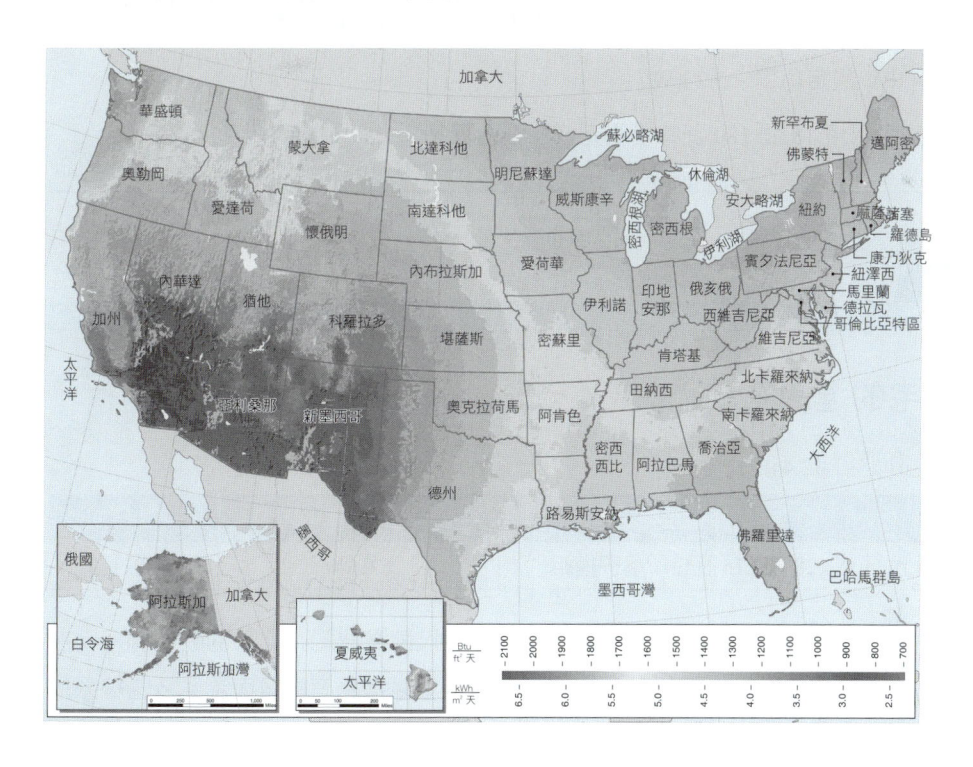

圖 7.15　美國的太陽能資源從阿拉斯加部分地區不到 3 kWh/m²/天到西南地區幾乎 7 kWh/m²/天。太陽能熱水系統與需要明亮照明的系統不同，光伏系統即使在陰天也會產生一些電力，使得它們甚至在具有低太陽能資源的區域中也是有用的。© 2016 Cengage Learning®. 資料來源：改編自 National Renewable Energy Laboratory (NREL)。

然而，在實行上，光伏系統遭受許多損失，這減少實際產生的電力。這些損耗包括模組上的灰塵、導線和連接器中的電阻，以及逆變器和/或電池相關的低效率，或者由於過高的溫度導致電池性能退化。這些總共達到潛在功率輸出的 20% 或更多，包括此因子會使陣列的大小增加 1/0.80 或 1.25 的係數。

$$\text{PV 額定功率} = 1.25 \times \left[\frac{\text{每年能量消耗 (kWh/年)}}{\text{太陽能資源 (kWh/m}^2\text{/天)} \times 365 \text{ (天/年)}} \right] \times 1 \text{ kW/m}^2$$

例題 7.4

位於加州聖路易斯奧比斯波的並網之房屋使用 5800 kWh/年的電力。屋主希望安裝一個能夠產生年度使用的固定式光伏陣列。如果聖路易斯奧比斯波的太陽能資源為 6.3 kWh/m²/天，請求出陣列的必要額定功率。假設平均系統損耗為 20%。

解

$$\text{PV 額定功率} = 1.25 \times \left[\frac{\text{每年能量消耗 (kWh/年)}}{6.3 \text{ (kWh/m}^2\text{/天)} \times 365 \text{ (天/年)}} \right] \times 1 \text{ kW/m}^2$$

PV 額定功率 = 3.2 kW

這可以用 18 個 180 瓦特模組完成，覆蓋面積為 250 平方英尺。

個案研究 7.2

淨零能量住宅的連網系統

地點：紐約州北郡(北緯 42.4 度)

安裝系統	陣列規格	光伏電源功率 (總計)	安裝日期
固定安裝在屋頂上	28 個 215 瓦特單晶矽模組	6.0 kW	2011

系統描述：1998 年，屋主購買了一棟寬敞的兩層教堂，可以俯瞰紐約州北部的哈德遜河。裝修教堂創造一個 5200 平方英尺的住宅和辦公空間，透過仔細修復原有建築與電氣及管線系統的完整升級，牆壁和地板及節能設備中的附加絕緣減少了熱損失與電力消耗。在地板的液體循環加熱系統中，由燃燒木材的爐子來增加丙烷，保持全年舒適的溫度。

在2011年，屋主在教堂朝南的瀝青瓦屋頂上安裝了28個215瓦特單晶矽光伏組件。於屋頂上的直接安裝系統使模組傾斜大約30°。當雲層遮蓋陽光的天數較少時，模組中間距較小，增加了夏季的產量。由於陣列是網格連接的，夏季高產量彌補了冬季較少的產出，導致比在理論最佳角度42° (位置的緯度) 安裝的系統有更多的總能量產生。

成本分析：

描述	成本
系統總成本	$38,120
紐約州獎勵計畫 (1.75 美元/瓦特)	−$10,535
自付費用	$27,585
聯邦所得稅抵免 (30% 的自付費用)	−$8276
紐約所得稅抵免 (25%，最高為 5000 美元)	−$5000
獎勵和積分之後的最終客戶成本	$14,309

6.0 kW 系統 (包括模組、安裝支架、接線、逆變器，以及監控系統) 的成本約為14,300美元。

該陣列每年產生約7000 kWh 的電力，提供屋主每年超過1000美元的節省。這意味著投資報酬率超過7%，並且系統將在大約14年內回本，假定電力成本隨時間保持不變。

Courtesy of Scott Grinnell.

離網系統

對於大多數獨立於電網的系統，沒有儀表追蹤每年的用電量。如果這個值是未知的，則必須透過現場評估消耗的電能來計算，此過程稱為負載分析 (load analysis)。這需要每個電氣設備(燈、電器、供熱設施、通風設備和空調系統、風扇、水泵、愛好的工具和工作、充電電池、電子產品等)的詳細列表，以及每個設備在典型的一天期間運行的平均時間長度。插入式功率計(如圖 7.16 所示)可以幫助決定各種設備的功耗。表 7.1 顯示常見家庭用品的典型功率消耗。

在決定離網地點的年平均能量消耗之後，可以使用前文的相同公式來找到對於射線的適當的 PV 功率額定值。然而，與連網系統不同，離網站點不能在長時間多雲的天氣期間或偶爾升高的電力需求的情況下從電網抽取電力。因此，離網系統的大小通常大於連網系統，或者離網系統的所有者可以選擇包括備用發電機或其他形式的可再生能源，以在太陽能不足時補充電力需求。

圖 7.16 即插入式儀表，如圖所示，提供插入式儀表中任何電器所使用的電壓、電流和功率的資訊，使其成為進行負載分析時有用的儀器。Courtesy of Scott Grinnell.

▼ 表 7.1 家庭用品的平均電氣用量

項目	用量 (瓦特)	項目	用量 (瓦特)
一般家庭		廚房電器	
空調	1000-1500	攪拌機	350
吹風機	1000-1200	開罐器	125-200
吊扇	10-50	咖啡研磨機	100
時鐘收音機	5	咖啡壺	800-1500
洗衣機	500-650	洗碗機	1200-2000
烘乾機 (電動)	4000-4800	脫水機	600
烘乾機 (氣體)	300-400	食品加工機	400
電熱毯	175-200	炒鍋 (電動)	1200
電鐘	2-4	垃圾處理	450
爐風扇	300-1000	熱板	1200

Chapter 7 太陽能電力

▼ 表 7.1　家庭用品的平均電氣用量 (續)

項目	用量 (瓦特)	項目	用量 (瓦特)
車庫門開啟器	350	微波爐 (0.5-1.5 ft^3)	600-1500
加熱燈 (浴室)	250	混合攪拌器	120
加熱器 (電動)	1500	爆米花製造機	250
電熨斗	1000-1500	烤箱 (傳統)	3500
收音機	10	大型火爐	2100
保全系統	3-6	麵包機	430
縫紉機	100	小型燃燒器	1250-1600
刮鬍刀	10-15	燃氣烤箱的點火器	300-400
檯扇	10-15	冰箱/冰櫃 (標準，16-22 ft^3，13-14 小時/天)	475-540
吸塵器 (手持式)	100	烤麵包機	700-1500
吸塵器 (直立式)	200-960	冰櫃 (能源之星，17 ft^3)	460
熱水器 (電動)	4500	烤箱	1150
水泵	1000	鬆餅機	800-1200
工具		娛樂	
空氣壓縮機 (1 hp)	1000	光碟播放器	35
帶鋸	1100	手機 (充電)	24
帶式砂磨機	1000	電腦印表機 (噴墨)	25
鏈鋸 (12")	1100	電腦印表機	1000
圓鋸 (7 1/4")	900	電腦	40-150
圓盤磨輪機 (9")	1200	DVD 播放器	25
鑽孔機 (1/2")	750	筆記型電腦	20-50
樹籬修剪機	450	衛星系統	12-45
割草機 (電動)	1200-1500	立體聲	15
除草機	500	電視 (19" 彩色)	60-100
		電視 (25" 彩色)	125-150
		電視機 (大螢幕、電漿、液晶)	300

例題 7.5

西維吉尼亞州的偏僻小屋，其太陽能資源是 4.2 kWh/m^2/天，經由負載分析來決定以下資訊。什麼尺寸的固定式陣列將滿足電氣平均需求？

負載	功率消耗 (瓦特)	平均每日需求 (小時)	平均每日能量 (Wh)
4 個 CFL 燈泡，每個 23 瓦特	92	4	368
冰箱	240	14	3360
微波爐	1200	0.5	600
電腦	105	6	630
電池充電器	200	2	400
吊扇	20	3	60
丙烷爐的加熱棒	300	0.5	150
時鐘	3	24	72
		總計	5640

解

平均來說，小屋每天使用大約 5.64 kWh 的電力，相當於每年大約 5.64 kWh/天 ×365 天 = 2060 kWh 的消耗。將滿足平均需求的光伏陣列由下式得出：

$$\text{PV 額定功率} = 1.25 \times \left[\frac{2060 \text{ (kWh/年)}}{4.2 \text{ (kWh/m}^2\text{/天)} \times 365 \text{ (天/年)}} \right] \times 1 \text{ kW/m}^2$$

PV 額定功率 = 1.7 kW

這可以用 10 個 180 瓦特的面板來完成，將覆蓋大約 140 平方英尺的面積。小屋屋主需要夠大的電池組，用來在黑暗時期或雲層遮蔽延長期間儲存能量，並且還可能需要備用電源，例如發電機。

個案研究 7.3

自用住宅離網系統

地點：北威斯康辛州(北緯46.5度)

安裝系統	陣列規格	PV額定功率 (總計)	安裝日期
固定安裝在屋頂上	12 個 65 瓦特多晶矽模組 4 個 50 瓦特單晶矽模組	950 瓦特	1999

系統描述：一個面積為1850平方英尺的房子由屋主設計和建造，作為 180 英畝自用住宅的一部分。距離最近的公用事業線路 1 英里，屋主選擇保持離網，並安裝一個950瓦特的頂裝光

伏系統，使用多晶矽和單晶矽模組的混合物。屋主每年調整模組兩次，以優化季節性傾斜角度。

太陽能電池組為10個Deka® L16鉛酸電池(每個重量超過100磅)的電池組充電，提供11 kWh的電能儲存可用。原電池組在更換前提供連續服務9年。屋主定期監測電池組，以驗證其充電狀態並執行日常維護，包括每月添加蒸餾水，並每隔一個月均衡電池(均衡是一種過程，透過該過程，電池被故意過度充電一段時間，透過防止硫酸鹽沉積和電解質分層來延長電池壽命的程序)。電池組容納在保護箱中，保護箱通向外部，並保持在相對恆定的溫度。

Courtesy of Scott Grinnell.

房子利用12伏特直流電路和120伏特交流電路，為照明和電器設備建立了充足的選擇。Two Trace® 2500逆變器將電池的12伏特直流能量轉換為120伏特交流電。這兩個逆變器允許具有大啟動電流特性之感應電動機等電動工具的負載使用。

四個柴爐位於不同的房間，提供整個房子的熱量。特別選用的丙烷烹飪設備，在沒有電子點火棒的情況下操作，來最小化電力消耗(大多數燃氣範圍通用的點火棒連續吸收300-400瓦特的電力，此舉將無謂的耗盡電量有限的電池組)。除了選擇特殊的烹飪設備之外，屋主安裝了一台高效率的冰箱，不包括自動除霜循環，這是一個方便但也是能源密集的過程，大多數商用冰箱有此過程。

實際上，離網系統需要意向的生活型態——根據可用資源規劃用電量的能力。它需要消除所有幻影負載，獲得高效率電器，並持續保持追蹤能源需求和天氣變化。

自1999年安裝模組以來，屋主發現功率輸出下降得非常小，可能只有5% (每年平均約0.4%)。

成本分析：950瓦特光伏系統的成本總計為13,100美元，包括模組、接線、電池組、逆變器，以及充電控制器。從距離1英里遠的公用電網向該地點供電的費用在1999年是25,000美元。

該陣列每年產生約550 kWh的可用電力，為屋主節約大約450美元的年度公用事業費用，包括連接費。在11月到3月的長期多雲時期，3000瓦特汽油發電機提供備用電源。發電機的成本為1800美元，每年消耗大約120加侖的汽油。如果發電機以大約20%的效率將汽油轉換成電力，則120加侖產生880 kWh的電力，每年大約450美元的費用。

2010年更換當前電池組的成本為2150美元，是每7-10年一次的持續費用。

元件	成本
950 瓦特完整系統	13,100 美元
備用發電機	1800 美元
發電機燃料	450 美元/年
電池庫 (年平均費用)	240 美元/年
總成本	14,900 美元 + 690 美元/年
帶來公用電網的成本	25,000 美元
電網年電費	560 美元/年

守恆

滿足電力需求最經濟的方法是減少消耗並節約能源，而不是安裝足夠的光伏模組來滿足電流負載。一個更具成本效益的策略通常是，用更高效的模型替換低效電器，如舊冰箱和熔爐，並採用節能策略。例如，在不使用時拔下電子設備 (如電腦和電視機)，消除可以汲取足夠電力以需要安裝額外模組的幻影負載。此外，在隔熱性差的建築物中，添加隔熱材料將比添加更多的模組來操作空調或加熱裝置快得多。用緊湊型螢光燈 (CFL) 或發光二極管 (LED) 燈泡來更換白熾燈泡，並且關閉不使用的燈，是個人可以做的第一個節能轉換。專業能源審計還有助於決定節能途徑。

個案研究 7.4

守恆

地點：科羅拉多州 (北緯 38.9 度)

安裝系統	陣列規格	PV 額定功率 (總計)	安裝日期
可調節桿安裝	18 個 75 瓦特單晶矽模組 2 個 85 瓦特單晶矽模組	1520 瓦特	2001

第四章(個案研究 4.1：夯土輪胎牆) 中描述的夯土輪胎結構，顯示光伏系統的尺寸減少的節約(因此降低成本)。位於科羅拉多州的山區，經歷寒冷卻陽光明媚的冬季，屋主設計了

一個相當舒適的家用 1.52 kW 光伏陣列準離網系統。

　　該系統包括一個24伏特電池組，能夠儲存1160安培小時的能量——相當於27 kWh。然而，為了保持電池的壽命，在對電池充電之前，一次只能抽出大約一半的能量。為了適應偶爾的高峰能源需求或緩衝稀有的多雲天氣，屋主選擇連網。然而，這種連接卻很少使用。在安裝時(2001年)，當地公用事業公司沒有提供淨計量的選擇。雖然與電網連接消除了對補充系統(如汽油發電機)的需求，但它不允許將剩餘電力出售給電力公司。因此，屋主將光伏陣列的大小設定為隔離系統的大小，並將連網連接作為針對不可預測天氣的保險。一個精心設計具有節能電器和節約習慣的被動式太陽能家庭，允許居民每天平均使用5 kWh/天的電力——小於2000 kWh/年。緊湊型螢光燈和能源之星設備降低了電氣需求，屋主透過在不使用時拔下其他電氣設備的插頭，認真消除幻影負載。總體來說，公用電網僅提供100 kWh/年，是同一地區一般家庭消耗的典型8000 kWh/年的一小部分。

　　可調節式桿裝系統支撐了20個單晶矽光伏模組，並允許屋主季節性地改變傾斜角度用以優化性能。光伏陣列、電池組、交流逆變器，以及控制器在2001年共花費了16,000美元。

　　雖然屋主可以安裝一個更大的系統，但他們找到方法使用更少的能源，並同時保持相同的舒適度。這不僅節省安裝成本，而且減少附加能量和相關能量及資源的消耗。

Courtesy of Jerry D. Unruh and Diana P. Unruh.

太陽熱能發電

　　太陽能熱技術是將太陽豐富的能量轉化為電的另一種方法。與在光伏模組中發生的直接轉換不同，太陽能熱電廠與常規發電廠的操作非常相似，除了它們不燃燒石化燃料，不需要煙囪且不產生汙染之外。太陽熱能發電廠甚至可以使用熔鹽存儲熱能，並在太陽不發光時產生**太陽能熱電**(solar thermal electricity)。然而，與常規發電廠一樣，太陽熱能發電廠需要冷卻水，並且不太容易在沙漠中設置，因為該處缺水。

再生能源與永續性設計

集中陽光以產生電力的兩種最常見的方法是，採用拋物線槽系統或太陽能塔。

🌐 拋物線槽

拋物線槽電廠 (parabolic trough power plant) 在長的拋物面鏡中收集太陽能，拋物面鏡則是用以追蹤太陽的東西向運動。反射鏡將陽光 80 倍或更多倍的方式聚焦到嵌入真空管中的金屬吸收管上。真空管幾乎消除傳導和對流的熱損失，而吸收管上的選擇性塗層使輻射的熱損失最小化。這些特性允許系統將油加熱到高達 750°F (400°C) 的溫

圖 7.17a　高反射拋物線槽將太陽能聚焦在流體填充的吸收管上，產生非常高的溫度，可產生蒸汽和驅動渦輪。與光伏陣列不同，這些系統可以儲存熱能供晚上使用，在一天中均勻地產生電力。資料來源：SkyFuel, Inc./NREL.

圖 7.17b　商業發電廠可能由數百個拋物線槽組成，每個槽能夠追蹤太陽的東西向運動。被加熱的流體透過熱交換器將水煮沸成蒸汽，用以驅動常規渦輪機。冷卻塔將蒸汽冷凝成水，使得循環可以繼續。這座發電廠建於 1990 年，在加州克萊默交界處，可提供 3000 萬瓦特的電力。資料來源：Sandia National Laboratories/NREL.

度。熱交換器將能量從熱油傳遞到水，水沸騰成蒸汽並轉動發電機的渦輪。冷卻塔將蒸汽冷凝成水，並繼續循環 (參見圖 7.17)。

太陽能塔

太陽能塔發電廠 (solar tower power plant) 由數百個安裝在桿上的雙軸追跡反射鏡所組成，可以將陽光直接導引到中央塔的接收室 (圖 7.18)。每個反射鏡由計算機控制，以確保陽光直接聚焦在接收室中，可以達到 1800°F (1000°C) 的溫度。接收室內的熱空氣或熔鹽可儲存能量並將能量傳遞給水，用以產生蒸汽並驅動發電機。

圖 7.18　這個在加州巴斯托的實驗電廠建於 1982 年，透過陽光與數百個雙軸追跡反射鏡產生高達 1000 萬瓦特的功率到中央塔頂部的接收室。雖然目前不再使用，但卻成功運作了許多年。資料來源：Sandia National Laboratories/ NREL.

本章總結

陽光可以透過光伏效應直接產生電力，或透過沸水產生電力用以操作蒸汽輪機。儘管在商業規模來說加熱水來發電是經濟的，但是大多數住宅的太陽能電力來自光伏陣列。光伏陣列可以小到操作遠程通訊信號的單個模組，或像利用與公用電網集成的數千個模組的商業電廠一樣大。幾乎任何規模的電力發電能力都能讓光伏技術具有廣泛適用的多功能性。光伏材料透過引導將已經被陽光激發的電子透過外部電路放鬆，回到它們的自然狀態之前將太陽能轉換成電能。兩層最佳選擇的半導體材料(通常由摻雜磷和硼的矽組成)構成了目前大多數可用的光伏電池。

由於生產成本高，光伏模組發電是當前再生能源中最昂貴的形式之一。然而，使用有機聚合物的先進薄膜技術、可吸光染料，以及奈米物質等，可以提高效率並降低成本。這些進展還可以促進整合建築系統，並衍生出許多新產品。

光伏陣列替隔離的獨立系統及整合式公用電網系統提供電力。光伏陣列幾乎可以安裝在任何地方，從屋頂到車頂、從郵輪的日光甲板到飛機的機翼、從地面支架到追跡器的柱頂都可以。它們可以被保護在剛性面板的調節玻璃之後，或作為剝離-黏貼膜，應用於屋頂和牆壁的鍍膜之用。光伏原料的多功能性，使其高度適應社會快速變化的技術需求。

複習題

1. 由單晶矽電池製成的光伏模組隨時間緩慢退化。假設這個速率等於每年 0.5%，因此在 10 年後，一個模組可以預期的運行效率只有其原始輸出的 95%（減少 5%）。你認為由單晶矽電池製成的太陽能模組的使用壽命為何？

2. 計畫覆蓋大片具有光伏模組的沙漠，已經受到那些關注沙漠生態系統影響的人們批評。支持者認為，從燃煤發電廠產生相同數量的電力通常比提供大部分帶狀煤干擾更多的土地。請為大型沙漠光伏陣列的設置提出正反意見。

3. 當考慮矽模組的類型時，在什麼應用中單晶矽模組最合適？什麼時候非晶模組最合適？

4. 太陽能探測器指示：在全年上午 10 點前和下午 3 點後在並網點會發生陰影。你會推薦什麼樣的光伏安裝系統（固定、單軸追跡或雙軸追跡）？

5. 位於南達科他州開放草原的離網露營地只在夏季月分開放。露營地的經營者希望安裝光伏系統。你會推薦三種太陽能電池類型中的哪一種？推薦什麼類型的安裝？請解釋之。

6. 德州南部的一個地方每年都有溫和的冬季和炎熱的夏季，特別是在夏季陽光充足。你認為光伏陣列在一年中的什麼時候最不能滿足常規建築的電氣需求？為什麼？

7. 請比較平板太陽能熱水集熱器與矽光伏模組，並說明以下問題：

    a. 可以直接將陽光轉換為可用能源（熱水或電力）的效率

    b. 能夠在陰天使用太陽能的能力

    c. 安裝系統的費用

    d. 安裝的選項

練習題

1. 光伏陣列的最大電壓為 600 伏特。假設特定陣列將利用 180 瓦特模組（36 伏特，5 安培）。

    a. 可以串聯連接的模組的最大數量是多少？

    b. 你將如何連接 48 個模組？

    c. 48 個模組陣列的輸出電壓和電流是多少？

2. 家庭能源審計建議更換 14 個燈泡，斷開幾個幻影負載（使用電源板），並購買一個更有效的冰箱和冰櫃，如下頁表所示。

    a. 在做出指標性的變化後，每年能耗的降低量（kWh）為多少？

    b. 如果電費成本為 0.12 美元/kWh，請計算每年的節省多少。

    c. 每年節省多少錢才能支付更換費用？

再生能源與永續性設計

替代項目	新產品的每日能源消耗	舊產品的每日能源消耗	每天節省的能量	更換成本
14 個 CFL 燈，每個 23 瓦特	1.3 kWh (每天 4 小時)	5.6 kWh (每天 4 小時)	4.3 kWh	28 美元
幻影負載達 30 瓦特	0	0.7 kWh	0.7 kWh	5 美元
冷凍櫃	0.7 kWh	1.8 kWh	1.1 kWh	350 美元
冰箱	0.9 kWh	2.2 kWh	1.3 kWh	650 美元

3. 根據上述能源審計建議，不是透過更換電器來減少能源消耗，而是德州聖安東尼奧市的屋主決定增加太陽能電池陣列的尺寸以適應更大的負載。本地安裝公司收費屋頂安裝多晶矽陣列的額定容量為每瓦特 7 美元。

   a. 德州聖安東尼奧市的太陽能資源是什麼？

   b. 請計算光伏陣列的額定容量，這將產生等於問題 2 中節省的能量所需的額外電量。

   c. 安裝能夠提供問題 2 中節省的年能量的系統需要多少費用？

   d. 需要多長時間來償還系統的安裝費用以產生問題 2 中節省的年能量？

   e. 請總結節約的價值。

4. 額定容量為 10 kW 的連網系統能夠為小型商業建築提供所有電力。該站點的年平均能耗為 14,600 kWh/年。

   a. 這個地點的太陽能資源是什麼？

   b. 提供兩個在美國境內提供太陽能資源的地點。

5. 太陽能探測器指示，華盛頓州西雅圖的固定式陣列由於陰影而發生了 25% 的陽光損失。對於使用 6000 kWh/年電力的連網建築，什麼尺寸的陣列將提供所有的平均電力？假設是標準系統損耗。

6. 駱駝將一櫃冷凍醫療用品通過沙漠運往至非洲偏遠的村莊。此批物品持續消耗 80 瓦特的功率以保持內容物冷凍。沙漠地區的太陽能資源量為 6.8 kWh/m^2/天。無論白天還是晚上都需要使用什麼尺寸的模組 (m^2)？假設 20% 的損失。將你的答案轉換成平方英尺 (1 平方公尺 = 10.76 平方英尺)。

7. 在蘇必略湖的遠程警報信標每天有 12 小時閃爍一個 100 瓦特信號。請求出可以提供所有所需電力的光伏系統的額定容量。假設太陽能資源為 3.9 kWh/m^2/天和 20% 的損失。

8. 太陽能的花園燈，設計為在白天採集 4 平方英寸的非晶矽太陽能電池用以收集陽光。製造商聲稱太陽能電池可以照亮一個小 LED 燈泡長達 8 小時。

a. 如果燈泡吸收 0.055 瓦特並工作 8 小時，花園燈的電池中必須儲存多少能量 (kWh)？

b. 製造商假設使用什麼太陽能資源 (kWh/m²/天)，以充分照射花園的燈？假設太陽能電池在將陽光轉換成電力時是 5% 的效率。4 平方英寸的面積等於 0.00258 平方公尺。

9. 在地球大氣層上方運行的衛星，可接收到大約 1370 瓦特/平方公尺的太陽強度，並且可以避免地球陰影的情況下持續地保持在陽光中。對衛星而言是沒有夜晚的。

a. 在標準化測試條件下對於額定功率為 800 瓦特的系統，於地球大氣層上其輸出為何？

b. 在圖 7.15 中，給定考慮各種與地球和大氣有關的太陽能資源，例如天氣條件、天長及照明角度。這些不適用於模組總是面向太陽的衛星。請求出這種衛星的太陽能資源。

10. 安裝在加州巴斯托附近的廣闊地區的一個桿上連網連接的雙軸追蹤陣列，比圖 7.15 所示聚集多了 35% 的太陽能。該陣列用於每年平均消耗 6600 kWh 的家庭用電。

a. 請估計該陣列的太陽能資源。

b. 請求出提供家庭的所有平均電力需求的光伏功率額定值。假設標準損失為 20%。

11. 例題 7.5 中的小屋每天消耗 5.6 kWh 的平均電力。假設屋主想要安裝陣列，使得一個陽光充足的日子，將給電池組充分足夠的能量可以供電一整週。使用的太陽能資源為 4.2 kWh/m²/天。

a. 在一個晴天的日子，陣列產生多少能量？

b. 決定光伏功率額定值，假定為固定式陣列並有 20% 損失。

c. 如果系統花費每瓦特 7 美元安裝，總費用是多少？這是合理的嗎？

12. 假設 11 月和 12 月期間長時間多雲，導致陽光每月只能從平板集熱器產生 3 天的熱水。每個月可有額外的 20 天提供散熱燈，允許光伏模組在其大約 30% 額定輸出的情況下來工作。屋主詢問是否從光伏模組發電應用於電熱水加熱器可能比使用平板集熱器直接加熱水更經濟。決定哪一個系統將產生最熱的熱水，做出以下假設：

- 對於 3 個陽光日中的每一個，太陽能熱水系統擷取 60% 的可用太陽能，而光伏模組卻僅將 18% 的太陽能轉換為電力。
- 每個系統每天運行 4 小時，並且晴天太陽能照明為 1.0 千瓦。
- 電能轉換為熱水的效率是 100%。

Chapter 8 風力

資料來源：Invenergy, LLC/NREL.

簡介

如何駕馭風力是幾世紀以來人類所面臨的挑戰。從最早的文明開始，風力便是力量與善變的象徵，作為一種斷斷續續的力量來來去去，在不預期時回歸。與來自陽光寂靜而細膩的能量不同，風力既凶暴又張揚，對早期的人們而言顯而易見。好幾個世代的水手、發明家及戰略家嘗試了無數捕捉風力的方式，考量出無數依不同構思與需求的設計。

儘管沒有確切考古學證據證實，但人們最早應在兩千年前的中國與巴比倫就已使用風車。古希臘與羅馬人並未將風力運用在商業上，但有將風力運用在管風琴風箱上的紀錄。然而，到了九世紀中葉，波斯人開始使用風力作為將水從河流運送至田中灌溉的方式；到了十世紀，風車成為在整個中東地區磨碎玉米粒的重要方法。荷蘭人則使用風車作為將水流提灌至低地；到了十六世紀，傳統風車的固定形態建構完成，成為直到今日我們仍能見到的樣式(圖8.1)。

圖 8.1　常見於十六世紀歐洲的傳統風車，使用帆布覆蓋四根長形木框來獲得風力。磨粉匠會依風力狀況調整這些帆布，並在強風狀態時將帆布撤下。現代大部分的傳統風車已無實際商業利益用途。© Olenandra/Shutterstock.com.

193

在古早時代，人們使用風車作為減少勞力與提高生活品質的方式。當河流不足以推動磨坊時，風力能夠將穀物磨成細粉、將水輸送至低地，以及切割木材。風車能夠將種子磨出植物油、將木材製成紙漿、將燧石與石膏磨碎作為水泥和陶土材料。

然而，由於風力的不穩定性限縮了它的用途，使得在其他能源可用的情況下時常被忽略。更有甚者，風力能源密度低再加上能量分散，使得早期的風車必須要有大型的結構來獲得足夠能量。雖然來自風力的能源是免費的，但因為以上這些限制使得風力在與其他能源競爭時顯得劣勢。

傳統風車從 1800 年代中期蒸汽引擎出現後開始式微。蒸汽引擎不但作為磨碎穀物的可靠方式，更能夠長距離運輸這些產品。散佈在鄉間各處的磨坊隨著在農業鄉間與都市集中工廠間的運費變得便宜後，逐漸在不被維修的狀態下閒置。主要以煤礦作為動力來源，蒸汽動力火車頭、內河船隻，以及越洋商船將貨物運輸至世界各地。煤礦能夠及時提供能量，不像風力只在風吹時有幫助，因而快速替換了過去風車的地位。作為水泵則是一個例外。

美國大平原地區的居民創造了風力的新需求 (圖 8.2)。在拓荒者開拓西部時，風車為這個農場與牧場裡大部分遠離其他動力來源的區域提供了必要的水資源。風力之所以成為運輸水的可用手段是因為水能夠儲存在蓄水池或水缸中，降低了因為風力不穩定持續所造成的影響。傳統大型四葉片風車後來由有著多風葉的小型風力泵所取代。較短的葉片讓風力泵在風力較小的狀況仍能轉動，但犧牲了效率與能量輸出。由於輸水能夠以較慢的速度進行，多扇葉風力泵仍算是理想的方式。到了 1890 年代，通常設置在格構形塔上方的美國風力泵，成為人類居住在大平原地區的標誌。牛仔在周遭畜牧、修建圍籬，並為風車齒輪上油。

圖 8.2　在美國大平原地區曾散佈著數以萬計的多葉片風力泵，為農場與牧場取得所需的水資源。有許多至今仍被使用在相同的用途上。資料來源：Jim Green/NREL.

將風力轉換為電力的想法最早能追溯到 1880 年代，但其成品對於實際運用而言太過異想天開。更有甚者，由於內部齒輪難以轉換為發電器所使用的可變負載，不論是傳統歐式風車或美式風力泵都不能簡單地轉換為發電用途。由於現存的風車需要大量改造才能發電，風力本身又無法保證能夠及時提供足夠能源，導致當時實際上用以發電的風車相當稀少。

在第一次世界大戰過後，工程師將在航空器螺旋槳所發展的科技應用到風力發電上。這些螺旋槳成為史上第一個風力渦輪，用以作為發電用途，而非磨碎穀物或水泵。經過許多的變形與改良，現代的風力渦輪能夠將 50% 的風力動能轉換為電力，而在圓筒式塔架上的三葉片螺旋變槳，則成為現代風力發電的象徵。

駕馭風力

水手在幾世紀以前便發現風帆船隻在側風而行的狀況下，比順風而行前進得更快。在順風而行時，船隻的速度無法超越風本身的速度——在這個速度時，風帆不斷以同樣速度遠離吹來的風，而使得風無法持續推進船帆加速 (圖 8.3)。然而，若船隻是側著風航行，不論船隻行進速度多快，風都能持續地推進船帆 (圖 8.4)。

側風航行運用風的方式與順風航行有所不同。在順風航行時，風單純的像降落傘一般推進風帆；而在側風狀態下，船帆伸展成曲狀反彈來自風帆兩側的氣流。在船帆鼓起一側的氣流較快，而形成一個較

圖 8.3　這艘船的風帆如降落傘一般，使用來自順風的牽引力推進船隻。這樣的簡單風帆僅在有風的狀況下使用。© David H. Wells/Photodisc/Getty Images.

低氣壓的區域。這樣因風帆兩面氣壓不同而形成的升力 (lift)，是垂直於風帆的 (如圖 8.5 所示)。船的龍骨限制了左右移動，而使船能夠向前航行。

如同駕駛船隻，風力渦輪能夠以不同方式從風力中提取能量，並且可分為以下兩個基本方式：

- 牽引式設計 (drag-based design)：如同順風航行，渦輪直接面對迎風方向，以槳、杯狀或降落傘構造捕捉風力。作用在這些表面上的力道屬於牽引力 (drag)——由風直接撞擊表面所造成。使用此種設計的簡易裝置包括直立式風車 (圖 8.6a) 與現代風速計 (圖 8.6b)。

- 升力式設計 (lift-based design)：大部分的現代風力渦輪使用空氣力學升力。如同飛機與直升機的螺旋槳，現代風力渦輪的葉片輕薄，尖細的表面被塑成翼狀。升力式的風力渦輪能夠在葉片本身速度超過風速時提取能量。

圖 8.4　利用升力，現代帆船能夠側風而行，並且達到比風速更快的速度。由於升力是垂直於風帆的，船隻需要龍骨來穩定左右擺動。Courtesy of Scott Grinnell.

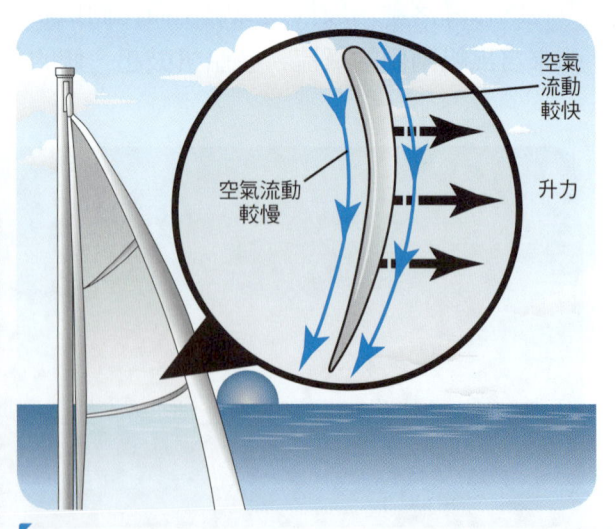

圖 8.5　風帆曲面的形狀使得空氣在鼓起的一側移動較快，造成相對另一側較低的氣壓。這樣在風帆兩側尖的氣壓差會創造出一股升力。© 2016 Cengage Learning®.

Chapter 8 風力

　　發明家在過去設計出相當多以牽引式風力為主的裝置，有些概念至今看來仍相當有趣。然而，所有牽引式風力設計都有著效率上較升力式設計低落的問題，理論上最大效能僅有升力式設計的四分之一。有鑑於此，現今以實用為考量的風力渦輪大多使用精確設計的葉片來駕馭風力，而非使用牽引式設計。

(a)

(b)

圖 8.6　(a) 圖中為一波斯直立式風車。在西元前 500 年便作為水泵與磨碎穀物用途，直立式風車以蘆葦綁上輕木架構，垂直旋轉。直立式風車代表一種最簡單但也最沒效率的牽引式風力設計。© 2016 Cengage Learning®；(b) 現代風速計是一種利用牽引式風力來測量風速的器具。杯狀風扇捕捉風力，並藉以垂直於軸心旋轉。葉片經過每個旋轉都會回到氣流中，然而由於風力在杯面上的作用力遠小於作用在杯子內部，因此葉片仍會以相同方向旋轉。Courtesy of Scott Grinnell.

延伸學習　空氣動力學升力的應用

　　升力不單能夠使船隻在側風中航行，更能讓飛機起飛、迴力鏢回歸，並讓風箏在空中滑翔。倒置的機翼稱作擾流板 (spoiler)，裝在賽車上能夠增加下壓力來改善牽引力。升力也讓鳥兒能在空中翱翔、魚群在水中游動，並引導細菌、風吹種子與飛鼠移動。

197

再生能源與永續性設計

風之力

風力渦輪的**轉子** (rotor) 將來自風的氣流動能轉換成轉軸的旋轉動能，轉軸連結至發電機最後產生電力。風力渦輪所能獲得能源的多寡取決於三個要素：風速、轉子所捕捉到的氣流量，以及空氣密度 (參見圖 8.7)：

- **風速** (wind speed, v)：風速同時決定了氣流本身蘊含的動能大小及其撞擊葉片的速率，使得它成為最具影響力的要素。事實上，一個風力渦輪所能取得的能量取決於風速平方。

- **轉子覆蓋區域** (rotor area, A)：轉子所能捕捉的風量取決於它在旋轉時覆蓋的區域大小，即旋轉的圓大小：$A = \pi r^2$，r 代表轉子半徑 (即每根葉片的長度)；也就是說，轉子越大，獲得的能量也越多。

- **空氣密度** (density of air, ρ)：空氣密度越大，氣流在撞擊葉片時的力道也越大。接近海平面的乾燥冷空氣密度較大，並且能夠比在高海拔的潮濕熱空氣提供更多能量。

這三個要素構成一個能夠取得風力多寡的方程式：

$$風力 = ½\rho A v^3$$

風力渦輪所捕捉的風力要比風中實際所包含的能量少得多，這是因為空氣必須持續通過渦輪的關係。風無法把所有的動能給予渦輪，否則空氣將會在渦輪後方停滯，使得後續空氣無法通過。理論上，最早由亞伯特・貝茲 (Albert Betz) 在 1919 年計算出一個理想的風力渦輪最高效率達到 59%。歐洲的四葉片傳統風車能源效率約為 7%，而美國的風力泵則少於 4%。

圖 8.7 風力渦輪從空氣柱中獲取能量，而此空氣柱的寬度取決於葉片大小，長度則取決於風速。風速越快，每秒迎上葉片的空氣柱長度越長。空氣密度越高撞擊葉片的力道越大。在三種要素——風速、轉子覆蓋區域，以及空氣密度——之中，風速是決定渦輪可用風力的最重要因素。© 2016 Cengage Learning®.

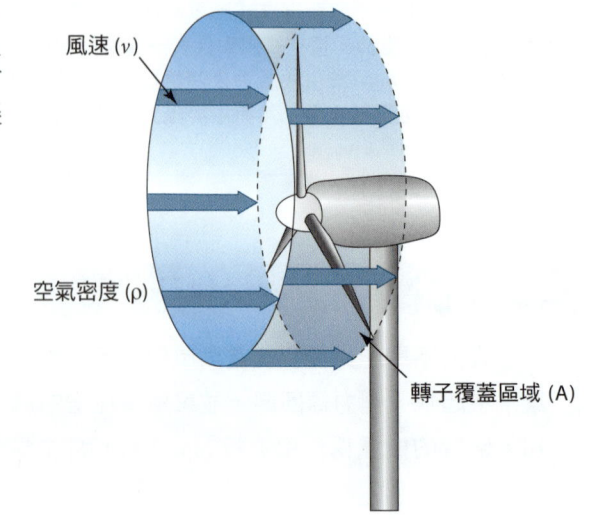

相較之下，現今最佳的渦輪能夠從風中取得超過 50% 的能量。眾多的因素會影響風力渦輪的效率，包括轉子葉片的形狀與間距、傳動機構，以及發電機類型。

例題 8.1

假設有一風力渦輪能夠在夏季風力達到 10 mph (英里/小時) 時，產出 10 kW 的能量。

a. 在夏季風力達到 20 mph 時，此風力渦輪能產出多少能量？
b. 在冬季，空氣密度比夏季要高出 15%，在風速為 10 mph 的狀況下，此渦輪能產出多少能量？
c. 假設此渦輪在維持其他設計不變的狀況下，延伸其葉片達兩倍長。在 10 mph 的夏季風速下，能夠產出多少能量？

解

a. 雖然此渦輪的其他細節並未在題目提及，但是在僅有風速改變的狀況下，其他兩個要素是不變的 (轉子覆蓋區域與空氣密度)。將 20 mph 下所產生的能量設為 P_2，並把已知 10 mph 下的能量設為 P_1：

$$P_2 / P_1 = \tfrac{1}{2}\rho A v_2^3 / \tfrac{1}{2}\rho A v_1^3$$
$$P_2 / P_1 = v_2^3 / v_1^3$$
$$P_2 / P_1 = \left(\frac{v_2}{v_1}\right)^3$$
$$P_2 / P_1 = (20/10)^3$$
$$P_2 / P_1 = 2^3 = 8$$
$$P_2 = 8 P_1$$
$$P_2 = 8 \times 10 \text{ kW}$$
$$P_2 = 80 \text{ kW}$$

將風速加倍會得到八倍的能量。由此可見，風速的些微變化對能量產出有相當大的影響。

b. 類似的類比方式也能夠運用在空氣密度的變化上 (這次則是假設風速與轉子覆蓋區域維持相同)。將冬季空氣密度下所產生的能量設為 P_2，並把已知夏季空氣密度下的能量設為 P_1：

$$P_2/P_1 = \tfrac{1}{2}\rho_2 Av^3 / \tfrac{1}{2}\rho_1 Av^3$$
$$P_2/P_1 = \rho_2/\rho_1$$
$$P_2/P_1 = 1.15/1$$
$$P_2/P_1 = 1.15$$
$$P_2 = 1.15\,P_1$$
$$P_2 = 1.15 \times 10\text{ kW}$$
$$P_2 = 1.15\text{ kW}$$

冬季較高的空氣密度僅較夏季些微提升了輸出能量。

c. 延長葉片能夠擴展轉子能夠攔截風的區域；同樣地，我們將延長葉片後所產生的能量設為 P_2，並把一般葉片所產生的能量設為 P_1：

$$P_2/P_1 = \tfrac{1}{2}\rho A_2 v^3 / \tfrac{1}{2}\rho A_1 v^3$$
$$P_2/P_1 = A_2/A_1$$
$$P_2/P_1 = \pi r_2^2 / \pi r_1^2$$
$$P_2/P_1 = \left(\frac{r_2}{r_1}\right)^2$$
$$P_2/P_1 = 2^2$$
$$P_2/P_1 = 4$$
$$P_2 = 4P_1$$
$$P_2 = 4 \times 10\text{ kW}$$
$$P_2 = 40\text{ kW}$$

延長葉片長度至兩倍能夠將轉子覆蓋區域延伸至四倍，將輸出能量同時增加四倍。

例題 8.2

假設有兩個設計相同的風力渦輪設置在同樣設計的兩座塔上，一座塔位在堪薩斯州的威奇多 (Wichita)，另一座塔則在奧克拉荷馬州的蕭尼 (Shawnce)。在威奇多有著穩定 8 小時的 20 mph 風速，在蕭尼則是 4 小時的 10 mph 風速及 4 小時的 30 mph 風速。雖然以平均而言，兩座塔 8 小時的平均風速皆為 20 mph，能產出的風力能源卻並不相同。位於哪一處的風力渦輪能產出更多能量？又多出多少？

解

可獲得能量 (kWh) 代表能量 (kW) 乘以時間 (小時)。在威奇多的狀況，我們僅需計算持續 8 小時的能量；在蕭尼的狀況，我們需要分別計算前 4 小時風

速為 10 mph 的狀況及後 4 小時風速為 30 mph 的狀況。由於題目並未提供空氣密度與轉子覆蓋區域，本題目僅能在分別計算兩地情況如何後做比較：

威奇多

能量 = 動力 × 時間

$E_w = ½ρA_1v^3 ×$ 時間

$E_w = ½ρA(20 \text{ mph})^3 × 8 \text{ hr}$

$E_w = ½ρA(8000 × 8)$

$E_w = ½ρA(64,000)$

蕭尼

能量 = 動力$_1$ × 時間$_1$ + 動力$_2$ × 時間$_2$

$E_s = ½ρA(10 \text{ mph})^3 × 4 \text{ hr} + ½ρA(30 \text{ mph})^3 × 4 \text{ hr}$

$E_s = ½ρA(1000 × 4) + ½ρA(27,000 × 4)$

$E_s = ½ρA(4000) + ½ρA(108,000)$

$E_s = ½ρA(112,000)$

這些等式相除，得出了兩地情況的比較：

$E_s / E_w = ½ρA(112,000)/½ρA(64,000)$

$E_s / E_w = 112,000/64,000$

$E_s / E_w = 1.75$

經過了 8 小時，在兩地平均風速相同的狀況下，位於蕭尼的渦輪提供比位於威奇多的渦輪多出 75% 的能量。在蕭尼，有著 30 mph 風速的 4 個小時提供幾乎所有的能量，這顯示高風速對於能量產出結果的戲劇化影響。

風力品質

所有類型的風力渦輪皆需要良好的風力品質方能發電。風力品質 (wind quality) 是評斷當地風力狀況是否適合發電的標準，以下列兩個指標為依歸：

- **風力強度**：約在 10-40 mph 的風速時，在提供足夠能量的情況下，而不會過度耗損渦輪零件。過弱的風僅能提供少量能源，並且效益可能不足以推動內部元件；過強的風則可能損毀渦輪，並導致故障。

圖 8.8 如同圖中的樹一般的障礙物製造出一團會延伸順風至障礙物 20 倍高度以上的擾流空氣塊，使得風力品質低落且不適宜風力發電。© 2016 Cengage Learning®。

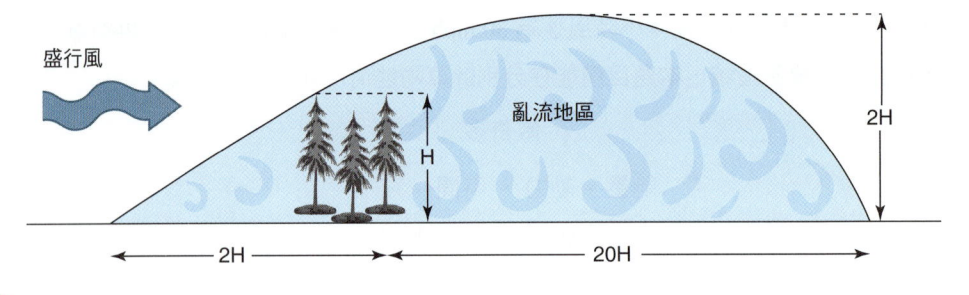

- 穩定流量 (uniform flow)：風力渦輪僅能利用無亂流、不會突然轉向的穩定氣流發電。旋轉葉片無法敏捷地應付善變的風向，而在亂流中動能會被無端消耗；比起製造電力，亂流會損毀轉子及其他零件，造成渦輪的提早失能。

因此，優良的風力品質 (high-quality wind) 代表風必須強而穩定、無亂流 (turbulence)，並且有著不被干擾的氣流。如樹木與建築等高聳的障礙物會降低風速，並且製造出延伸順風至障礙物高度 20 倍長度以上的亂流區。也就是說，一排高 25 英尺的樹木所製造的亂流區能夠為 500 英尺外的風力渦輪造成影響，如圖 8.8 所示。

就算在免除高聳障礙物的地區，風速仍會因靠近地面而有顯著降低。與地面之間的摩擦拖住氣流使風速降低，地面越是粗糙，這種降低風速的效果越高。

現代風力渦輪

現代風力渦輪的大小各異，範圍從很小型用在帆船上 (圖 8.9) 與偏遠房屋作為充電用途，到能夠攢出上千萬瓦特電力大型的商業發電機 (圖 8.10)。這些渦輪葉片長度最短可能短於 1 英尺，最長則能超過 300 英尺 (參見圖 8.11)。

儘管有著許多不同的大小，無論是自家用或商業用途，所有風力渦輪運作的原則都是相同的。幾乎所有的現代風力渦輪皆使用升力，而非牽引力設計來提取風力，並且能夠分為兩種基本類型：軸心水平型風力渦輪 (軸心水平於地面旋轉) 及軸心垂直型風力渦輪 (軸心垂直於地面旋轉)。此兩種設計各有優劣，而設置在高聳柱子上的軸心水平型渦輪是最為常見的形式，特別是用在商業發電時。

Chapter 8 風力

圖 8.9 一個裝在帆船上用以充電的微型風力渦輪。此渦輪的直徑為 3 英尺，能夠提供最高達到 400 瓦特的電力。© iStockphoto.com/John F. Scott.

圖 8.10 這座坐落在蒙大拿的商業風力發電機組有著直徑 225 英尺的葉片，能夠產出超過 100 萬瓦特的能量，足以提供 500 個家庭用電。資料來源：Klaus Obel/NREL.

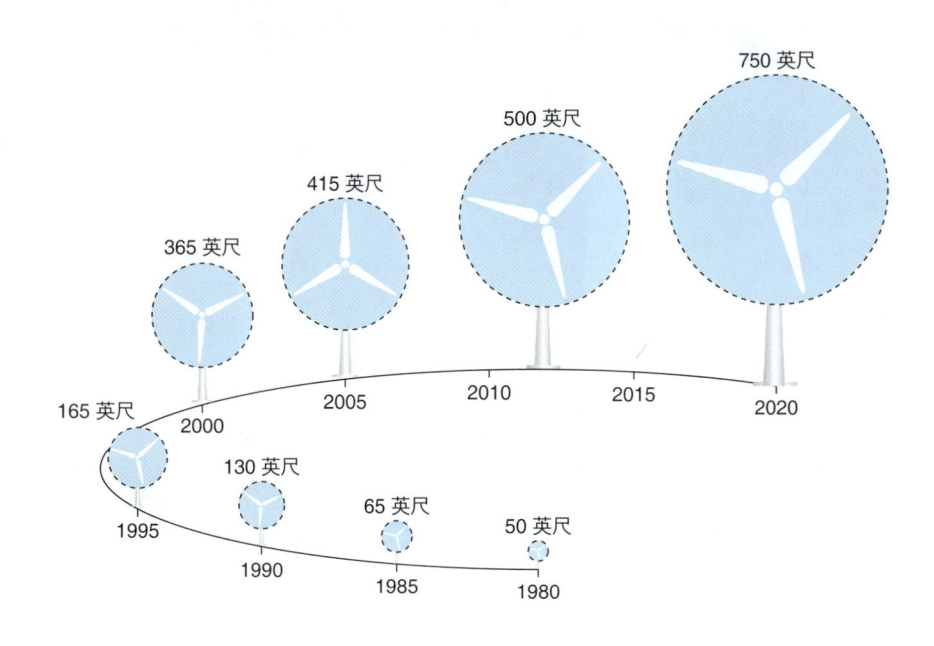

圖 8.11 從用在帆船上來為電池充電的微型渦輪，到提供整個住家電力的發電渦輪組，再到足以供給一座小型城市用電的大型風力發電機，風力渦輪有各種大小的類型。© 2016 Cengage Learning®.

203

再生能源與永續性設計

軸心水平型風力渦輪

由於**軸心水平型風力渦輪** (horizontal-axis wind turbines) 必須迎風才能發電，因此需要能夠時常調整渦輪面向的機關。在小型渦輪上，這樣的機關時常僅是附加一個尾部葉片 (圖 8.12a)；而在大型商業風力發電機上，則是使用附加在頂部的風向感測器，引導電力馬達來轉向 (圖 8.12b)。

在軸心水平型風力渦輪上的葉片，其移動方向與風向垂直，使得這種構造能夠在葉片旋轉的整個循環皆能駕馭風力，有效率地轉化為電力。

幾乎所有的軸心水平型渦輪皆是以固定在高塔上的形式構築，因為高處的風力較強並且較無亂流。較佳的風力品質使渦輪機組能夠轉換更多電力，並減少零件損耗。然而，將所有的可動物件固定在一座高塔上使得安裝與維護變得困難，尤其是風力渦輪又是個需要時常維護的精密器具。在複雜性高的商業風力發電機組中，這種問題又特別明顯 (參見圖 8.13)。

圖 8.12　(a) 這座葉片長 11.5 英尺的軸心水平型風力渦輪有著 400 平方英尺的轉子覆蓋區域，並且能夠提供 10 千瓦的電力。這座渦輪提供電力給位於華盛頓州海岸的 Tatooh 島燈塔。資料來源：Ed Kennell/NREL. (b) 這個商用規模軸心水平型風力渦輪作為楓樹嶺風力發電廠的一部分，俯瞰位於紐約州北部的一處住宅區。資料來源：PPM INC./NREL.

軸心垂直型風力渦輪

軸心垂直型風力渦輪 (vertical-axis wind turbines) 能夠從來自任何方向的風取得能量，而不需調整位置。不須使用尾翼及感測器控制轉向馬達簡化了設計難度。齒輪組 (變速箱) 與發電機則設置在風力渦輪的地面基座，使得維修相對而言容易許多。然而，這樣的渦輪設計限縮了塔式結構的可能，尤其對商業大規模發電而言影響甚鉅。因此，大多數軸心垂直型風力渦輪便直接架設在風力品質不佳的地面上 (圖 8.14)。

軸心垂直型風力渦輪由於葉片在旋轉的過程中有一半的時間逆風，因此效率通常較軸心平行型風力渦輪要來得差。更有甚者，這樣因迎風與背風不斷反覆的狀況，讓葉片更容易老化而影響整體的使用年限。也由於這樣兩股對稱的往復風力，有時葉片即使在可運作的風速下，仍需要由電力馬達先行提供初始轉速才能開始轉動。

有鑑於這些原因，現有的商業規模軸心垂直型風力渦輪發電廠並不多。但在另一方面，由於其時髦的設計與迷人的美感，軸心垂直型風力渦輪在住家自用市場仍令許多消費者感興趣。而在高樓屋頂環境下，由於能夠無視因周遭其

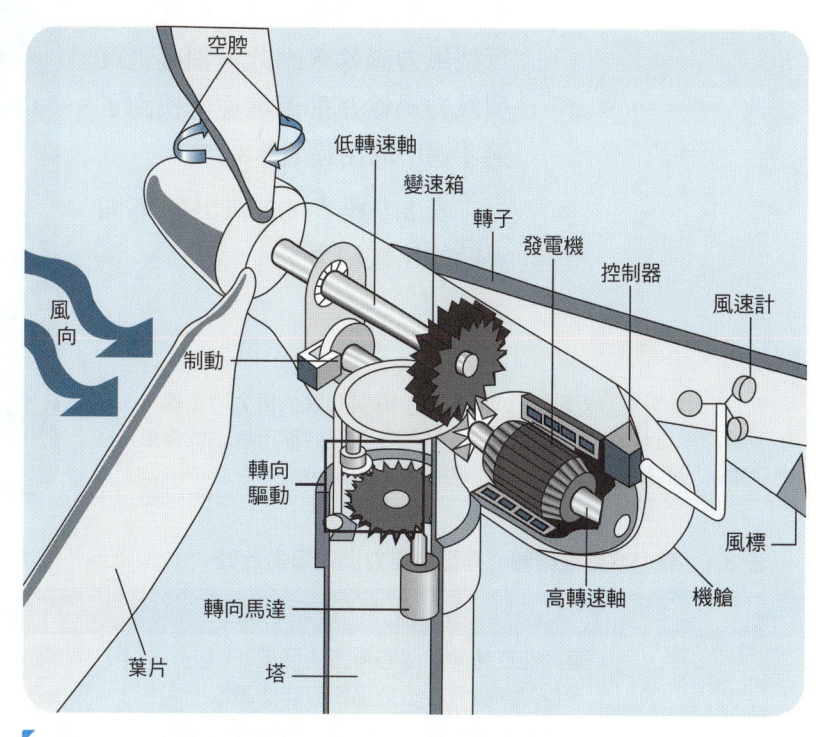

圖 8.13　大多數的商業風力渦輪會限制葉片的轉速，藉以降低噪音並提升效能。齒輪組 (變速箱) 將葉片轉子的低轉速運動轉換到發電機組的高轉速發動機。大多數的商業風力渦輪使用變槳增進效率，並仰賴轉向驅動馬達讓渦輪時時面對風向。固定在外殼上的電子感測器偵測風速與風向，並將訊號傳至螺旋槳和轉向馬達指揮其動作。© 2016 Cengage Learning®.

圖 8.14　坐落在加州阿爾他蒙特的大流士式軸心垂直型風力渦輪有 60 英尺高，能夠產出 240 kW 的電力。© spirit of america/Shutterstock.com.

他建築所導致的亂流，小型軸心垂直型風力渦輪效能超過軸心平行型風力渦輪。因此，軸心垂直型風力渦輪在都市環境下找到了適才適所的用途 (圖 8.15)。

表 8.1 與表 8.2 列出了不同渦輪的比較結果。

圖 8.15 如同這座能產出 6 kW 電力的 10 英尺高的風力發電機，小型軸心垂直型風力渦輪擅長在空氣品質不佳的都市地區取得風力發電，因而被運用在住家與商業建築上。© iStockphoto.com/Kim Dailey.

▼ 表 8.1　軸心水平型與軸心垂直型風力渦輪優劣比較

渦輪類型	優點	缺點
軸心水平型	• 葉片在旋轉的整個過程皆能發電 • 渦輪通常設置在風力品質較佳的高塔上 • 可調整的葉片在各種風速下皆可維持控制 • 渦輪能在低風速下運轉	• 渦輪必須迎風 • 設置在高處的齒輪箱與發電機使得維護不易 • 高塔使得安裝費較貴
軸心垂直型	• 渦輪能從任何角度吹來的風中獲取能量 • 設置在地面的齒輪箱與發電機讓維修較簡易 • 渦輪在亂流下仍能有較佳表現 • 不須蓋高塔，因而安裝費較便宜 • 渦輪所需地基較小，並且對地面壓力較小，增進了屋頂設置的可行性	• 葉片時而逆風，影響效率 • 固定式葉片使得容易在高風速下失控 • 有時渦輪無法自行轉動 • 葉片容易因為往復風力而老化受損

© 2016 Cengage Learning®.

▼ 表 8.2　軸心水平型風力渦輪樣式比較

性能	微型	住家型	中型	商業型
轉子直徑	2-10 英尺	10-25 英尺	30-100 英尺	200-600 英尺
額定功率	最高 1 kW	1-10 kW	20-250 kW	1.5-12 MW
額定風速	20-30 mph	20-35 mph	20-30 mph	20-40 mph
最低塔高	30-100 英尺	60-100 英尺	100-200 英尺	200-500 英尺
速度控制	收折	收折	變槳/失速控制	變槳控制
轉向手段	尾翼	尾翼	轉向馬達	轉向馬達
安裝費用 (包含塔台)	2000-12,000 美元	18,000-75,000 美元	125,000-400,000 美元	200 萬-1500 萬美元

© 2016 Cengage Learning®.

運作限制

現代風力渦輪在設計上有風速的限制。雖然每個渦輪的設計不同，但所有的渦輪在設計時都必須考慮到限制安全的運作速度。

渦輪內部所具有的慣性與摩擦力，使得風速必須達到一定水準渦輪才能開始轉動並產生電力，這樣的速度稱作介入速度 (cut-in speed)。風速小於介入速度，則渦輪將不會轉動且不會產生電力；相對地，在相當大的強風中，渦輪可能會超過結構限制的高速轉動，超載馬達、動力傳動系統，以及發電機。渦輪可運作的極限速度稱作抽離速度 (cut-out speed)，而渦輪在設計時必須考量到在這樣的速度下如何限制或終止運作。

住宅用渦輪的可運作風速 (operational wind speeds)(速度範圍介於介入速度與抽離速度間) 通常介於 6-40 mph，而商用大型渦輪則是介於 8-55 mph 之間。大多數的商用渦輪能夠在 25-35 mph 時產出最高能量，稱作額定風速 (rated wind speed)，並且在更高風速時散溢能量 (參見圖 8.16)。

風力渦輪的額定功率僅在風速相當於或超過額定風速時才會符合產出。在實務上，這並不常發生。商業規模下，風力渦輪實際上僅有 20%-40% 的時間能達到額定功率。

依渦輪大小而定，各種渦輪有著不同措施防止在強風下過載運轉。小型家用風力渦輪以脫離氣流的方式為主，例如，將葉片轉向至上方或是側傾。這種做法稱為收折 (furling)，如圖 8.17a 所示。收折下的渦輪固定在塔的一側，如此一來在強風狀態下，施加在轉子上的壓力會迫使整個渦輪機組轉向 (圖 8.17b)。彈簧樞紐、砝碼或液壓會決定收折下的風速。

大型風力渦輪則以下列三種方式限制風速：

- 變槳控制 (pitch control)：以可變槳作為葉片的渦輪能夠依風速狀況調整形態，使葉片平行於風向讓氣流更容易通過，而降低產生的升力 (圖 8.18a)。這種方式是控制渦輪能量輸出的最好方式，幾乎所有的現代大型渦輪機組都使用變槳控制。

再生能源與永續性設計

圖 8.16 風力渦輪所產生的動力差異很大，在介入速度時為零，而在額定風速時到達最大值。當風速超過額定風速時，動力的輸出依然會保持原樣，而渦輪為了散去過多的能量會減低效率。此一渦輪在額定風速每小時 29 英里時擁有 200 萬瓦特的額定動力輸出。

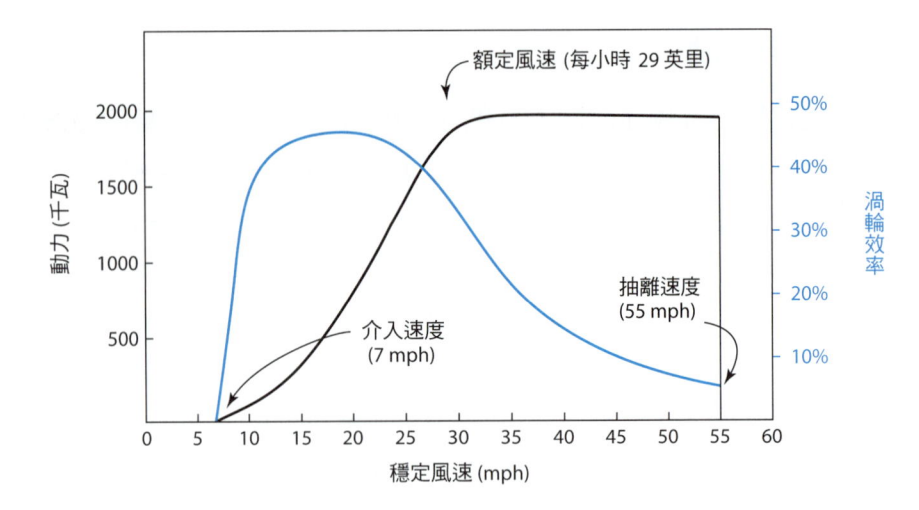

圖 8.17 當風力渦輪收折時，它會被導離氣流。這能顯著降低產出能源效率，並且減少多餘轉動。(a) 資料來源：Doug Nelson/NREL. (b) © 2016 Cengage Learning®.

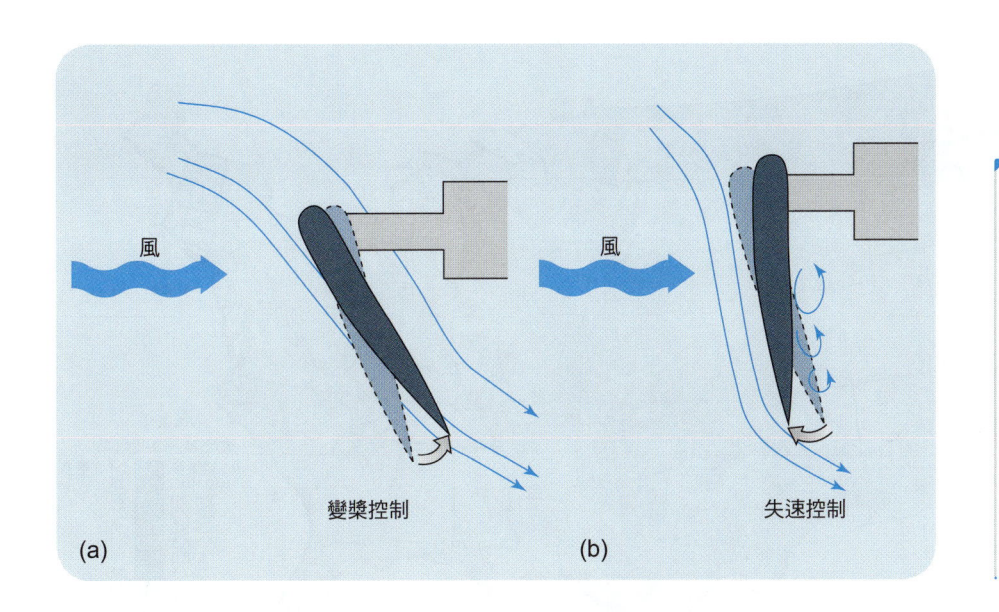

圖 8.18 將葉槳引導至更加平行於風的方向減少升力，並降低葉片攔截的風力。將葉槳引導至更加垂直於風的方向，也就是失速控制，是限制風力輸出的另一種方式。然而，失速控制同時也會加大風在葉片上的牽引力。© 2016 Cengage Learning®.

- 失速控制 (stall control)：相對地，除了將葉片轉為水平於風向之外，也有將葉片轉為與風向更加垂直的方式。這樣的做法稱作失速 (stalling) 控制，以在葉片後方製造亂流來破壞升力 (圖 8.18b)。最大化風力對葉片的作用力，這種方式卻也增加風對轉子與塔台本身的負擔。
- 被動失速 (passive stall)：對於使用不可變槳的渦輪來說，葉片能夠設計成在風速過高的狀況下，製造出失速狀況的類型。葉片從頭到尾會有著曲線，促使葉片最後失速並防止磨損。

選址

選擇一個適合設置風力渦輪的地點，需要對當地諸如常時風速與風向、障礙物地點、離居住地，以及電力設施距離等的環境調查。

風力資源地圖，如圖 8.19 所示，提供在不同地點的年均風速。然而，這類地圖鮮少標示評斷該地是否有風力發電潛能的實際風速年度分佈 (如在例題 8.2 所示)。當地詳細環境也是風力資源地圖所無法提供的資訊。一個正式的選址評估通常包含對於風速的多年觀察、檢視植被指標，以及其他氣候狀況。格利斯-普特南指標 (Griggs-Putnam Index，參見圖 8.20) 以針葉林變化作為判斷風力的依據，有時能夠作為選址判斷的工具。

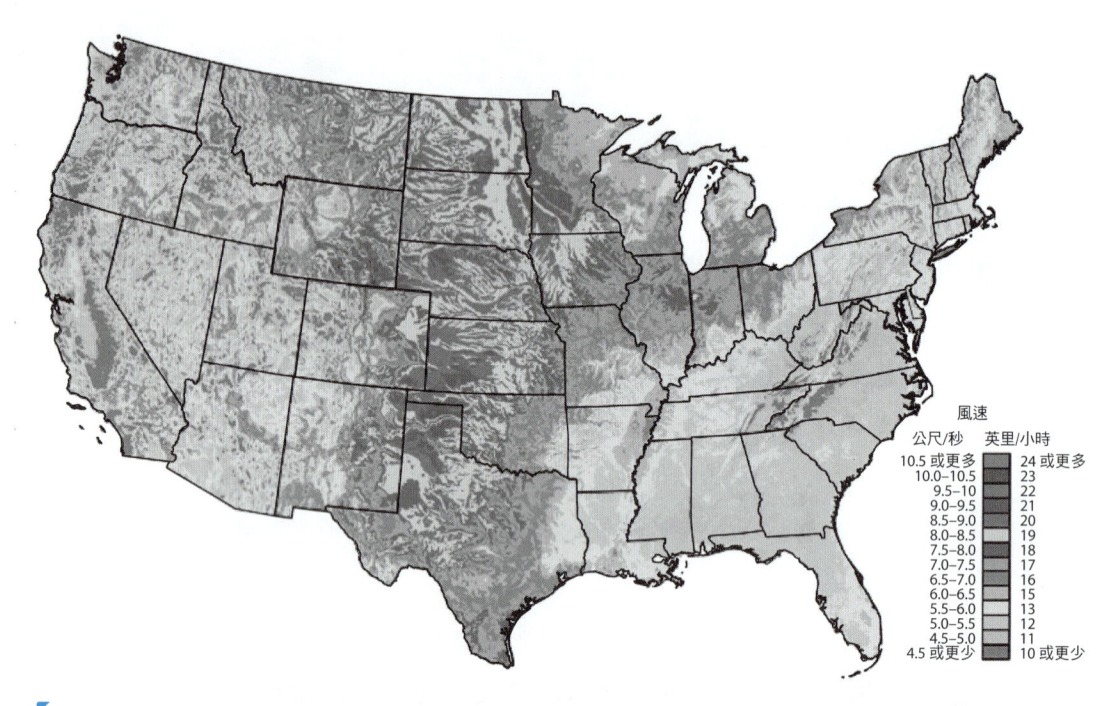

圖 8.19　以離地面 80 公尺 (260 英尺) 測量的年均風速提供美國各地的風資源分佈概況。© 2016 Cengage Learning®. 資料來源：改編自 AWS Truepower™ and the National Renewable Energy.

　　評估地面依地形變化而有所不同的粗糙程度，能夠使選址者推斷該地區不同高度下的風速，並藉以判斷風力機組合適的塔高。

　　高塔建造所需原料較多，並且需要深入土壤或是厚重的地基才能維持牢固，建築高塔所需的昂貴費用，使得住宅規模風力發電機組每單位產出能源成本較商業規模來得更高。然而，不論何種規模，風力作為難能可貴的潔淨能源，對於偏遠地區的住宅、農場，以及小屋等，仍能提供有效利用。

環境影響

　　尤其是在與一般常規使用石化燃料的發電方式相比之下時，風力發電對環境所造成的衝擊可說是非常小。風力渦輪在運轉時不會排放二氧化碳及其他會造成酸雨與霾害的汙染物。風力發電沒有排放輻射性汙染物、有毒化合物與重金屬問題，亦不會汙染空氣與水。

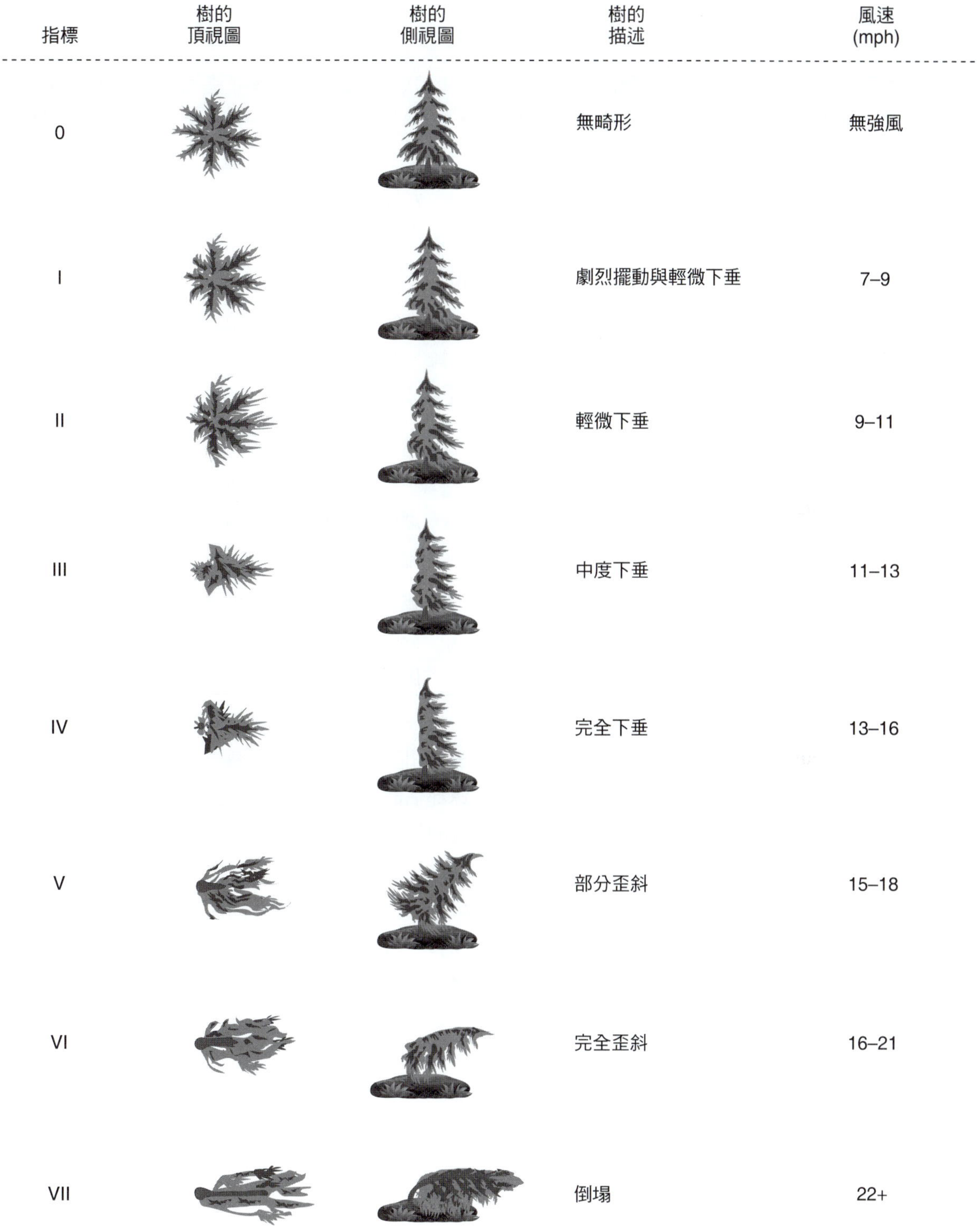

Chapter 8 風力

指標	樹的頂視圖	樹的側視圖	樹的描述	風速 (mph)
0			無畸形	無強風
I			劇烈擺動與輕微下垂	7–9
II			輕微下垂	9–11
III			中度下垂	11–13
IV			完全下垂	13–16
V			部分歪斜	15–18
VI			完全歪斜	16–21
VII			倒塌	22+

圖 8.20　常綠樹種能夠作為評估風力狀況的指標，其與風力的關聯性如圖所示。選址者可利用樹木所提供的資訊判斷該地風力資源優劣。© 2016 Cengage Learning®.

延伸學習　潮汐發電

淺海的潮汐有很大一部分受到風力吹拂及地球自轉與地形的影響。由於太陽的不均勻照射是風形成的主因，潮汐 (ocean currents) 也被視為太陽能的一種形式。

水下渦輪從潮汐中獲得能源的方式猶如風力渦輪從風中取得能量一般。兩者皆是轉換流動介質──空氣或水──的動能成為電能。

如同風力一般，潮汐發電所能獲取的能量多寡取決於三個要素：潮汐流速、轉子覆蓋範圍，以及海水密度，並有同樣的公式：$P=½ρAv^3$。雖然與風速比起潮汐的流速較慢，但海水的密度要比空氣密度高出 830 倍以上，因此海流仍蘊藏著大量的能量。

雖然人們自 1970 年代中期就開始思考潮汐發電的可行性，但至今仍未有系統性的潮汐發電設施建造。美國、日本、中國、英國，以及加拿大則是有測試原型機的計畫。海洋對於機械設施並不是友善的環境，在設計上有著為數不少的挑戰。在潮汐發電機的設計上，至少要避免下列問題：

- 海水會使基礎結構、固定纜線、轉子、發電機，以及電線更容易腐蝕。
- 諸如藤壺、貝類，以及藻類等的海洋生物可能聚積在渦輪上，造成葉片損毀並降低效率。
- 葉片在短時間內形成並摧毀氣泡會形成氣穴 (cavitation) 效應，導致亂流產生。氣穴會降低轉子效率，進而導致零件毀損與渦輪當機，如同空氣亂流對風力渦輪所造成的影響。

潮汐渦輪同時必須極少化維修需求、避免魚類與海洋生物損害，並減少對於航道、魚場和戲水用途的干擾。

雖然因為要設置在海洋環境下而有不少困難，但潮汐發電仍較風力發電有下列幾項優點：

- 潮汐海流相較風力提供更高的能源密度，相對小型渦輪便能產出大量能量。
- 潮汐與風相比較為穩定，能夠作為公用發電的穩定供給方法。
- 雖然海面下的渦輪維修較不易，但也減少對視覺景觀的衝擊──而這是一般人對於風力發電廠的最大抱怨之一。

在美國較為適合潮汐發電的地點包括佛羅里達州東岸的佛羅里達海峽流與灣流。美國能源部估計，該地區每平方英尺能產出約 100 瓦特的能量，總共只要其中的三百分之一便能提供整個佛羅里達地區所需的電力。然而，部分科學家擔憂，若真的從海流中擷取如此大量的能量，可能會造成劇烈的環境影響，例如，減慢海流流速、更改灣流路徑或改變周遭如出海口等較為敏感生態系統的水文狀況。無論如何，水下渦輪作為除了風力以外的另一選擇，提供一種對環境影響較低的可再生能源。

商業風力發電是目前可再生能源之中較便宜的一種，和其他發電設施相比能夠以更快的速度搭建，環境影響也較小。風力渦輪所產生的能源通常可抵銷建造與安裝所造成的隱含能源。風力發電塔台能夠

建築在農場與牧場等空曠地區，在降低對環境影響的同時，也提供地主額外的土地使用費與租金收入 (圖 8.21)。

許多過去風力渦輪為人詬病的問題，例如旋轉時發出的巨大噪音，已藉由降低轉速、重新設計葉片，以及在遠離人煙的地區放置渦輪機組等手段解決。過去能夠遠從四分之一英里便能聽見的巨大渦輪聲響，現在則比在圖書館裡還安靜。不幸地，一些在住宅區運作的小型風力渦輪因為必須以高轉速運作，仍會產出較大的噪音，打擾鄰里的同時也使人們對風力發電的印象有所誤解。

現代風力渦輪實際上不再會對鳥類造成威脅。儘管大眾對於此類議題相當關注，但已有許多關於鳥類死亡的研究顯示，風力渦輪對鳥類所造成的傷害遠遠不及高聳建物 (高樓、塔、電塔、電線桿)、車輛、電線，甚至家貓。葉片較緩慢的旋轉速度，再加上塔台本身為管狀設計來防止鳥類駐足停留，大幅降低鳥類死亡率，使得早期的風力渦輪設計惡名昭彰的問題已有顯著改善。

設置靠近機場或是軍事基地的風力發電機可能會干擾地面雷達。當設置在訊號來源與接收者之間時，風力發電機也有可能影響廣播與電視訊號。在被陽光照射時，風力發電機間歇性的陰影也令人厭煩。然而，以上這些問題都能藉由謹慎的選址來解決。在各個相關單位已有對於風力渦輪位置的規範，藉以避免這些問題。而較小型的住宅用風力渦輪因為大小的緣故，通常不會造成以上困擾。

風力渦輪對環境最大的影響，尤其是商業規模的風力發電，主要在於視覺上的景觀破壞 (圖 8.22)。在農村地區，風力渦輪被指責為與地景格格不入。不像常規發電設施通常設置在都市，風力渦輪有時設置在景觀地區，形成異類的景象。以較為美觀的方式排列渦輪機，並統一渦輪的大小、顏色、樣式，以及旋轉方向可以稍微解決這個問題。通常一座大型風力渦輪要比一堆小型風力渦輪所造成的視覺干擾來得少。風力發電機通常會將電纜埋在地下來減少其工業化的特徵，並且使用能跟地景融合的漆色。

圖 8.21 許多農夫發現租地給風力發電機是有利可圖的。這些渦輪在僅些微干擾農作與畜牧的狀況下，創造了可觀額外收益。資料來源：Ruth Baranowski/NREL.

再生能源與永續性設計

將風力渦輪設置在離岸地區是一個降低視覺衝擊的可行方案，使風力發電廠離濱海城市夠遠而不被看見(圖 8.23)。然而，離岸設置有著許多的挑戰需要克服，包括腐蝕性的海風、海上變化多端的氣候、如何建構地基，以及如何將產出的電力傳送到陸上配電所。但離岸設置不僅能夠將風力渦輪遠離人群目光，由於海洋相對而言是一個平坦的表面，提供高品質風力的同時，還讓建築更大型而強力的風力渦輪成為可能。

圖 8.22 許多批評者認為，大型風力發電廠創造出無趣的景觀，並破壞當地景致。資料來源：PPM INC./NREL.

圖 8.23 因為遠離人群目光，離岸設置風力渦輪能降低對景觀的衝擊。資料來源：Robert Thresher/NREL.

Chapter 8 風力

個案研究 8.1

明尼蘇達莫里斯大學

地點：明尼蘇達州中部 (北緯 45.5 度)

背景：明尼蘇達莫里斯大學坐落在明尼蘇達州中西部草原，文學部有 1900 位大學生與明尼蘇達大學中西部研究與推廣中心 (WCROC) 合作。2005 年，WCROC 安裝了一座輸出功率 1.65 MW 的維士塔 (Vestas) V82 型風力渦輪來為校園供電。到了 2011 年 2 月，由學校贊助建設的另一座風力發電機開始運作 (圖 8.24)。這兩座風力發電機提供校園所需的所有用電，並達到碳平衡。為了達到這個目標，學校也建設一座生質能電廠，能夠將玉米稈與雜草渣轉換為熱能和電力。一座由 32 片太陽能板組成的系統則為校園的泳池加溫，還有一座功率為 2.6 kW 的光伏陣列提供額外電力。

建案描述：維士塔 V82 型渦輪是一個三片葉片 (葉片圓周直徑達到 270 英尺) 的軸心水平型風力渦輪，轉子設置在 230 英尺高的圓柱上，介入風速為 8 mph、抽離風速為 45 mph。在達到額定風速 29 mph 的情況下，此渦輪能夠產出 1650 kW 的電力 (圖 8.25)。三片葉片皆有獨立的變槳控制限制在高風速下的過載運轉。渦輪在運作時約維持每分鐘 14 轉的轉速，該地平均風速約為 16 mph。

成本分析：2011 年由學校出資建構的風力渦輪建構成本為 4400 萬美元，每年維護成本則為 67,000 美元。學校並與當地電力公司簽訂合約，每額外千瓦的電力可獲得 0.08 美元回饋。由於本風力渦輪每月平均能產出 450,000 kWh 的電力，因此每月能為學校提供 36,000 美元的收益，每年收益達到 430,000 美元，約是其建構成本的 8%，只需 12 年便能回本。圖 8.26 顯示兩座風力渦輪在學校所產出的電力。最大的電力產出 (從 2011 年 3 月開始) 則顯示第二座由學校出資的風力渦輪開始運作。

雖然總體而言，兩座風力發電機組所輸出的電力每年超出校園所需的電力約 100 萬 kWh，學校

圖 8.24　Courtesy of Kari Adams, Graphic Designer, University of Minnesota, Morris.

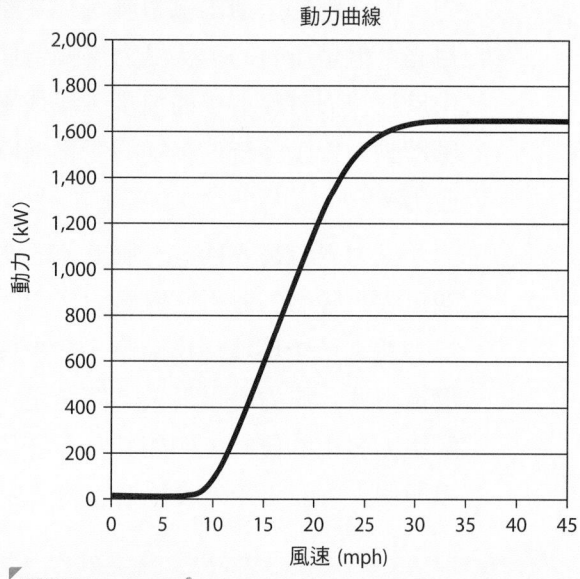

動力曲線

© 2016 Cengage Learning®.

再生能源與永續性設計

仍因為風力渦輪主要產出能源時間為校園電力需求的夜間，而必須向電力公司購買電力。在夜間，額外產出的電力會以離峰電價賣給當地電力公司，而在日間需要用電時則以高峰電價買回。平均而言，風力渦輪實際上只提供校園所需47%的電力。有鑑於此，校園未來建構再生能源發電設施時將著重於能在日間有效發電的方式，例如，擴張現有光伏陣列或是生質能發電設施。

圖 8.26　Courtesy of Kari Adams, Graphic Designer, University of Minnesota, Morris.

本章總結

從古代人類社會便開始嘗試駕馭風力，並從風車作為泵與磨粉用途的悠久歷史中，吸取經驗塑造出風力發電機。雖然長久以來，牽引力設計吸引了無數發明者的目光，但是所有的現代風力渦輪皆使用空氣動力學升力原理作為駕馭風力的手段。由於科技與材料科學的進步，現代風力渦輪以強韌、輕量化並精準製造的葉片、低摩擦動力傳動系統、精細的變槳機關，以及高效率發電機，來降低維護難度並提高產出。

風力渦輪需要穩定、無亂流的空氣來產出電力，而風速對於產出電量的多寡至關重大，些微的變化便對風力資源的品質有相當大的影響。與其他發電方式相比，風力發電給予環境極小衝擊——少於其他大多數的再生能源，並且遠小於其他常規發電方式。風力發電最大的問題是，其對景觀視覺方面的衝擊，但藉由推廣大眾了解風力發電的優勢，例如其為無汙染的發電方式，對於促進經濟以及對於社群、農場與個人可能有額外收益，能夠減少此負面效應。

複習題

1. 商業風力發電是目前發展最快的再生能源。你認為風力發電在商業規模下比起其他再生能源有何種優勢？

2. 在下列條件下比較居家自用規模的風力與太陽能發電：

    a. 選址需求

    b. 建構成本

    c. 能源產出的長期成本

    d. 維護需求

    e. 在初始系統以外的可擴張性

    f. 與公用電網間的兼容性

    g. 建築一體化選項

3. 居家自用規模與商用規模風力渦輪的主要差異為何？這與住家自用規模與商用規模光伏發電有何種對比？

4. 風力與太陽能發電在哪些地方互補？為什麼這對獨立於公用電網的應用上特別重要？

5. 一座在安地斯山脈多風地區建設的風力渦輪，雖然其大小適切於該地風力資源，但仍被發現產出能源低於其額定功率。請提出兩個可能的原因。

6. 在十六世紀常見用以磨碎穀物的風車，時常出現在缺乏有力水流於河川的區域。為何會有這種狀況？

7. 傳統四葉片荷蘭風車所使用的風力屬於牽引力或升力？美國的水力泵又是使用哪一種？

8. 風力計是一種使用牽引力的儀器。為何沒有人將它更新使用成更具效率的升力原理？

9. 在下列何種情況下風力渦輪能產出的能量較高：穩定的 10 mph 風速與帶有亂流的 20 mph 風速？為什麼？

10. 住家的風鈴與風車裝飾是典型的牽引力裝置。對於這些裝置來說，為什麼應用牽引力會比使用升力更好？請用一個以上的理由解釋。

11. 為什麼雖然尾翼時常作為居家自用規模的小型風力渦輪在高風速下控制渦輪的方法，但在大型商用規模風力渦輪上卻不常採用？

12. 使用圖 7.15 的太陽能資源地圖與圖 8.19 的風力資源地圖，選出美國最適合同時發展太陽能和風力發電的地點。

練習題

1. 一座位於美國堪薩斯州的風力渦輪有著比另一座在內布拉斯加州的風力渦輪短上一半的葉片，但卻有著兩倍的風速。若其他條件都相同，哪一座風力渦輪能產出較高能源？多出多少？

2. 一座介入速度為 6 mph、抽離速度為 36 mph 的風力渦輪，能夠在風速為 20 mph 的情況下產出 1.6 kW 電力。請以下列風速環境下計算一天 24 小時能產出多少電力：

a. 持續 6 小時風速 5 mph

b. 持續 6 小時風速 10 mph

c. 持續 6 小時風速 20 mph

d. 持續 6 小時風速 40 mph

3. 某座坐落於美國蒙大拿州的風力渦輪，夏季時風速為 25 mph，冬季時風速則為 23 mph，冬季時空氣密度增高 15%。該渦輪在夏季或冬季時何者產出能量會較高？高出多少？

4. 有一座商用風力渦輪有著 220 英尺長的葉片，另一座位於同樣地區的住宅自用型渦輪則有著 10 英尺長的葉片，並豎立於同樣高度的山丘上，有著同樣的風力品質。假設兩者運作效率相同，若居家自用型渦輪能夠產出 10 kW 的電力，該商用風力渦輪能產出多少電力？

5. 一座設置在堪薩斯州道奇市的風力渦輪，其最高輸出功率為 3 kW，在風速為 25 mph 時會產生。

a. 從圖 8.19 推斷此地點的平均風速。

b. 以平均風速計算此渦輪的功率。

c. 假設當地有 30% 的時間處於平均風速下，請計算該渦輪整個年度的電力產出 (kWh)。

6. 承上題，現在假設實際風速狀況為 50% 的時間風速僅有平均風速的一半，而另外 50% 的時間風速則是平均風速的兩倍，請求出整年度的電力產出 (kWh)。同樣假設當地 30% 的時間有風吹拂。

7. 有一座離岸設置的風力渦輪豎立在 400 英尺高的塔上，並能夠在 25 mph 的風速下產出 10 MW 的電力。該渦輪的介入速度為 9 mph、抽離速度為 65 mph。此渦輪以控制三葉變槳避免多餘風力作用，每片葉片比一座美式足球場還長，在介入與抽離速度間維持最大能量輸出。

a. 請計算以 20 座此種渦輪所組成的風力發電廠，在 40% 的時間能夠達到其額定功率的狀況下，其年度電量產出 (kWh)。

b. 若每 kWh 的電值 0.12 美元，此電廠每年收益為何？

c. 若每座渦輪的安裝費用為 1200 萬美元，要多少時間才能回本？

d. 在介入速度時，單一渦輪能產出多少電力？

e. 在 60 mph 的風速下，單一渦輪的產出能源效率為何？

尾註

[1] U.S. Department of the Interior, Minerals Management Service, Renewable Energy and Alternate Use Program. (2006). *Technology white paper on ocean current energy potential on the U.S. Outer Continental Shelf*. Washington, DC.

水力

Chapter 9

© Crady von Pawlak/Flickr/Getty Images.

簡介

　　水力是早期最先被人類文明所採用的機械輔助形式之一。早在西元前 200 年，人們利用水輪機來碾碎穀物和泵水。水輪機 (如風車) 可提高生產力，減少對於人類和動物肌肉力量的依賴。無論它們安裝在什麼地方，水輪機都成為推動早期技術進步的發動機。古希臘人用水輪機將小麥磨成麵粉，到羅馬時代結束時，水輪機可以用來曬黑皮革、熔煉及成型鐵、鋸木、製備紡織品、造紙，並為許多其他工業形式的過程提供機械輔助。

　　由於水力建立較高生產力且減少體力勞動的方式，能提供良好水力資源的地點自然成為工業和經濟活動的中心。在世界各地，許多現代城鎮或城市都因為水力的存在而興建。

　　在八世紀，英國有超過 5000 個水輪機在運作，大約每 400 人就有一個磨；到了十八世紀，歐洲的水輪機替所有形式的製造業提供延伸的力量，包括紡織廠、混凝土廠和木材廠。此外，水輪機用來操作重型機械，如索道、拖索和巨型鏟。水輪機促進美國的殖民化，在歐洲提供許多相同形式的機械輔助 (圖 9.1)。

圖 9.1　水輪機就如 1905 年在維吉尼亞建造的這座工廠，曾經點綴了鄉村，提供一種重要的機械動力。© Mary Terriberry/www.Shutterstock.com.

219

再生能源與永續性設計

水力,不像太陽能和風力,它提供的是可預測及可靠的能源。儘管受到煤動力蒸汽機的轉型影響,在十九世紀末推動了工業革命,但水力仍然很重要。燃燒煤需要時間來產生蒸汽,並且不能快速關閉,使得其在有負載變化需求的情況下響應變慢。水力透過調節水流可以幾乎立即開始或停止。隨著世界轉向石化燃料,這種靈活性推動其發展,隨著技術的進步,水力整合了這些進步並加以改進。

在 1849 年,詹姆斯・弗朗西斯 (James Francis) 開發了一種放射狀的渦輪機,其從水中提取能量的效率超過 90%。在 1882 年,威斯康辛州阿普爾頓成為第一個水力發電廠的廠址,生產了 12.5 kW 直流電提供附近造紙廠使用 (圖 9.2)。在 1890 年,俄勒岡州俄勒岡市的某水力發電廠是第一家成功傳輸長距離交流電的電廠。在 1900 年代早期,水力發電佔美國電力產量的 40% 以上;到了 1940 年代,水力發電提供美國西部所有電力消耗的 75%。

第二次世界大戰增加了美國對電力的需求,水力發電廠提供一種迅速滿足這種需求的方法。在 1944 年,西部的大型水壩將水力發電量提高了四倍,替鋼廠、煉油廠、汽車和飛機工廠、造船廠和農場的灌溉系統提供可靠的能量,並且用於其他目的。

水力電發電量持續增加,一直到了 1970 年代,當時環境立法實施限制大型水壩建設的法規。水力發電的電力輸出從那時起保持相對恆定,但燃煤發電廠的能力穩步增加,從而將水力發電的相對貢獻從 1940 年代末的 40% 降至今天只剩 7%。

圖 9.2 在 1882 年,位於威斯康辛州阿普爾頓的福克斯河供水給對岸的一座水壩,為世界上第一座水力發電廠。資料來源:Library of Congress, Prints & Photographs Division, LC-D4-4783 DLC.

> **延伸學習　早期的水輪機**
>
> 　　有兩種主要類型的水輪機出現於早期的水力發電史，十八世紀末仍在使用。分述如下：
>
> - 下射水車 (undershot wheel)：多個葉片浸入流動的水流中，並且靠著葉片的水壓使輪旋轉。雖然相對低效能，但是這種類型的水輪機具有幾乎能在任何河流或通道中操作的優點，甚至具有相對平緩的梯度。
>
> - 上射水車 (overshot wheel)：從上方落下的水沖擊鏟斗，並使用水的衝力和其重量旋轉車輪。這種類型的水車比下射水車更有效，但是僅能應用於比水輪機直徑的垂直下降 (水源頭) 高的位置。

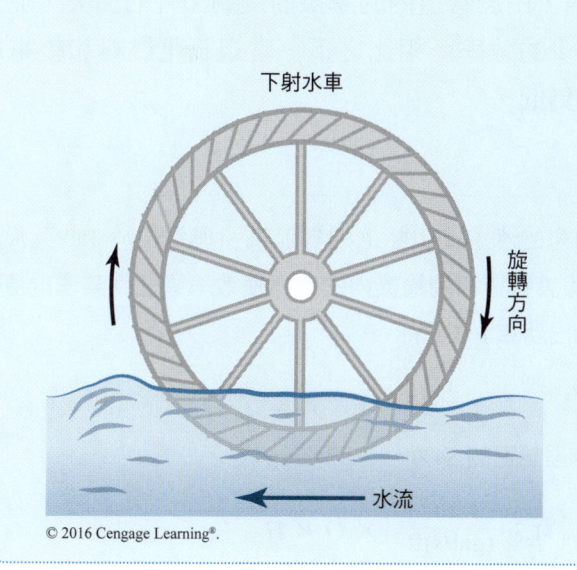

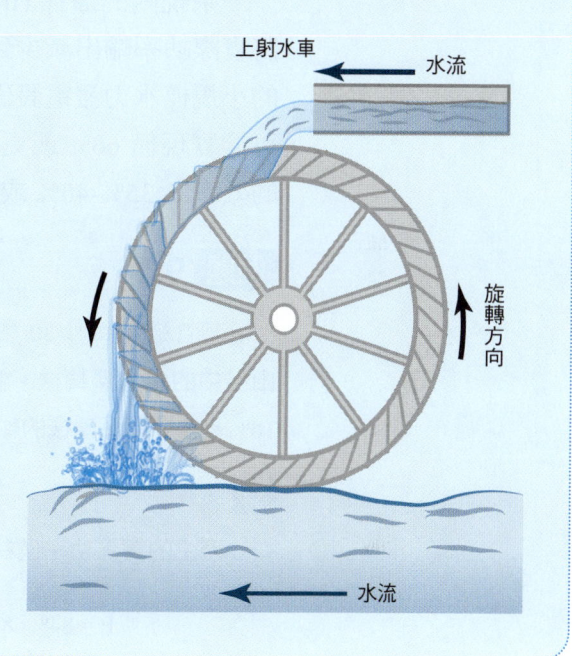

來自水的力量

　　水力連接到發電機的渦輪機，透過旋轉將水的重力勢能轉換成電。雖然風可以放棄部分動能而不提供勢能，但水可以完全喪失兩種形式的能量。水力發電渦輪機可以完全阻止水的流動，並且隨後重力將水吸走，從而允許連續地提取功率，而且使得水力發電成為所有商業能量轉換方法中最有效的方法。

　　水的功率取決於兩個因素：流量和水源頭。

- 流量 (flow rate, Q)：每秒鐘到達渦輪機的水量，以加侖/每秒 (gal/s) 測量。

- **水源頭** (head, H)：以英尺為單位的高度來測量，水從該高度下降並確定其壓力：水源頭越大，到達渦輪機的水壓力越高。

這兩個變量(水的密度 ρ 和重力加速度 g) 得到一個功率的方程式 P，在水中可用：

$$P = \rho g Q H$$

$$P = 11.3 \frac{\text{watts}}{\text{(gal/s)ft}} Q H$$

系統內的摩擦 (friction) 及渦輪機對準的缺陷和旋轉速度降低，將實際功率輸出減少到約該值的 90%。依靠長管道將水輸送到渦輪機的小規模水力發電設備，由於管道內的摩擦而受到額外的損失，並且可能實現僅 60% 或更少的效率。相比之下，常規石化燃料和核電廠的效率為 35%-40% 或更低。

例題 9.1

某管道將每秒 30 加侖的水，從山脈上的導流壩引導到位於 350 英尺下山谷中的水力渦輪機。假設管道和渦輪機內的摩擦使效率降低到其理論值的 16%。請計算渦輪機的輸出功率 P (kW)。

解

產生的實際功率僅為理論值的 84%。

$$P = 84\% \times \left(11.3 \frac{\text{watts}}{\text{(gal/s)ft}}\right) \times Q \times H$$

$$P = 0.84 \times \left(11.3 \frac{\text{watts}}{\text{(gal/s)ft}}\right) \times (30 \text{ gal/s}) \times (350 \text{ ft})$$

$$P = 100 \text{ kW}$$

這種規模的水力發電廠可以滿足小型社區的所有電力需求。

因為水力發電設施所產生的功率取決於流量和水源頭高度，因此在不同情況下可以產生相同的功率 (圖 9.3)。設施的設計及渦輪機的類型端視場地的具體情況。提供低水源頭但高體積將不同於高水源頭但低體積的情況。通常分為低水源頭 (low-head)、中水源頭 (medium-head) 或高水源頭水力發電廠設施 (high-head hydroelectric power plants)，如圖 9.4 所示。不同程度的地形起伏產生非常不同的水力發電設施 (圖 9.5 到圖 9.7)。

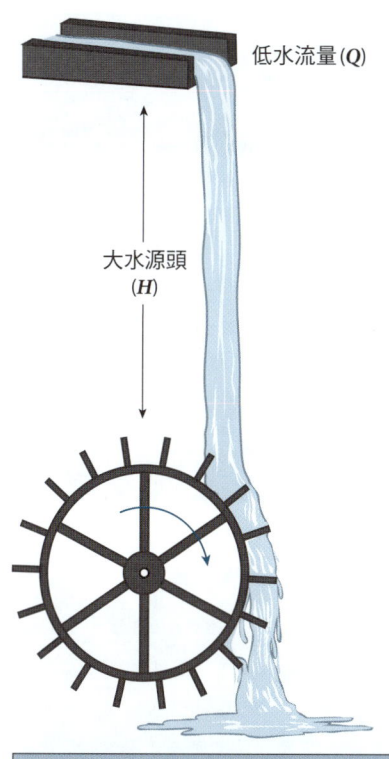

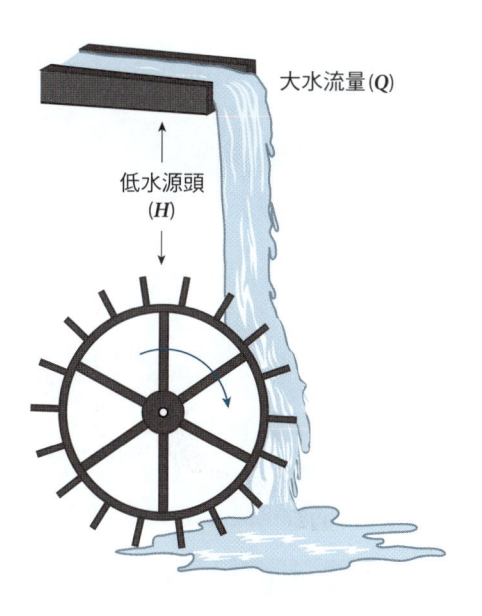

圖 9.3 水力發電取決於水落下的高度和落水量。具有大水源頭及小流量，產生與具有小水源頭及較大流量相同的功率。
© 2016 Cengage Learning®.

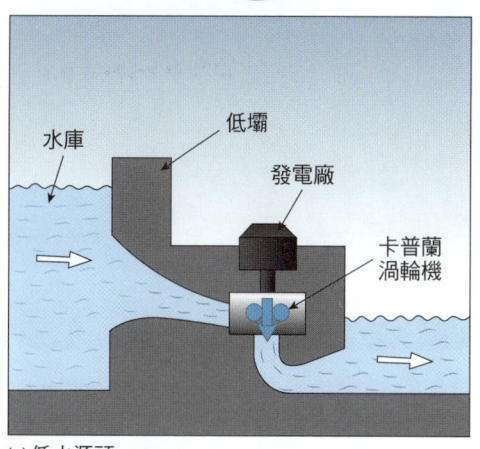

(a) 低水源頭

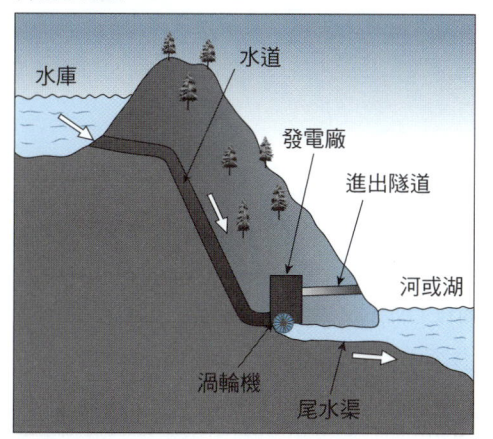

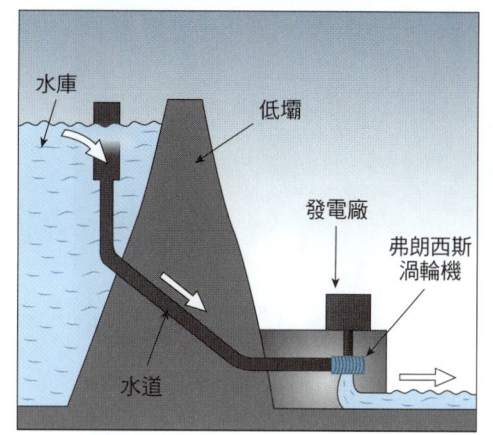

(b) 中水源頭

(c) 高水源頭

圖 9.4 水電設施的類型取決於現場的情況，分為低、中、高三種水源頭。© 2016 Cengage Learning®.

再生能源與永續性設計

圖 9.5　位於魁北克加蒂諾河上的農夫水壩是一個低水源頭設施，使用 65 英尺的水源頭產生 100 MW 的電力。© Pete Ryan/National Geographic/Getty Images.

圖 9.6　位於科羅拉多河上的胡佛水壩是一個中型水力發電站，產生 2000 MW 的電力，平均水源頭為 520 英尺。胡佛水壩的能源產量每年平均為 42 億 kWh。資料來源：Library of Congress, Prints & Photographs Division, potograph by Carol M. Highsmith, LC-USZ62-104919.

圖 9.7　這個位於挪威精靈峽灣 (Trollfjord) 的水力發電廠，從位於發電機上方約 1500 英尺的山區湖泊接收水。挪威生產的絕大部分電力來自水力發電，其中大多來自高山湖。Courtesy of Scott Grinnell.

現代水渦輪機

　　現代水力發電渦輪機具有各種設計，取決於設施的類型、水源頭高度、以及量。渦輪機的直徑範圍從僅僅幾英寸 (用於產生 100 瓦特) 到超過 30 英尺 (對於生產數百萬瓦特的大型商業渦輪機)。有兩種基本類型的渦輪機：透過反應提取能量的，以及透過衝擊來提取能量。

🌀 反應渦輪機

反應渦輪機 (reaction turbines) 是完全浸沒且完全封閉在保護殼體中。水在有壓力情況下到達渦輪機，並且以比原來低很多的壓力離開渦輪機。渦輪機上的壓降大部分轉換成可用功率。渦輪使用彎曲的葉片，使水流偏轉。在偏轉時，水對葉片施加反作用力，使葉片旋轉。大多數商業發電廠使用反應渦輪機，設計成允許魚和其他小型生物通過時不受傷害。兩種常見類型的反應渦輪機是弗朗西斯渦輪機和卡普蘭渦輪機。

- **弗朗西斯渦輪機** (Francis turbines)(圖 9.8a) 是目前在商業水力發電廠中使用最廣泛的渦輪機類型。它們在提供中至高壓水源頭且中等流量的應用裡有效地運行。水流經渦輪機周圍的彎曲管，並且向內引導導引葉片渦輪。之後它撞擊渦輪機葉片，釋放其大部分能量，並通過中央導流管流出。調節導向葉片允許在一定範圍的流量上的有效操作。

- **卡普蘭渦輪機** (Kaplan turbines)(圖 9.8b) 在低水源頭且高流量的情況下高效率地發電，弗朗西斯渦輪機的性能較差。它們類似於垂直安裝的可變槳距螺旋槳，使得水往下流動時帶動葉片旋轉。改變葉片的槳距在改變流量時優化了效率。

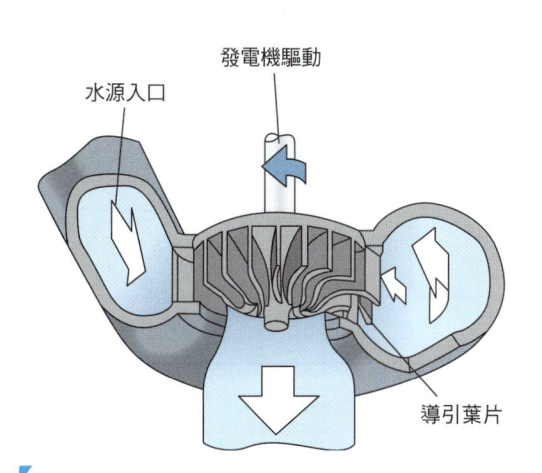

圖 9.8a 弗朗西斯渦輪機位於中央之彎曲管的導葉。水通過精確調節的導引葉片，將其能量釋放到渦輪機，並透過中央導流管流出。© 2016 Cengage Learning®. 資料來源：改編自 an illustration by David Darling.

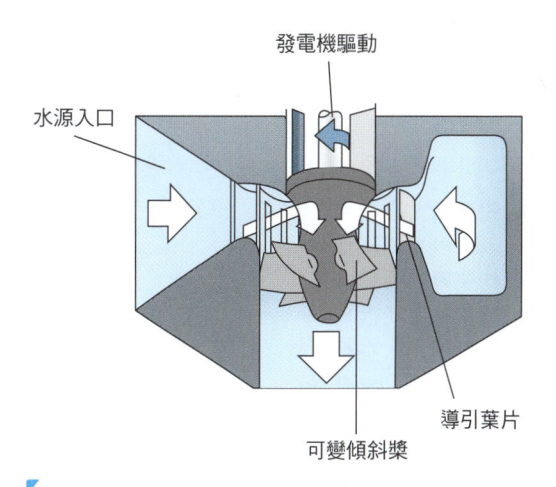

圖 9.8b 水沿著卡普蘭渦輪機的軸線流動，除了卡普蘭渦輪機垂直安裝以較佳地取得重力勢能外，使其類似螺旋槳的葉片旋轉得像空氣通過風力渦輪機。© 2016 Cengage Learning®. 資料來源：改編自 an illustration by David Darling.

衝擊式渦輪機

衝擊式渦輪機 (impact turbines) 不浸沒於水中，而是使用噴嘴將高壓水噴射流聚焦在輪緣上的彎曲碗狀物中。水撞擊碗狀物致使水輪機旋轉。在理想的情況下，水輪機提取所有的噴射動能，水在重力的影響順勢衝擊而下。調節噴嘴的尺寸和數量可調節功率輸出。最常見的衝擊式渦輪機類型被稱為**佩爾頓輪** (Pelton wheel)(圖 9.9)，是為了紀念在 1870 年代的發明者。這些渦輪機用於具有高水源頭的低流量設備，在住宅和小規模商業系統中是常見的。

這三種類型的渦輪機(弗朗西斯、卡普蘭，以及佩爾頓)產出效率最佳時大於 90%。選擇合適的渦輪取決於何種水源頭及流量，如圖 9.10 所示。

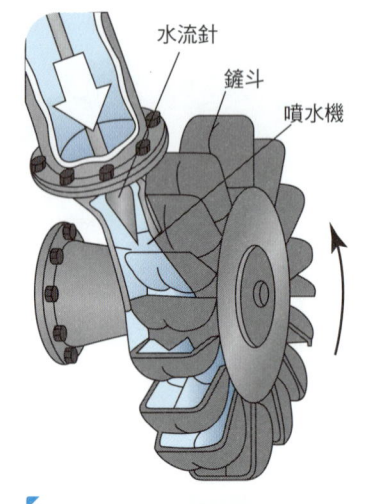

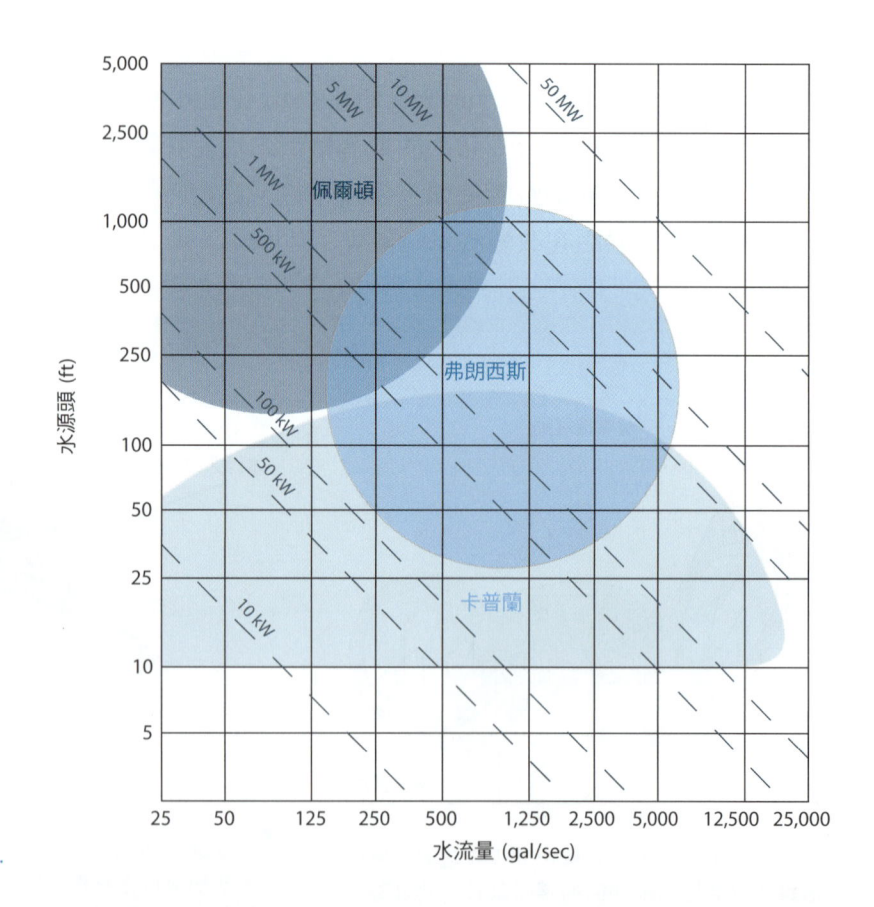

圖 9.9　佩爾頓輪的碗狀水斗阻止水從噴嘴流出；然後水離開並通過尾水道流出。可以調節射流的流速和對準，以最大化性能。© 2016 Cengage Learning®. 資料來源：改編自 an illustration by David Darling.

圖 9.10　弗朗西斯、卡普蘭，以及佩爾頓渦輪機在不同條件下以執行最佳運轉。對於大多數商業水電設施，弗朗西斯渦輪機廣泛適用和使用。在低水源頭及高流量條件下，卡普蘭渦輪的性能優於其他；而在高水源頭的情況下，佩爾頓的性能最好。© 2016 Cengage Learning®.

水力發電系統

所有水力發電系統由四個基本元件組成，如圖 9.11 所示：

- 入水口 (water intake)：這種情況隨著規模的不同而有變化，從山區河流中一個不顯眼的管道通過攔水壩而形成的大型水庫。水流過進入濾篩，可防止大型物體進入渦輪機 (圖 9.12)。

- 水閥門 (penstock)：水閥門是將進水口連接到渦輪機的通道或管道，通常包括用於調節流量的控制門 (圖 9.13)。

- 動力室 (powerhouse)：動力室包圍並保護渦輪機、發電機和發電的監管控制 (圖 9.14)。

- 尾水渠 (tailrace)：尾水渠提供水快速、方便離開的方式，不需要後援或干擾渦輪。

住宅和商業規模的系統使用類似的渦輪機設計，根據可用的水源頭與流量來選擇，並按照相同的原理操作。兩者之間的主要區別在於，商業規模的系統通常利用大壩來建構大水庫。這些水壩的環境影響可能相當大。小型水力發電稱為微型水力發電 (micro hydro)，通常會排除大壩和水庫，而是使用將流體的一部分轉移到通道或管道的載體，如圖 9.15 所示。微型水力發電造成的環境影響最小。

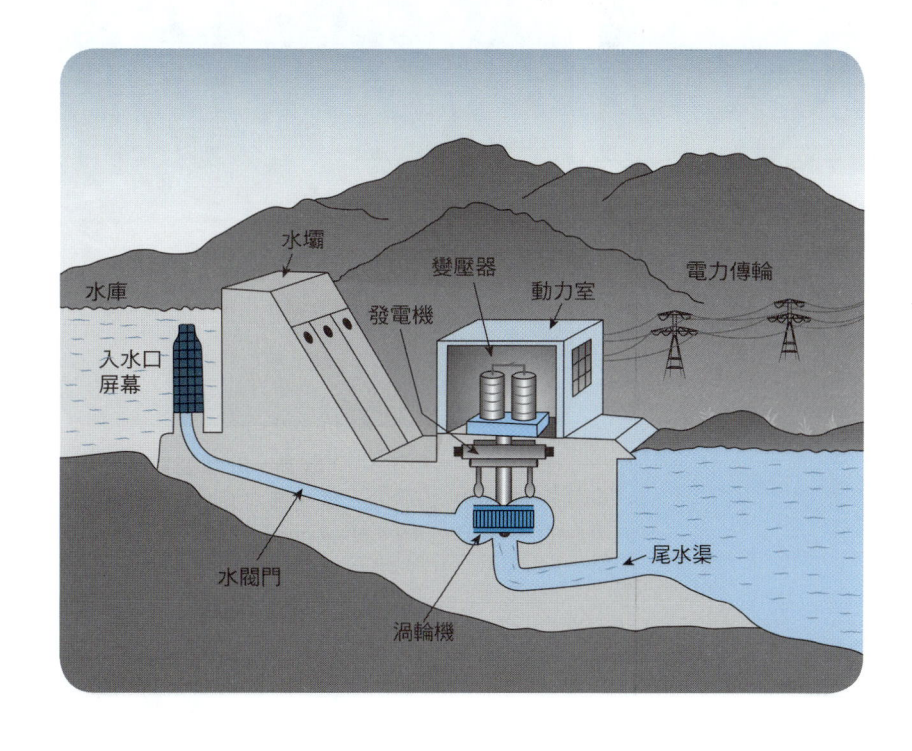

圖 9.11 商業水力發電廠的元件。© 2016 Cengage Learning®.

再生能源與永續性設計

圖 9.12　胡佛水壩的進水塔的監視可防止大量碎屑進入水閥門，而且可以適應水庫水位相當大的變化。資料來源：U.S. Department of the Interior, Bureau of Reclamation.

圖 9.13　這六條管道輸送塔斯馬尼亞上德溫特集水區的水，作為 90 MW 水力發電設施。六個佩爾頓輪在 950 英尺的水源頭下操作。© Neale Cousland/www.Shutterstock.com.

圖 9.14　一整排的發電機，每個能夠產生超過 120 MW 的電力，是胡佛水壩水力發電設施的一部分。資料來源：U.S. Department of the Interior, Bureau of Reclamation.

微型水力

　　微型水力系統的容量從小於 100 瓦特到大於 100kW。有些提供單一家庭或離網小屋電力；其他則服務整個社區。沒有水庫的儲存資源，微型水力發電所產生的功率隨著供水的季節性流量而變化。在美國，山間溪流經常依賴於泉水和融化的雪，這可能導致秋季與冬季的流量減少。然而，這種變化往往是季節性的，而不是每天，使得微型水力比太陽或風更可預測。在世界上許多地方，微型水力發電提供可靠的電力，白天和黑夜全年無休、無阻地運行。由於這個原因，微型水力發電常常比太陽能或風力涵蓋得更廣，只要有合適的水流即可使用。

　　對於離網系統，微型水力發電提供穩定及可靠的能源。水力的恆定性和可預測特性，即使可用資源很小，也大幅改善了並網系統，這些系統還包括更多的可變來源，如風能或太陽能。由於水力渦輪機全天候生產電力——每當水流動時，必須存在一些負載來使用該電力，無論是對電池組充電還是操作電氣設備。否則，渦輪機和發電機可能發生損壞。因此，大多數離網水力發電設施包括分流負載，例如電阻加熱器，即是利用剩餘電力，並且最小化調節渦輪機的水流流向的需要。

　　微型水力發電機也能在一些專業應用中使用，例如在帆船上供電。任何時候船隻都在移動(或水流移動通過錨定的船)，安裝在船的船體上的水力發電機產生電，用以提供電力給燈、充電電池或使用導航設備。

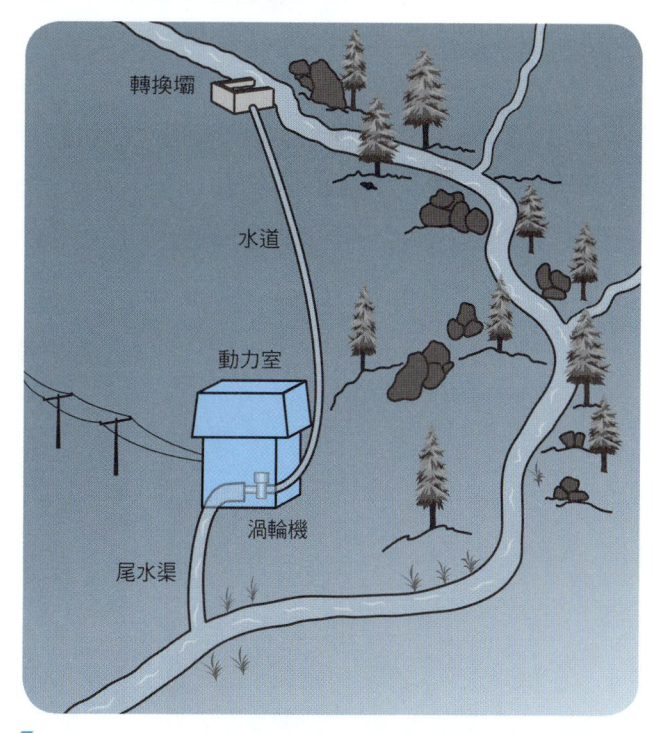

圖 9.15 微型水力裝置通常僅轉移一小部分的河流或溪流的水，且對環境的影響最小。© 2016 Cengage Learning®.

再生能源與永續性設計

個案研究 9.1

霍頓村的水力設施

地點：北華盛頓 (北緯 48 度)

系統形式	流量 (每秒多少加侖)	水源頭 (英尺)	功率輸出 (kW)	原始安裝日期
佩爾頓輪	11-53	640	66-227	1964

系統描述：霍頓村是一個位於華盛頓州喀斯喀特山脈的偏遠社區。最初是一個採礦小鎮，村莊目前作為一個教堂靜修中心，在冬季至少有 50 位居民，在夏季則多達 400 人或更多。霍頓村包括六間 50 人的宿舍和 14 間小木屋，以及餐廳、廚房、醫院、郵局、學校與娛樂中心 (設有保齡球館和全場籃球場)。沒有道路連接對外的高速公路。到達村莊需要從華盛頓州的奇蘭搭約 36 英里的船程，然後轉搭 11 英里的公共汽車經過一條 2100 英尺蜿蜒而上的塵土路。一個微型水力發電設施包括兩個佩爾頓渦輪和發電機，替社區提供電力。由於遠程位置阻止與國家公用電網的連接，而且山區幅員廣闊限制了太陽能和風力資源，使水力發電成為最可行的能量形式。

村莊和水力發電設施位於海拔 3255 英尺的山谷中，四周有高聳山脈圍繞。位於 3895 英尺高的小型水壩從許多溪流中匯集水源。一個 14 英寸直徑的鋼製管道通往水力發電廠供水，在大約 2700 英尺的水道長度有垂直 640 英尺的高度差。只有小溪的一小部分被水壩轉移，從水電站流出的水自然排放。此運作對環境影響非常小。

霍頓水力發電設施的電力輸出取決於季節性流量。山脈溪流的主要水源是融雪，這是夏季最多的，而在早春期間最少。1995-2011 年平均發電量的圖表顯示，最大夏季發電量為

Courtesy of Scott Grinnell.

Courtesy of Holden Village Operations.

227 kW，最小泉水發電量為 66 kW。這個季節性變化使得春季需要節約，但替夏季於村莊需滿負載時提供充足的電力。

水力發電設施產生標準的三相交流電力，在傳統的電線桿上以 2400 伏特於整個村莊傳輸。本地變壓器將每個建築物的電壓降低到 240 伏特。

在冬季，集中式鍋爐燃燒從周圍森林採伐的木柴來替建築物供熱。否則，水力發電廠便能滿足社區的所有能量需求。

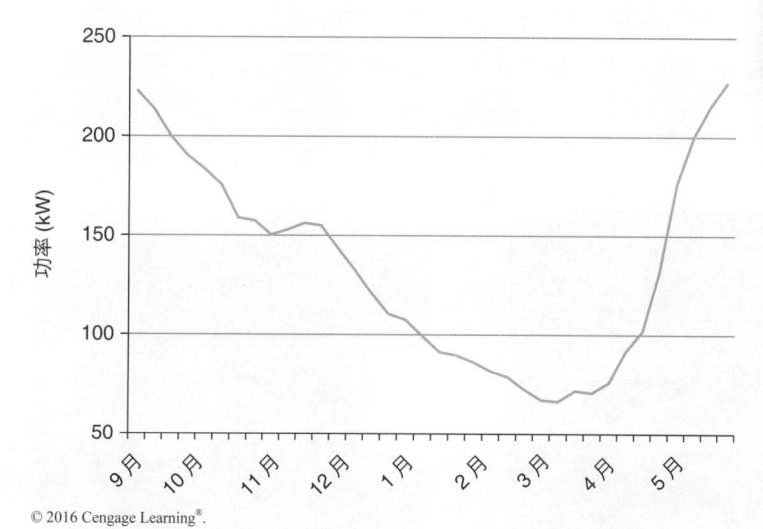

Courtesy of Scott Grinnell.

© 2016 Cengage Learning®.

個案研究 9.2

離網微型水力發電

地點：北威斯康辛州 (北緯 46.5 度)

系統形式	流量 (每秒多少加侖)	水源頭 (英尺)	功率輸出 (瓦特)	原始安裝日期
低水源頭斜擊式輪	1.25	11	21	2003

系統描述：離網住宅基地上 3/4 英畝池塘所流出水量替微型水力系統供電。供給池塘的泉水產生約 1.25 加侖/秒的穩定流速，並且緩坡地形提供 11 英尺的水源頭。微型水力系統產生平均 21 瓦特的連續功率，並補充 950 瓦特的光伏陣列。

再生能源與永續性設計

池塘水流經位於地面下方 4 英尺處的垂直入口，並通過一條傾斜 6 英寸直徑的管道，連接到距離池塘一小段距離下坡的盒狀外殼中。在此外殼內，主要管路分成兩個 3 英寸直徑的管道，將水供應到兩個噴嘴，一個在渦輪機的兩側。噴嘴聚焦水的射流使渦輪旋轉並發電。

渦輪機使用小型的斜擊式輪，這類似於佩爾頓輪的衝擊輪，但是設計用於小系統並且能夠容納低水源頭。渦輪機日夜連續運行，年發電約 300 天，年發電量約 150 kWh。量雖然不大，但是這種連續的電力供應，提供從光伏陣列接收不確定能量的穩定性，並且有助於在有限的電池組上維持充電。當電池充滿時，多餘的電量自動轉向透過建築物外部的電阻加熱。

成本分析：安裝──包括渦輪、控制器、管道及其他硬體；在渦輪機和住宅之間的 300 英尺電線；以及一個小型加熱器作為分流負載，當電池全容量成本 3700 美元。每度電 0.12 美元，渦輪機產生的電力每年節省約 18 美元。在這種情況下，為了穩定而不是經濟回饋，屋主選擇投資微型水力發電。

Courtesy of Scott Grinnell.

Courtesy of Scott Grinnell.

商業水力發電

商業水力發電站的容量從小於 1000 kW 到超過 100 萬 kW。商業工廠傾向使用不同於小規模設施的水力發電：許多商業工廠在高峰需求期間主要利用水力發電提供補充電力 (圖 9.16)，而不是提供基本負荷電力。

水力發電機可以快速啟動和停止，使其對電氣需求的快速變化非

常敏感。儲存在水庫中的水之重力勢能可以在任何時間轉換為電，而很少提前知會。由於石化燃料和核電廠是透過產生高壓蒸汽發電，它們需要較長的啟動週期，並且僅在提供穩定的基本負載時才是最有效的。因此，水力發電透過快速響應滿足傳統發電廠難以實現的電力需求，在國家公用電網中發揮至關重要的作用。

稱為**抽蓄發電** (pumped storage) 的過程增加了水力發電廠的能力 (圖 9.17)。當需求下降時，例如在夜間，來自常規蒸汽發電廠的剩餘電力將已經流過水電渦輪機的水泵回到水庫中。第二天，當需求高時，水力發電廠可以利用這種水來產生電力。儘管耗費能量來驅動泵，但是這種形式的泵送儲存比依靠蒸汽發電廠為峰值負載提供電力更有效。

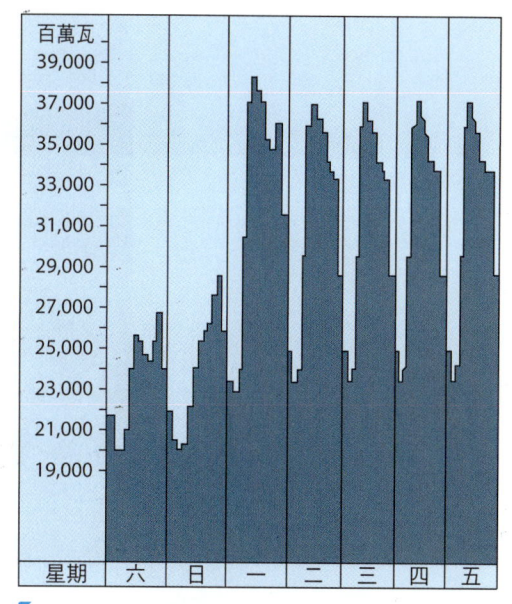

圖 9.16　電氣需求在典型的一週內變化很大。水力發電廠比蒸汽發電廠能更有效地應對這些變化。© 2016 Cengage Learning®. 資料來源：U.S. Department of the Interior, Bureau of Reclamation.

圖 9.17　泵送儲存是在峰值負載期間最大化水力發電輸出的技術。在白天需要時水流過渦輪機產生電力，而在夜間將水打回到水庫中，使其在第二天可再次利用。© 2016 Cengage Learning®. 資料來源：U.S. Department of the Interior, Bureau of Reclamation.

環境影響

商業規模水力發電的環境影響通常與建壩有關 (圖 9.18)。雖然在美國有數百個大型水力發電水壩，但自 1979 年以來，沒有一座水壩建成，當時在加州完成了 30 MW 的新梅隆設施。在 1960 年代末和 1970 年代通過的環境立法讓取得大型項目的許可證更加困難。然而，屆時美國幾乎所有的主要河流都已經被建立水壩，通常在許多地點，最有前景的水力發電站也已經被利用。大型水力發電廠的環境影響眾多。

圖 9.18 水壩的環境影響可能相當大。伐木者在水淹沒山谷之前砍掉這些樹木，而乾旱暴露了殘幹。© Nivek Neslo/Photodisc/Getty Images.

- 水壩可能淹沒生產性土地、摧毀野生動物棲息地、中斷魚類遷徙、改變河流生態、損害水質、取代當地人口、淹沒考古遺址、破壞有價值的農業用地、破壞河流生態系統。
- 定時釋水以滿足電力尖峰需求與自然洪水循環不相似，此舉可顯著改變下游的沉積和侵蝕模式。
- 世界許多河谷的生產力依賴於定期洪水來沉積淤泥和營養物質。位於這些山谷上游的水力發電大壩已經大幅杜絕這種類型的洪水，取代千年來天然農業系統所依靠的肥料和灌溉。
- 從水壩釋放的水通常比未建水壩河流溫暖，對魚類和其他生物體造成壓力。溫暖的水也會引發入侵物種與寄生蟲，對生態和人類健康造成影響。
- 當水壩中的水灌溉土地時，特別是在熱帶氣候下，產生的分解可能產生甲烷，可能比石化燃料發電廠產生更多的溫室氣體。由於這些原因，再加上設置大型水壩造成的損害難以逆轉，許多環境組織反對進一步大規模水力發電開發 (參見圖 9.19)。

自 1970 年代末，美國的水力發電量已大為增加，是透過用於其他目的建造 (如娛樂、灌溉和防洪) 及現有水壩增加水力發電機、升級老舊水電站以增加產量，或建設對環境影響較小的小型設施。

Chapter 9 水力

圖 9.19a 加州的 Hetch Hetchy 河谷於 1923 年築壩，替舊金山灣區提供水力發電和飲用水。約翰·穆爾和塞拉俱樂部反對，因為水庫顯著改變了自然景觀。資料來源：Isaiah West Taber/The Sierra Club.

圖 9.19b Hetch Hetchy 河谷的最新影像與 1923 年之前拍攝的圖像相比，清楚地說明自然景觀戲劇性的變化。Courtesy of Garry Hayes.

本章總結

自建立人類文明以來，水力提供機械輔助。透過歷史，水力增加人類生產力，減少勞動力，促進創新和技術進步，並建立我們最早的城市。水力比風力更強大及可靠，在世界各地水力是一種古老的能源應用，無論是否有適當的資源存在。

無論是應用在翻滾的山間溪流、寬闊且緩慢流動的河流或水壩，水力都比其他形式的能量具有許多優勢：

- 其運行不消耗燃料——能量來源是自由及可再生的。
- 其運行不釋放汙染和溫室氣體。
- 發電效率極高。
- 操作和維護成本低。
- 非常可靠。
- 它提供電源供應最大的操作彈性，精確地調整變動的電力需求。

水力發電的主要環境影響來自用於商業發電廠的水壩建設。然而，即使這些大壩也不是全然沒有利益：

- 大壩建造水庫用於娛樂、飲用水，以及灌溉需求的。
- 大壩在雨季高降水期間儲存過剩的水，以緩衝乾旱季的低降水。
- 大壩提供防洪，在商業上改善了河流航道。

商業水力發電在電網中發揮至關重要的作用。電廠維修時，水力發電是在停電後第一個上線運轉，並且是最後一個停止運轉的。然而，適合大型水力設施的場地尚未開發，限制了未來的成長。

複習題

1. 許多人認為水力是早期人們第一種使用的機械輔助形式。你認為為什麼水力早於其他形式的再生能源？

2. 請比較小型水力和小型風力發電。它們有什麼類似之處？又在哪些方面有所不同？

3. 水力有什麼地方優於光伏？又有什麼缺點？

4. 水的重力勢能是水力發電的來源。然而，水必須流過渦輪機來產生電，並且流動的水代表動能。請解釋為什麼只考慮移動水之動能是不足以確定水力發電的產量。

5. 考慮山間溪流的兩座微型水力發電廠的設置：第一，位於寒冷的氣候處，除了在冬季結冰外，全年提供電力；第二，位於溫暖的氣候處，除了在夏季由於乾燥條件外，全年提供電力。對於離網住宅，哪一種情況最容易適應？考慮住宅的需求和可用再生能源的替代形式。

6. 儘管有潔淨及再生能源的承諾，但環保組織仍普遍反對水力發電大型水壩的建設。所以商業水力發電需要做什麼改變，以避免相關問題發生？這是否可以用經濟的方式進行？

7. 微型水力發電裝置的總效率通常只有60%或以下。這主要是由於水閥門和相關管道內的摩擦所致。可以採取哪些措施來減少這種損失，以提高效率？

8. 抽水蓄能是微型水力發電可行的選擇嗎？請解釋之。

9. 考慮位於不同河流的兩座商業發電廠：第一座流量為每秒50,000加侖，水源頭為10英尺；第二座具有每秒500加侖的流量和1000英尺的水源頭。請比較這些設施可以發電的能力。每個設施應使用何種類型的渦輪機？

練習題

1. 微型水力裝置使用100英尺的管道將1.9加侖/秒流量的水輸送到位於入口下方10英尺垂直距離處的渦輪機。如果系統產生116瓦特的功率，請求出其總效率。

2. 商業水力發電廠使用抽水蓄能增加其在峰值負載期間之發電的能力。如果發電廠在將水的勢能轉換為電能方面有89%的效率，並且在將水從下游回流到水庫中再利用時，抽水過程是86%的效率，請求出透過抽蓄發電的總效率。

3. 偏遠村莊的居民完全依賴單一的微型水力發電設施，以滿足其所有的電力需求。水力發電站將水從其設施上方1500英尺的山流中轉移出去。流量從夏季最大值30加侖/秒到最小值5加侖/秒。請求出夏季和冬季的可用功率(kW)，假設該設施的效率為70%。

237

4. 具有 90% 效率的商業水力發電站使用大水庫作為其水源。當水庫充滿時，有 2000 加侖/秒的流量產生 10 MW 的電力。經過 5 年的乾旱，相同的流量僅產生 8.1 MW 的電力。水庫中水位下降多少 (ft)？

5. 山間溪流的一個小障礙物將水轉移到管道中，該管道下降到位於 615 英尺以下的水力發電站。鋼格柵欄防止大型物體進入管道，但偶爾的風暴會使得枝條和碎屑在柵欄上阻礙流動。假設暴雨將水力發電產量從 40 kW 降低到 13 kW。請求出流量減少多少 (以每秒加侖計算)。假設水電設施的效率為 72%。

6. 設計水力發電設施的工程師回憶，流量 (以每秒加侖計算) 是水源頭值的四倍 (ft)，但卻忘記這兩個數字。如果該設施預計產生 1.5 MW 的功率，效率為 88%，請求出流量和水源頭值。

Chapter 10 生質能

簡介

　　生質能的發展歷史幾乎和人類文明發展一樣久遠，最早從第一座火堆升起給予人們溫暖、光亮與聚集處時開始。生質能成為文明發展的燃料：火堆能烹煮食物、油燈能驅散黑暗，而發酵過後的穀物則成為酒精。

　　所有經太陽光合作用 (photosynthesis) 所產生的有機物質都可稱為生質能 (biomass)。其中包含木柴、木屑、樹根及鋸屑等伐木產物；稻草、玉米稈及稻殼等農業廢棄物；造紙廠紙漿汙泥、屠宰場碎肉、製糖後的甘蔗渣及製造業產生的纖維與木材廢料等工業廢棄物；動物排泄物、住家水肥與垃圾等民間廢棄物；以及玉米、大豆、柳枝稷與藻類等專門用以產出生質能源的作物。

　　木柴、禽畜糞便，以及乾燥水肥作為傳統形式的生質能，歷史上一直為世界各地作為熱能來源與料理火源所用，至今仍有許多地方持續這樣做。以草料與穀物形式的生質能源促進人類文明早期如使用驢子、馬匹與騾子拉動馬車、拖動貨車和托犁的運輸系統 (圖 10.1)。形式為牛油蠟燭與動物油燈的生質能，提供光亮並增加夜間生產力。需要較高溫的製造業則使用煤炭，製造出比一般木柴更高的溫度。到了十八世紀中葉，美國所使用的能量幾乎完全仰賴木柴與其他生質能。然而，於工業時代出現的煤炭使得生質能運用大量減少，現今在美國總能源消耗僅佔 4%。

再生能源與永續性設計

圖 10.1 人們長久以來仰賴馬匹等動物來拉動並移動貨物。以草料為形式的生質能為這樣的運輸系統提供能量。本照片拍攝於 1886 年，主角為前往內布拉斯加州盧布村的拓荒者一家人。資料來源：National Archives, 69-N-13606C.

光合作用

綠色植物進行的光合作用是吸收來自大氣的二氧化碳將其雨水結合，使用來自陽光的能量製造出醣類與氧氣 (圖 10.2)。這些醣類包含多種糖類、澱粉，以及纖維，建構出所有生質能原料的基本架構。

二氧化碳 + 水 + 陽光 → 氧氣 + 醣類

植物將陽光轉變為生質能的效率依其品種與所在環境而不同，最高能夠達到 6%，而平均值接近 1%。儘管效率不佳，但陽光所創造出的生質能仍超過全球能源消耗有七倍之多。雖然實際上可供穩定利用的生質能只佔其中一小部分，但生質能仍被視為來源較豐富的再生能源。

燃燒生質能來提供能量是與光合作用相反的一段過程：醣類結合氧氣製造出二氧化碳、水氣與熱能。這個過程並不會製造出更多的熱能，亦不會製造出比自然腐敗下更多的二氧化碳；也就是說，在燃燒過程中所製造出的二氧化碳量並不會多於光合作用下所吸收的量。

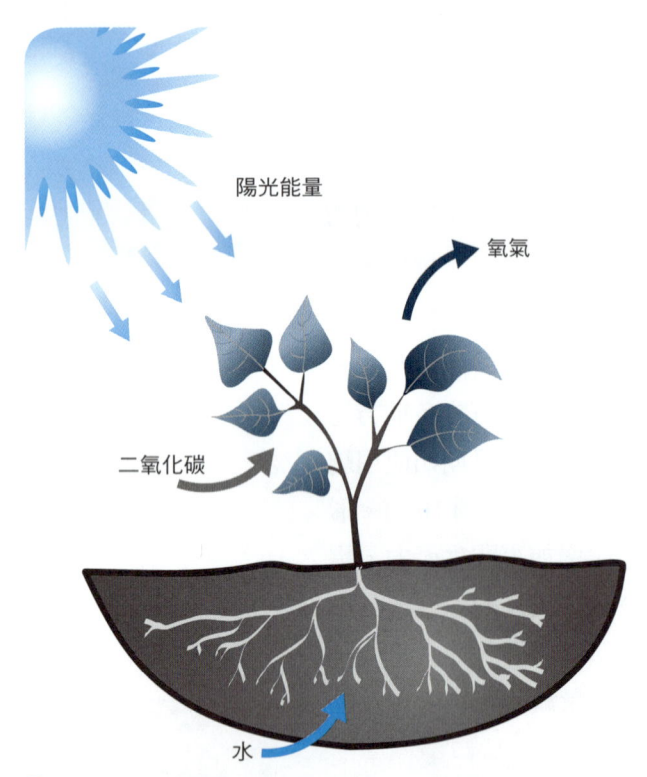

圖 10.2 光合作用藉由結合水與二氧化碳製造出醣類與氧氣來將陽光轉換為生質能。醣類成為建構所有生質能原料構造的主體。© 2016 Cengage Learning®.

所以，利用生質能燃料並不會如燃燒石化燃料一般造成氣候變遷，被視為是碳中和 (carbon-neutral) 的過程。

生質能能源

不同種類的生質能提供不同形式的能源可供利用。某些生質能以直接燃燒來製造熱能或轉換為電力，有些則能夠藉由化學手段或熱轉化為液態或氣態燃料。下列為將生質能轉換為有效燃料的四種基本過程，如圖 10.3 所示：

- **直接燃燒**：將伐木產物、農業廢料，以及城市垃圾等的乾燥生質能直接燃燒，能夠如常規煤炭火力發電廠一般製造熱能與電力。
- **生物轉換**：如禽畜糞便、城市水肥，以及農業青貯料等的濕式生質能，能夠在厭氧消化下產生可燃氣體。糧漿、甘蔗渣，以及處理過的纖維素能夠發酵製成作為液態燃料的酒精。
- **熱能轉換**：在缺氧狀態下加熱某些生質能能夠製造出可燃氣體，在熱解過程中也能夠製造出液態燃料。
- **化學轉換**：油籽作物與微藻類能夠藉化學轉換產出生質柴油。

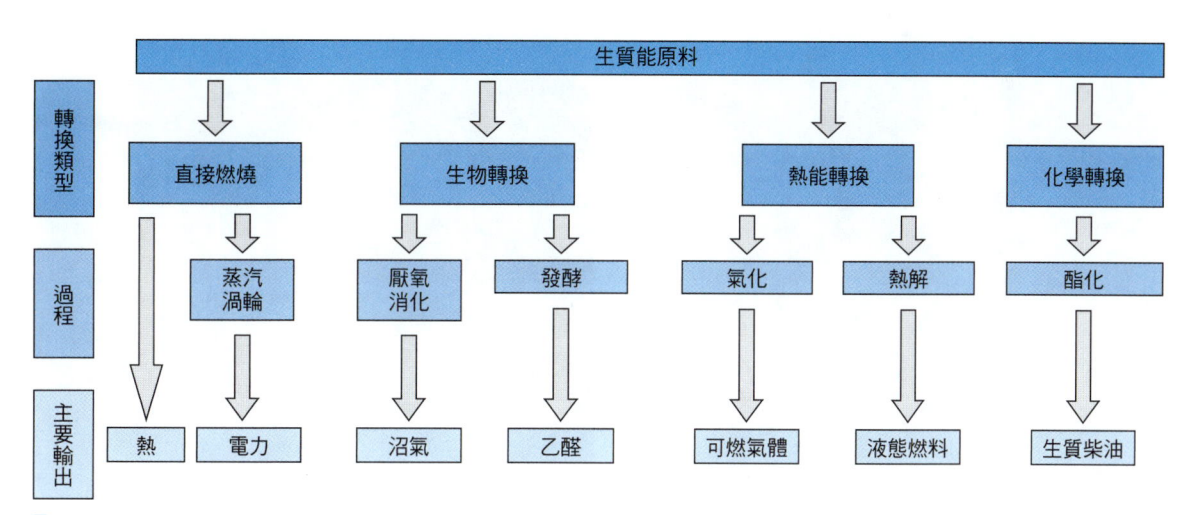

圖 10.3 四種製造生質能源的基本過程。依過程不同，主要的能量產出形式可能是熱能、電力或各種不同形式的氣態與液態燃料。© 2016 Cengage Learning®.

生質能的直接燃燒

直接燃燒 (direct combustion) 是生質能最簡單且最古老的運用方式，至今仍是住宅規模中再生能源的最大來源。燃木爐灶與火爐為世界各地提供溫暖和烹飪方式。燃燒木材的能源效率能夠從開放式坑火的 10% 到密閉燃燒柴爐的 75% (圖 10.4)。

在木材充足的地區，高效率柴爐提供一個便宜但永續的再生能源。然而，在許多國家，過度依賴木材使得最終木材嚴重短缺、土壤侵蝕、土壤養分流失，最終土地沙漠化 (desertification)，造成環境永久性破壞。全球每年有數百萬英畝的森林消失，特別是在沒有永續概念砍伐下的熱帶地區。

在商業規模下，直接燃燒產生熱能和電力基本上與燃煤火力發電廠的運作方式相同 (圖 10.5)。最早在 1930 年代，造紙廠開始設置回收鍋爐來處理紙漿原料殘留、回收可用化學物質，並且在過程中產出可供現地使用的熱能與電力。到了 1970 年代中期，發電廠開始燃燒一般垃圾，將原本會丟進掩埋場的垃圾轉換為電力。美國第一座生質能發電廠在 1984 年設立於佛蒙特州柏林頓，燃燒木屑來產出 50 MW 電力。

圖 10.4 高效率柴爐能夠將 75% 的生質能轉化為熱能。Courtesy of Scott Grinnell.

圖 10.5 位於威斯康辛州亞士蘭的灣前發電廠使用木屑作為再生燃料。原先以燃煤為發電方式，發電廠在 1979 年改以木屑作為燃料。現今燃燒木屑所產生的電力佔該廠 60%，高達 73 MW。Courtesy of Scott Grinnell.

垃圾焚化發電

燃燒垃圾作為發電方式,因為過程中不會消耗新的燃料,而是將本來會丟進掩埋場的廢料加以處理,被視為再生能源的一種。清潔隊將社群所產出的垃圾 (municipal solid waste) 集中,包括家庭垃圾、街上、公園與遊樂場等處垃圾,以及超市與餐館產出的商業垃圾。這些垃圾主要由紙張、庭院垃圾、廚餘和木製物品組成,但是也夾雜著塑膠與橡皮等的石化製品 (圖 10.6)。

垃圾焚化的其中一個好處是,能夠處理原本只能丟進掩埋場的垃圾 (圖 10.7)。自 1980 年代中期算起,在美國有超過四分之三的垃圾掩埋場關閉,數量從多於 8000 座至今減至約 1900 座。[1]

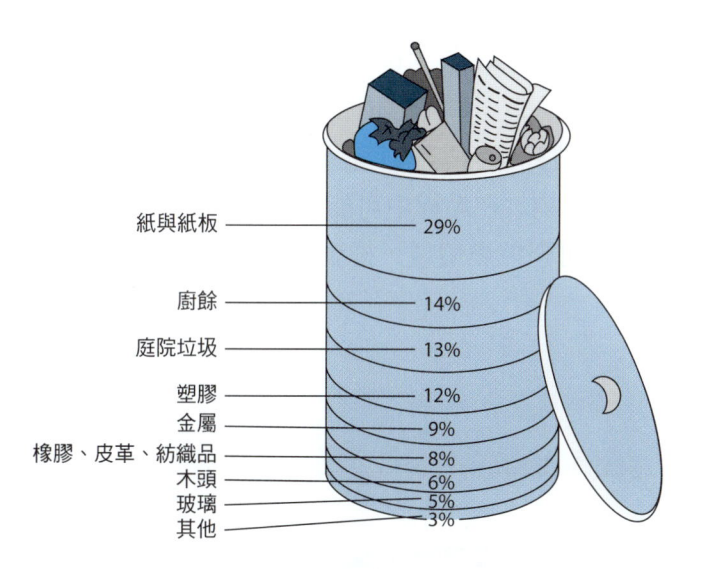

紙與紙板 — 29%
廚餘 — 14%
庭院垃圾 — 13%
塑膠 — 12%
金屬 — 9%
橡膠、皮革、紡織品 — 8%
木頭 — 6%
玻璃 — 5%
其他 — 3%

圖 10.6 在美國,大多數的可燃垃圾包含能夠轉換成可用能源的生質能。© 2016 Cengage Learning®.

圖 10.7 垃圾焚化爐的運用降低對於垃圾掩埋場的需求,並減少伴隨而來的環境問題。資料來源:David Parsons/NREL.

垃圾掩埋場造成許多環境與人體健康的問題。當雨水流過掩埋場時，垃圾所釋放出的有毒物質會進入水體，最後造成嚴重地下水汙染。儘管新建的垃圾掩埋場有著不透水層來防堵，但研究顯示 80% 以上的掩埋場仍存在有毒水體洩漏的問題。[2] 除了汙染地下水以外，將垃圾棄置在掩埋場會製造出甲烷，這是一種比二氧化碳危害更甚的<u>溫室氣體</u> (greenhouse gas)。甲烷的高可燃性使得若缺乏妥善管理，會有火警與爆炸的可能，大部分新式掩埋場會捕捉並存放甲烷來解決這個問題 (圖 10.8)。

垃圾掩埋場會吸引害蟲與鳥類群聚，散發出異味和氣喘誘導氣體，因此通常不受人口密集處歡迎。有鑑於此，掩埋場通常設置在遠離人煙的地方，需要長途運輸。另一方面，垃圾焚化爐通常能夠設置在人口密集處，減少運輸成本，並降低卡車運輸所造成的燃料消耗與空氣汙染。

在發電廠裡，垃圾會被分類後切碎，並經過機器篩選金屬與玻璃等的回收物。為了完全燃燒，在過程中可能加入石灰與活性碳。經過處理的垃圾會進入一個可調控燃燒爐，推動蒸汽渦輪產生電力 (圖 10.9)。

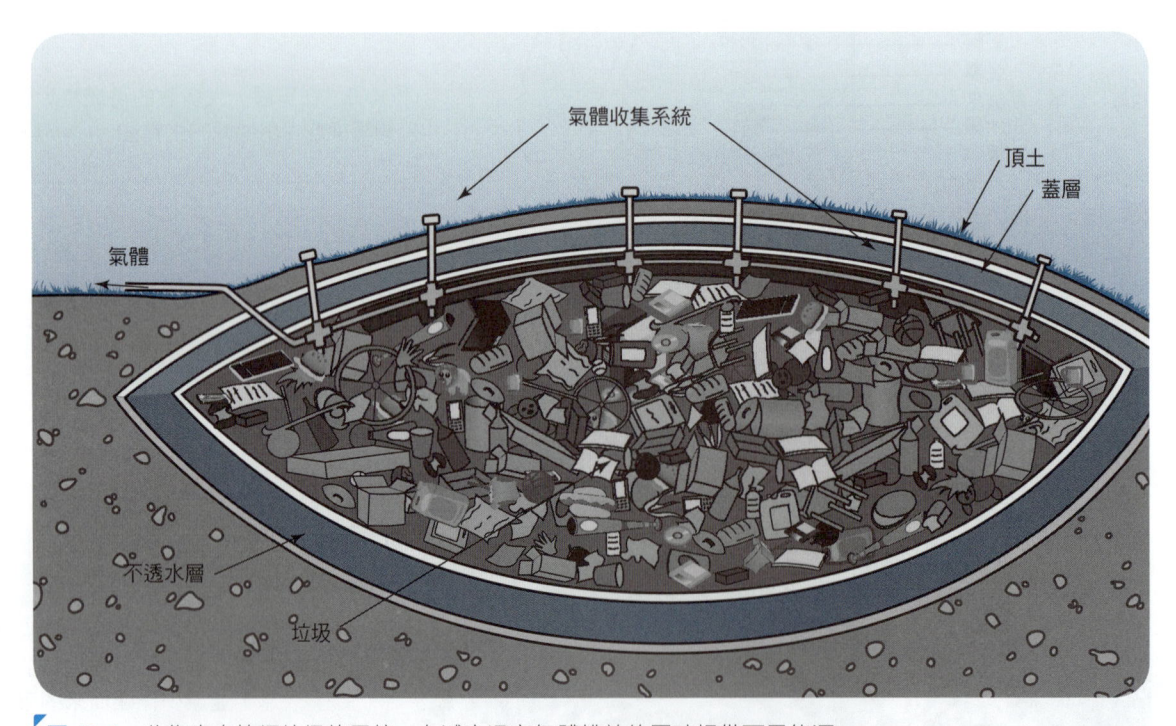

圖 10.8 收集來自掩埋垃圾的甲烷，在減少溫室氣體排放的同時提供可用能源。© 2016 Cengage Learning®.

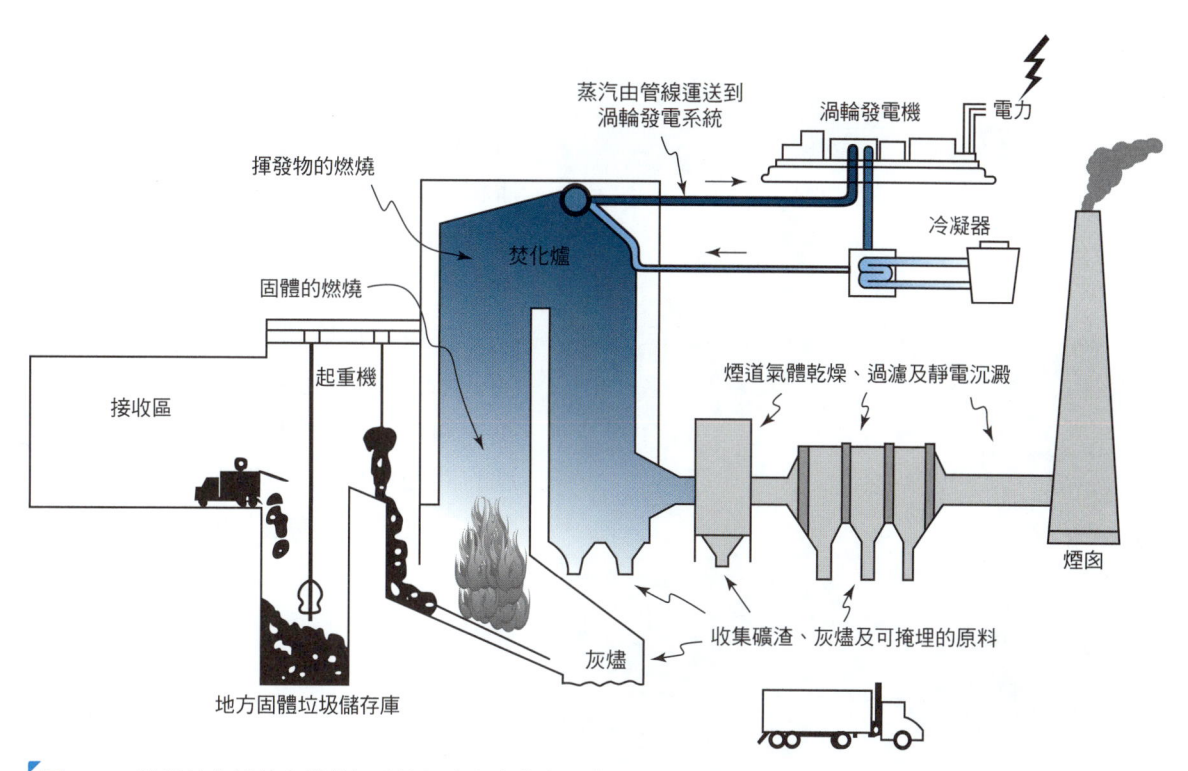

圖 10.9　垃圾焚化爐藉由燃燒切碎垃圾來產生蒸汽，藉此發電，基本原理與常規燃煤發電廠相同，兩者也都會排放必須經過處理的廢棄物。© 2016 Cengage Learning®.

垃圾焚化爐既能發電，又能減少垃圾掩埋場。然而，這些焚化爐需要經過精心設計來避免散佈汙染。燃燒前的分類，無法完全移除如電池與電子產品等有著包含鉛、汞、鎘與稀土金屬等有毒成分的垃圾，燃燒許多會利用的含氯成分塑膠製品就會釋放出致癌物戴奧辛。戴奧辛會在燃燒室排氣管氣溫冷卻的狀況下形成，焚化爐能藉由提高燃燒溫度、調整燃燒時間，並加入足夠氣流進入燃燒室來平均燃燒室溫度，藉以減少戴奧辛等有毒物質的產生。靜電除塵器、濾網、催化反應，以及其他各式措施能夠進一步減少汙染。

穀物廢料發電

傳統上，農夫會將穀物廢料燒毀或任其在田裡腐壞，兩者皆能讓養分回歸土壤。在美國，有大約八成的農業穀物廢料來自玉米。玉米粒只佔玉米種植 45%，剩下的莖、葉與糠 [三者合一稱為秸稈 (stover)] 則成為良好的生質能來源 (圖 10.10)。現今大部分的秸稈在收割後會留在田地中，防止土壤侵蝕、維持土壤保水性，並將養分與礦物

再生能源與永續性設計

質返還給土壤。將秸稈切碎後亦可作為動物飼料及種植蘑菇的太空包。然而，研究顯示，只要農夫適當輪作、播種覆蓋作物，並減少耕耨，最多能夠有 40% 的秸稈作為生質能原料。[3] 歷史上，由於秸稈中所含的氯與鉀在高溫氣化後會形成帶腐蝕性的鹽質爐渣 (clinker)，在高溫鍋爐燃燒秸稈被證明並不適合。雖然現代科技能夠減少上述的問題，但藉由發酵作用氣化能更有效率地轉換穀物廢料成為能源。

圖 10.10　玉米收割後留下的秸稈能夠轉化為能源用途。資料來源：Warren Gretz/NREL.

生質能的生物轉換

生質能的生物轉換 (biological conversion) 利用微生物分解有機物質至更單純的成分來產出能源。以下介紹兩種生物轉換的類型：厭氧消化與發酵作用。

厭氧消化

厭氧消化 (anaerobic digestion) 是一種細菌在低氧環境下將生質能原料分解成一種稱作沼氣 (biogas) 的可燃氣體之過程。大約由 60% 甲烷與 40% 二氧化碳組成，沼氣能夠直接燃燒產生熱能和電力，或純化並壓縮後成為市售天然瓦斯。厭氧消化適合用以管理禽畜糞便排泄物、農業青貯料、城市汙水，以及其他濕式有機廢物。

雖然早在西元前十世紀亞述人便利用厭氧消化作為加熱澡堂熱水的方法，但文獻上第一個厭氧消化工廠是在 1859 年建立於印度孟買的痲瘋病隔離區。到了 1895 年，一座位於英國艾克斯特地區的汙

Chapter 10 生質能

水處理廠開始利用汙水產生的沼氣作為路燈燈油。隨後的各種應用使得人們對厭氧消化的了解加深，增進儀器的複雜度與運作科技技術。然而，工業革命的到來，使得人們對厭氧消化的興趣降低。厭氧消化再次吸引目光則是在大型養殖場開始出現時，因為處理如此大量禽畜糞便變得相當昂貴且會破壞環境。

在美國，牲畜每年生產 10 億噸的排泄物，大部分被放置在戶外潟湖，任其自然分解 (圖 10.11)。這樣的做法導致產生下列問題：

- 可能會因過多的氮與其他化合物汙染表面及地下水。
- 排放出的尿素、硫化氫、揮發性有機化合物，以及顆粒物造成空氣汙染，影響人體健康。
- 釋放出甲烷、一氧化氮，以及二氧化碳等的溫室氣體。
- 吸引蒼蠅與其他害蟲。
- 散發異味。

圖 10.11 動物飼養場產生的排泄物通常會被排放到天然潟湖中。這個過程會造成許多環境問題，而這些問題大多能由厭氧消化作用解決。資料來源：Bob Nichols/USDA Natural Resources Conservation Service.

厭氧消化解決了將禽畜糞便放置在戶外潟湖造成的上述問題，並降低廢物管理的總成本。此外，厭氧消化還能消除糞便裡的病原體與雜草種子，製造出可用於肥料、護根物，以及與畜舍鋪面的無菌和幾乎無臭的殘渣。

厭氧消化通常在稱作沼氣池 (digesters) 的密閉容器中作用，內容物為有機廢棄物與水融合的泥漿。以下是三種常見的沼氣池：

- 加蓋潟湖 (covered lagoon)：填滿肥料的潟湖覆蓋著不透水塑膠蓋，有著能夠將沼氣虹吸後收納的歧管。此種形式常見於溫暖地區的酪農與豬農業。

- 完全混合 (complete mix)：鋼製或水泥製的絕緣水缸裝載排泄物，加熱至適合微生物消化的溫度 (圖 10.12)。在安裝環境上比加蓋潟湖更加有彈性，完全混合性沼氣池在寒冷氣候也能使用。

- 有孔混合 (plug flow)：加熱水缸覆蓋開合蓋來收集沼氣。此方式適合如牛糞等較乾燥的排泄物，在寒冷氣候亦能使用。

現代汙水與廢水處理設施使用厭氧消化作為降低營運成本的方法。燃燒汙水所產生的沼氣來推動設施蒸汽渦輪來產生電力，並供給需要熱能的設備，能夠省下幾百萬美元的能源支出(圖 10.13)。

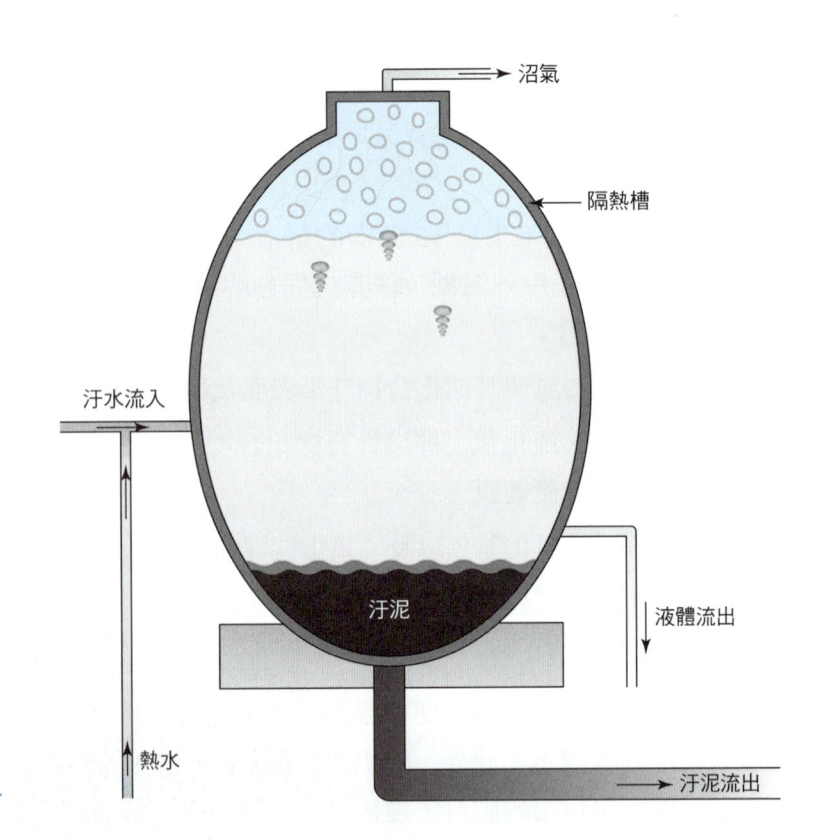

圖 10.12 完全混合型沼氣池是個密閉絕緣大缸，藉由維持特定溫度來促進微生物生成沼氣。
© 2016 Cengage Learning®.

圖 10.13 這是由 12 個每座 130 英尺高的獨立沼氣池所構成的厭氧消化設施，屬於麻薩諸塞州波士頓的鹿島廢水處理廠的一部分。這座厭氧消化設施為處理廠帶來所需熱源，每年能夠產出 28 MWh 電力。發電後剩下的殘餘物被加工作為堆肥肥料。© Greg Kushmerek/www.Shutterstock.com.

酪農業則是另一個相當適合利用厭氧消化作用的產業。每隻健康的乳牛每天會排出能夠產生約 2-3 kWh 電力的排泄物。每隻乳牛每年排出的排泄物所帶有的能量大約等同於 50 加侖汽油。厭氧消化是捕捉這種能量的方式，某些牧場賣給電力公司的能量甚至比牧場本身所需還多。然而，農場必須有一套能夠高效率收集排泄物並運送至沼氣池的機制。常用的方法是將牛群限制在畜欄內，或使用水泥管將排泄物與稻草的混合物運送至沼氣池內 (圖 10.14)。

發酵作用

發酵作用 (fermentation) 是酵母將糖轉化乙醇 (ethanol) 的厭氧化學作用過程。消化作用是人類文明中最早發現的生物反應之一，能夠追溯到至少 9000 年前，在歷史上一直是製造酒精的重要手法。

$$糖 \rightarrow 乙醇 + 二氧化碳$$

$$(C_6H_{12}O_6) \rightarrow 2(CH_3CH_2OH) + 2(CO_2)$$

發酵作用不會產出濃度 15% 以上的酒精，因為高於此數值便不適合酵母生存。蒸餾法 (distillation) 因此成為將酒精氣化，並凝結來使它與周遭其他液體分離，純化酒精濃度的方式。蒸餾法在古希臘時期是眾所周知的，並在歷史上一直有所運用。今日的蒸餾法能夠將乙醇提煉至 95% 濃度，並使用脫水手法純化出純乙醇 (圖 10.15)。

蒸餾法需要大量熱能輸出，傳統上以燃燒廢木或其他生質能提供。考量到以乙醇作為永續再生燃料的可行性，產出過程中所投入的能量便相當重要。將太陽能轉變為生質能再轉變為酒精，過程中的能源效率相當低，比起如以光合模組直接吸收陽光能量還要沒有效率。然而，由於生質能是產品廢棄物、農業廢棄物或可永續耕種的作物，雖然轉換效率低落，但製造乙醇仍是一種重要的再生能源。更重要的是，乙醇作為液態燃料的能量密度較氫與電池來得高，對於運輸載具而言實用性更高。

在美國，幾乎所有製造的乙醇皆來自玉米發酵 (圖 10.16)。從 1980 年開始算起，玉米乙醇的製造已從 2000 萬加侖成長到 100 億加侖。[4] 不幸的是，玉米用在糧食上與能量上之間的競爭激烈，而種植

圖 10.14 以動物排泄物作為厭氧消化原料需要蒐集排泄物的方法，例如使用畜欄限制性畜行動。
© iStockphoto/36clicks.

再生能源與永續性設計

玉米的能源密度又相當高。事實上，玉米產業花費在產出乙醇的能量幾乎等於乙醇所提供的能量。相對而言，使用纖維素 (cellulose) (植物的木質部分) 加工製成乙醇不會擠壓糧食需求，並提供更多機會。舉例來說，美國農業部估計，若從農夫手中收集 40% 的玉米秸稈作為原料，每年能夠製成 100 億加侖的乙醇，與現今以糧食作物為原料製造出的乙醇相當。[5] 其他可能的原料包括特別為製造酒精所種植的作物，如天然草皮與快速生長的樹木。

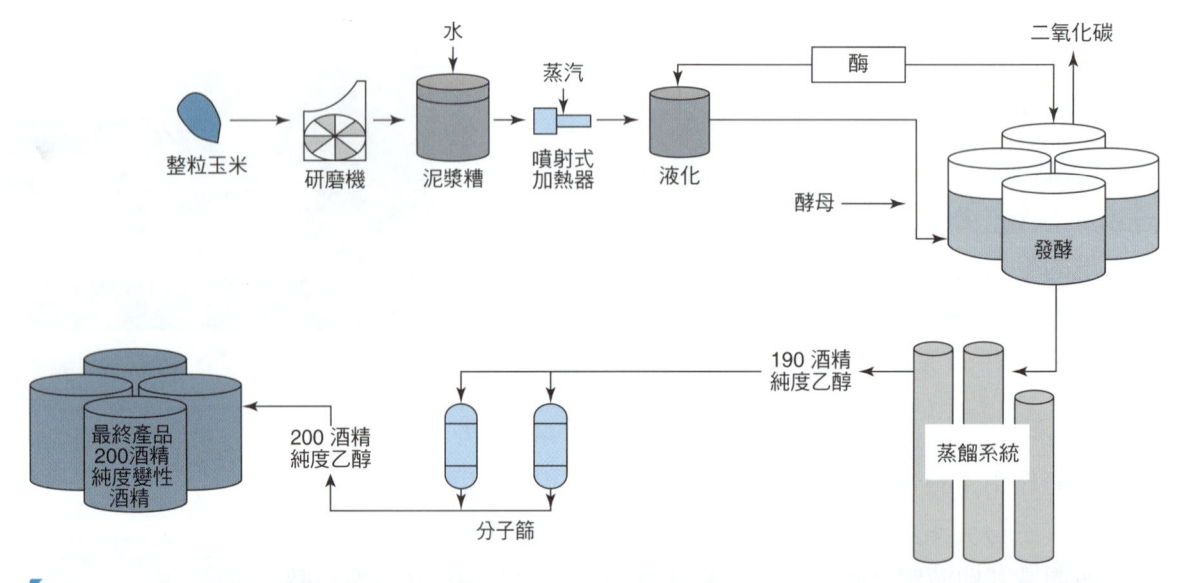

圖 10.15　在乙醇製造廠中，玉米被絞碎後加入水一同加熱。細菌酶幫助混合物液體化，酵母則開始激發發酵反應，製造出乙醇與二氧化碳。能源密集的蒸餾過程將乙醇純度提升至 95%，分子等級的篩膜將剩餘的水分子分離，製造出純乙醇。© 2016 Cengage Learning®.

圖 10.16　這座在 1994 年建於內布拉斯加州的乙醇製造廠，使用來自周圍田地的玉米，每年能夠製造出 5500 萬加侖的乙醇。資料來源：Chris Standlee/NREL.

250

Chapter 10 生質能

延伸學習　乙醇在運輸上的應用

使用乙醇作為運輸燃料已有相當悠久的歷史。在 1826 年，乙醇點燃歷史上第一座內燃機原型機。在 1908 年，亨利·福特發明第一輛 T 形車，特意使用自再生生質能產出的乙醇作為燃料。比起石油，乙醇有下列優點：

- 乙醇不像石油具有毒性。
- 乙醇有著較高的辛烷值，降低引擎震爆。
- 乙醇較不易意外燃燒或爆炸，在遭遇事故時較為安全。
- 乙醇燃燒得更乾淨，並排放更少廢氣。
- 乙醇能在當地製造，而石油則需要管線從油田引導到人口密集處。
- 乙醇製造過程更簡單，石油則需要複雜的製程。

雖然乙醇有這些優點，但石油因為其便宜的價格、來自石油公司的壓力，以及環保意識的不足，仍佔據大部分的液體燃料市場。直到最近，石油與汽車產業擁有的大量資金和完善科技，仍使得乙醇及其他生質能燃料難以競爭。然而，隨著石油價格上漲及政府鼓勵政策推行，由生質能原料製成酒精，就算不考慮在環境與人體健康上的好處，在經濟上已成為更不錯的選擇。

生質能的熱轉換 (乾餾)

熱轉換 (thermal conversion) 是一種以過少氧氣加熱可燃物質使其無法點燃的過程。施加的熱能會驅散濕氣、焦油與可燃氣體，留下幾乎完全以碳構成的燒焦殘餘物。利用此原理製成的產品最常見的是木炭，這個數千年來一直被使用的再生能源 (圖 10.17)。

木炭生產

人們最早從 7000 年前便開始為冶煉銅器而開始生產木炭，在隨後數千年中應用在各種需要高溫的工法中，尤以冶金為首。傳統上，人們藉由將火堆木材埋在潮濕的土壤下，保留其溫度但不燃燒來製造木炭。木炭比起木材而言的優點是，搬運上較為方便、更加容易燃燒，並且不包含會在冶金等過程中破壞成品的濕氣、焦油，以及揮發氣體。然而，木炭只保留原本木材的 20%-40% 能量，使它作為燃料的效率稍低。更

圖 10.17　天然的木炭由木材燃燒後的燒焦殘餘物形成。雖然木炭的製造過程效率相當低，但在幾千年來仍被用在如冶金等需要高溫環境的需求。Courtesy of Scott Grinnell.

有甚者，在燜燒過程中產出的氣化焦油、油脂、揮發性廢氣，以及有毒化合物會直接排往大氣中。而為了製造木炭，砍伐木材也是歷史上許多森林消失的原因之一，這樣的問題仍持續存在於今日許多國家。

現代形式的熱轉換永續性更佳且較不傷害環境。其中包含氣化生質能原料來製造可燃氣體，以及熱解生質能原料來製造液體燃料。

氣化

氣化 (gasification) 為在高溫 (1500°F-2000°F) 密閉容器下，以過少氧氣加溫可燃原料的過程。在不燃燒的情況下，氣化效應將燃料分解為化合物分子，形成一種主要由氫氣與一氧化碳構成，稱作合成氣體 (syngas) 的混合氣體 (圖 10.18)。藉由將燃料化為分子等級，氣化促成不同化合物間的分離。因此，包含汞、硫磺與二氧化碳的潛在汙染物便能夠被分離再利用。由於完全處於密閉環境下，氣化是一個無排放的過程。

氣化提供一種從生質能及其他可燃原料中獲得能源，但又不需擔心直接燃燒所造成排放問題的手段。而且由於氣化反應將燃料分解至分子等級，使得有促進這些分子產生化學反應，形成如液態燃料、肥料、工業用化學物，以及許多產品的潛能。

在氣化過程中，加入蒸汽能夠使一氧化碳轉化為二氧化碳，並得到更多氫氣。富含氫氣的合成氣體能夠直接成為常規燃氣渦輪發電器的燃料來產生電力，或者藉由純化氫氣含量作為氫氣售出。二氧化碳能夠回收再利用或打進地底下做碳封存。由於運用的燃料為生質能，本身便有藉光合作用移除二氧化碳的效果，在氣化過程中將二氧化碳抽出並封存最終會形成負碳 (carbon-negative) 排放的結果，使得大氣中二氧化碳含量減少。

雖然將木材氣化作為路燈燃料的做法在十九世紀末便出現，但是直到 1998 年，美國才有第一座商業規模生質能氣化發電廠在佛蒙特州柏林頓出現。使用當地伐木廢棄物，這座發電廠能夠產出 12-15 MW 電力 (圖 10.19)。

圖 10.18　燃燒作用需要熱能、燃料及氧氣。由於氧氣不足，生質能被分解為主要以氫氣與二氧化碳組成的混合氣體。
© 2016 Cengage Learning®.

Chapter 10 生質能

氣化發電廠能夠使用來自周遭幾乎任何種類的生質能，包括伐木產物、穀物廢料、工業廢棄物、水肥汙泥、輪胎、瀝青屋頂，以及一般垃圾。由於氣化反應能夠捕捉二氧化碳等潛在汙染物，也能被用作從煤炭提取潔淨能源的方式。常規火力發電廠燃燒煤炭所產生的廢氣，是汞、二氧化硫與其他空氣汙染物的主要來源之一。氣化效應可以最小化使用煤炭對環境所造成的影響，使得由石油能源轉換為再生能源更加容易。

氣化反應是較直接燃燒更加具有彈性、效率與乾淨的方式。隨著科技成熟，它的用途與帶來的效益將會更加擴大。

液態燃料熱解

熱解 (pyrolysis) 為一加熱可燃原料來收集其揮發出的物質，精煉後製成稱作生質燃油 (bio-oil) 的液態燃料。如同氣化，熱解在密閉空間以匱乏空氣加熱。然而，過程中數個數值 (包含溫度、壓力與氧氣含量) 被調整到最佳狀態，藉以極小化氣化反應並提升液態燃料的產出。

製作液態燃料最常見的方式為快速熱解 (fast pyrolysis)，將生質能在 2 秒內加熱至一定溫度 (800°F-1000°F)。有機物質會快速的分解為揮發性氣體，而快速的冷卻會使氣體凝結為液體 (圖 10.20)。

為了減少生質燃油中的水含量，使用的生質能水分必須少於 10%。發電廠額外產出的熱能通常足以烘乾接下來的原料。若是原料本身已是乾燥的，這些熱能則可用來提供當地供熱或熱水需求。由於生質能需要被快速揮發，所使用的原料必須仔細碾碎，通常顆粒大小必須在四分之一英寸以下，並且要有適當的措施防止燃燒後的焦炭影響接下來新的原料熱解。

圖 10.19　在 1998 年，佛蒙特州柏林頓的麥克尼爾發電廠開始使用木屑作為氣化材料，產出 12-15 MW 電力。這些動力用以補充原先自 1984 年起運轉的木屑燃燒設施。資料來源：Warren Gretz/NREL.

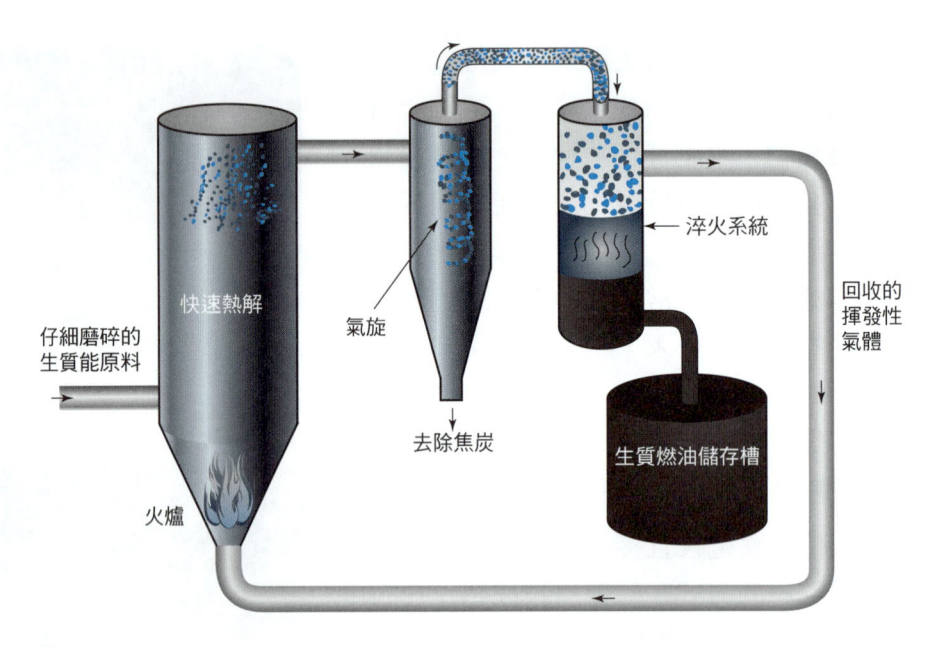

圖 10.20　快速熱解將仔細磨碎的生質能原料快速加熱來釋放揮發性氣體，將焦炭分離，然後將氣體凝結為本質上類似原油的生質燃油。© 2016 Cengage Learning®.

熱解後殘留下來未揮發的殘渣稱為生質焦炭 (bio-char)，主要由純碳組成，具有製造工業與消費用產品的市場價值。將這些碳處理纖維能夠運用在造船、汽車及航空元件；輕量化高性能齒輪；運動用品；玩具，以及其他許許多多的產品。碳也可以被用在魚缸濾水器與空氣淨化器上。

熱轉換摘要

三種熱轉換類型──木炭、氣化，以及快速熱解皆會產生不同比例的液態燃料、焦炭與氣體，如表 10.1 所示。因過程中的溫度與加熱時間有所不同，最後會產生不同產品。

▼ 表 10.1　熱轉換過程

過程種類	設置需求		產品		
	溫度	加熱時間	液態	焦炭	氣態
木炭生產	低	長	30%	35%	35%
氣化	高	中	5%	10%	85%
快速熱解	中	非常短	75%	12%	13%

© 2016 Cengage Learning®.

化學轉換生質能

將蔬菜油化學轉換 (chemical conversion) 為生質柴油是一個相對簡單的過程，稱作轉酯化 (transesterification)。雖然蔬菜油具可燃性，但是純蔬菜油對於一般柴油引擎來說黏性太高，並且會在燃燒後產生殘渣。在蔬菜油與乙醇間的轉酯化反應能夠製造出生質柴油和甘油。過程中超過 85% 的蔬菜油被轉換為生質柴油，剩下的則成為甘油。在純化過後，甘油能夠用在肥皂、食品添加劑、防凍劑、醫療用品與其他許多產品上。

生質柴油不需稀釋或修改引擎，便能直接用在常規柴油引擎上。與從石油分餾出的柴油不同，生質柴油完全無毒、可生物分解，並且不含會造成霧霾與酸雨的二氧化硫。生質柴油較不易引爆，在意外發生時比柴油更加安全。

生質柴油的製造最早能追溯到十九世紀中期，在石油被廣泛使用之前。發明柴油引擎的魯道夫・迪索 (Rudolf Diesel)，最初設計的引擎是以蔬菜油與生質柴油發動的。當時他預期蔬菜油將推動農場設備，而農夫將能夠從作物自行取得燃油。然而，石油較為經濟的商業化擴展使得大部分的生質柴油製造廠瀕臨絕跡，直到 1970 年代爆發石油危機，以及隨後越加嚴苛的環保法規鼓勵乾淨的替代燃料。

目前在美國，大部分商業生質柴油的燃料來自大豆，以及少部分來自東南亞的棕櫚油。包含油菜籽、番紅花、芥末、亞麻與向日葵等油籽作物同樣能夠作為製造生質柴油的原料 (圖 10.21)。此外，生長在大水缸或水塘的微藻類也能提供油料來源。油籽作物含油量約佔其重量的 20%-45% 間，而微藻類含油量則約在重量的 50%。

萃取生質柴油的過程有幾個步驟。首先，若是原料為種子作物，要先摘下種子，將種子本身剝出，然後以螺旋壓力機或榨油機將油擠出。使用機械能榨出 80% 的油，而後續使用溶劑則能使榨油率達到 95%。剩餘的殘渣相當有營養，常被用作牲畜飼料。

如同油籽作物，微藻類亦能以機械壓濾出油。以超音波脈衝破壞微藻細胞壁的實驗性做法則是另一個手段。由於其含油量高、生長快速且生長密度高，微藻類相當適合作為生質柴油的原料 (圖 10.22)。

再生能源與永續性設計

圖 10.21 種植著富含能量的油菜籽的金黃色田地。油菜籽如同許多其他油籽作物，能夠提供製造生質柴油的原料。資料來源：Library of Congress, Prints & Photographs Division, photograph by Carol M. Highsmith, LC-DIG-highsm-18361.

圖 10.22 種植著微藻類的淺池。比油籽作物生產力更佳，微藻類提供充足原料用以製造生質柴油。資料來源：Nature Beta Technologies Ltd, Ei/NREL.

不論是使用油籽作物或微藻類，作物最後所能產出的能量必須大於被用在整地、播種、種植、收割與加工的能量。能量的投入和產出受到當地實際種植狀況與農業技術而有很大的不同。圖 10.23 為美國生質能資源地圖，包括動物排泄物與人類水肥、垃圾掩埋場排放的甲烷、農業廢棄物和伐木產物。

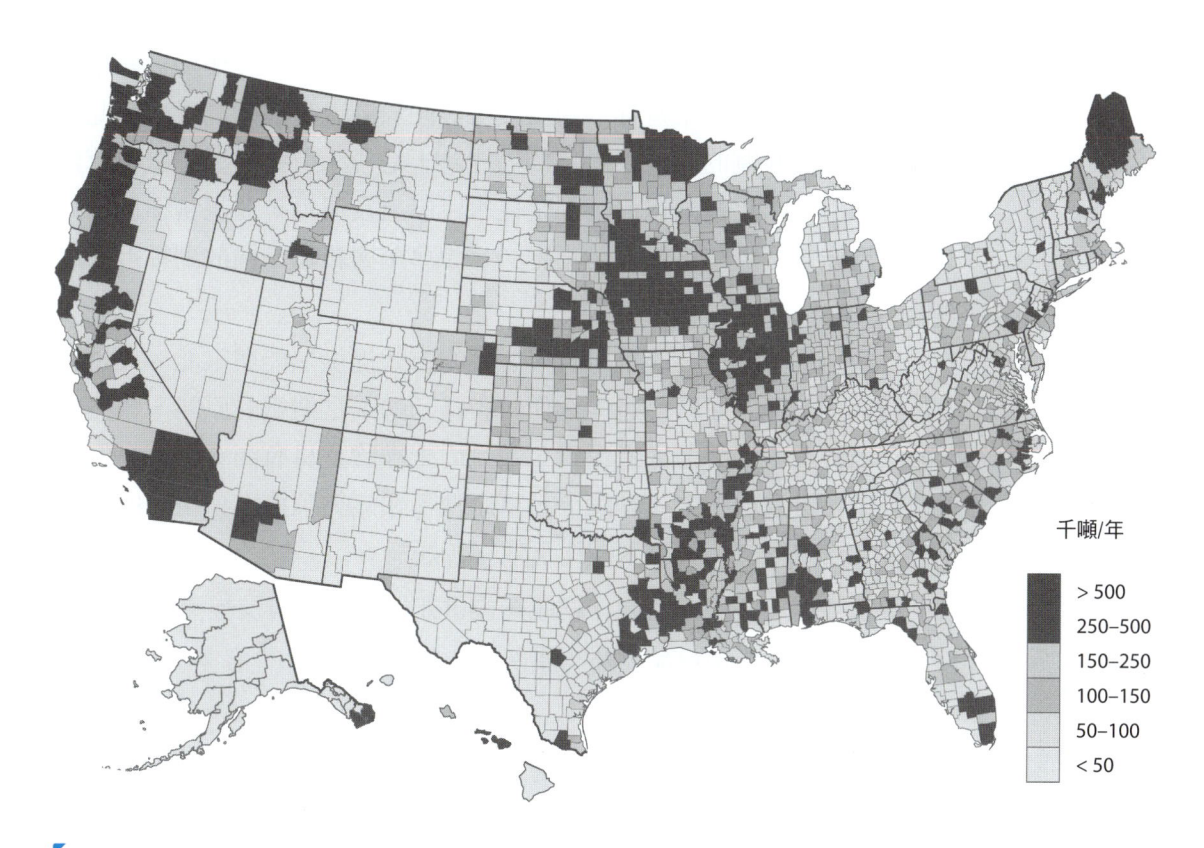

圖 10.23　包括動物排泄物與人類水肥、垃圾掩埋場排放的甲烷、農業廢棄物和伐木產物。© 2016 Cengage Learning®. 資料來源：改編自 Billy Roberts/National Renewable Energy Laboratory (NREL) data map.

能源作物種植

專門用以作為生質能原料的能源作物，包括生長快速的樹木、多年生草本植物，以及油籽作物。其中包含柳樹、白楊木與桉樹種植園、柳枝稷、大須芒草、芒草等的草原型草本植物，以及大豆等的其他油籽作物。如大豆等的作物能夠作為大麥與小麥輪種期的地利作物，抑制雜草生長，並降低化學藥劑使用。

理想的能源作物不會與糧食作物的種植地衝突，包括能夠在糧食作物無法生長的土地上種植。多年生草本植物 (圖 10.24) 是一個有利的候補者，在美國大地尚未被拓荒者以小麥等糧食作物取代前廣佈各地。這種草類能夠快速生長，並且僅需使用些微肥料與藥劑便能維持每年收成。這種植物的種植不需要翻耕土地，在減少能源付出的同時降低土地侵蝕的風險，並且對洪災、乾旱、蟲害與貧瘠土壤皆有抗性，

能夠持續種植 10 年以上不需更換。不像大部分的一般作物,多年生草本植物的根部向下延伸的深度幾乎等同於向上生長的高度。藉此,就算在已被收割的狀況下,它們仍能為土地帶來有機物質。這種草類也能夠用來防止暴雨徑流,固定住水流岸上及濕地,並且當種植在鄰近常規作物旁邊時,能夠防止肥料、除草劑與殺蟲劑擴散到鄰近水道中。

多年生草本植物能夠以直接燃燒的方式提供熱能與電能,或是作為氣化或熱解的原料,也能夠作為製造乙醇或是造紙的原料。雖然目前以草料製作乙醇還太過昂貴,並且尚未被證實具有商業價值,但相關科技正日漸成熟中。理論上,草原型草類能夠製造出種植時所花費能量五倍的乙醇,與玉米相比下效率較好。

在挑選適當下,能源作物能夠提供如以下的環境及經濟效益:

- 藉由防止土壤侵蝕與流失來改善水資源。
- 增加野生生物棲息地。
- 藉由改善土壤養分維持、碳封存與濕度控制來維持土壤健康。
- 藉增加工作機會與利潤振興當地社群。
- 提供當地碳中和的能源來源。

能源作物最吸引人的應用在於,製造可以用在運輸上的氫氣或液態燃料。光合作用將太陽能轉換為生質能的低效率,使得在發電上,如太陽能與風力發電的其他再生能源較生質能更為實際。

▌圖 10.24 柳枝稷是一種生長快速的北美洲草原植物,可以替代玉米作為生產乙醇的原料。資料來源:Warren Gretz/NREL.

本章總結

　　生質能包含所有以光合作用轉換太陽能形成有機物質的原料。綠色植物將太陽能轉變為生質能的效率很低，平均大約只有1%，有鑑於此，使用生質能作為發電方法要比使用其他再生能源來得沒有效率。然而，由於生質能主要是可永續種植的作物或廢棄物，使得生質能成為難能可貴的再生能源，尤其能夠轉換成對運輸業相當重要、能源密度高的液態燃料。

　　有四種方法能夠轉換生質能產生能量：直接燃燒如木柴、穀物廢物，以及可燃垃圾等乾燥生質能來產生熱與電力；生物轉換如排泄物、水肥與穀物漿等濕式生質能原料來製造生質瓦斯和乙醇；熱能轉換乾燥生質能來製造混合氣體與生質燃油；化學轉換植物油為生質柴油。

　　不論是藉由特定方式分解生質能來製造能源，或是任其自然分解，釋放到大氣中的熱能與二氧化碳近乎相同。從生質能中提取能量並不會消耗地力，因為許多養分仍殘留在殘餘物中。燃燒後所產生的灰燼、厭氧消化後的堆肥、榨油後的殘渣，以及乙醇製造後的殘留物，都保留了原料本身所擁有的大部分養分。雖然土地需要足夠有機物質來維持地力，但只要殘留物留在田中，這些生質能仍能永續種植。

複習題

1. 每年美國人製造了 40 億噸的垃圾，平均每天每個人約製造 4 磅垃圾。你認為處理一般固態垃圾的最好方式是什麼？

2. 請解釋為何燃燒生質能被視為是碳中和。

3. 有機物質對於土壤健康而言相當重要，而大部分重要的養分在燃燒後仍會留在灰燼中。若讓作為能源用途的生質能自然腐壞而不燃燒，會有什麼狀況發生？

4. 數千年來，焚燒穀物廢料都是再生能源的一種形式。在加入殺蟲劑、除草劑與其他化學藥劑後，會對這種焚燒穀物廢料的適當性有何影響？

5. 不同的微生物在不同的生質能反應中會有不同作用，並生產出不同的產品。請區分兩種不同形式的生物轉換過程。這兩種過程中，產出的燃料最後主要被用在哪些方面？

6. 如瀝青屋頂等較難回收的產品，為生質能發電提供良好原料。請舉出其他類似的產品。何種生質能轉換最適合用在此類產品上？

7. 禽畜糞便的厭氧消化通常需要將動物限縮在畜欄內來收集排泄物。這可能會造成什麼問題？

8. 某些分析師宣稱，牧場至少需要有 400 頭牛以上的規模，使用厭氧消化作用發電才會是經濟的選擇。在印度，僅有幾頭牲畜的單一家庭會利用禽畜糞便厭氧消化所產生的瓦斯來煮飯。請比較兩者的差異。

9. 生質能的生物轉換與熱能轉換皆需在低氧環境下進行。對於兩個反應來說，為何低氧環境是必要的？若是在充滿氧氣的環境下進行反應會發生什麼事？

10. 比起豬、雞或肉牛的養殖場，在美國，酪農場佔了厭氧消化作用廠的絕大部分。為什麼會這樣？

11. 氣化反應比起直接燃燒的優勢為何？為什麼氣化反應並未被更廣泛的運用？

12. 快速熱解的優點之一是，能夠創造出加工後可製造輕量、高強度碳纖維產品的純碳。除了製造能源外，請比較熱解與氣化反應所能創造的效益。你認為何者是較好的生質能反應方法？

13. 生質柴油的主要原料來自美國本土生產的黃豆油與來自東南亞的棕櫚油。你認為哪一種原料對環境影響較低？為什麼？

14. 通常餐廳免費提供的廢油是製造生質柴油較為經濟的來源之一。在燃燒時，生質柴油會散發食物氣味。你認為這會如何影響大規模性的轉換食物廢油為生質柴油？

15. 由生質能作用所產生的兩種燃料分別為乙醇與生質柴油，兩者皆為無毒且能夠被自然分解。請討論兩者的差異。

16. 燃燒或氣化一般垃圾所獲得的能量僅佔了製造這些垃圾所花費能量的一小部分。雖然這些方法能夠減少垃圾掩埋場的使用，但根本性的解決方法仍是減少製造垃圾並落實回收。你認為有哪些方法可

以減少製造垃圾並落實回收？

17. 只有在不影響糧食作物生產的情況下，種植能源作物才會顯得有實用性。請描述一個符合上述條件的成功狀況。

練習題

1. 在一個美國中西部的偏遠社區，一捆乾燥橡木木柴要價 200 美元，而天然氣一千卡要價 1.65 美元。每捆乾燥橡木木柴有 3000 萬 Btu 的能量，而每千卡天然氣則有 100,000 Btu 的能量。若有一柴爐生質能轉換熱能效率為 75%，而天然氣爐則是 92%，從這兩爐中各使用 5000 萬 Btu 將花費多少美元？何者較為經濟？

2. 一座有著 500 頭牛的農場利用厭氧消化作用，燃燒生質瓦斯推動渦輪每年能夠產出 370,000 kWh 電力。若每年每頭牛所產生的排泄物含有 600 萬 Btu 的能量，將排泄物轉換為電力的整體效率為何？(1 kWh = 3412 Btu)

3. 在美國，大部分製造乙醇的原料來自玉米。每一英畝的玉米田能夠產出大約 350 加侖的乙醇。若是以柳枝稷製造乙醇，每英畝則能夠製造出 1100 加侖乙醇，而種植柳枝稷所需的能量只要玉米的一半。

   a. 請比較兩者轉換為乙醇的能源淨產出。

   b. 若每英畝的玉米秸稈(而非玉米粒)可產出 180 加侖的乙醇，而玉米粒則用於食物用途，在選擇種植作物時會有什麼影響？

4. 移動氣化裝置能夠為汽車將木柴轉化為可燃燃料。此種裝置於 1930 年代發明，在二戰時期石油短缺時被大量運用在歐洲。每磅碎木大約能推進汽車 1 英里。某人以一捆 200 美元，每捆 3500 磅的價格購買乾橡木，每一美元換算成木頭能跑多少英里？與一輛 1 加侖能跑 30 英里的汽油車相比，何者較便宜？

5. 微藻類是一種生質柴油良好的原料來源。擁護者聲稱，微藻類每英畝能夠生成同樣面積黃豆 50 倍的油料。

   a. 若每英畝的黃豆每年能產出 38 加侖的生質柴油，則每英畝的微藻類能產出多少生質柴油？

   b. 若每人平均一年會駕駛每加侖油料能跑 25 英里的汽車共 10,000 英里，消耗的油料相當於多少英畝的微藻類所生產的？

   c. 承上題，若在美國有 1 億 5000 萬的駕駛者，若擁護者所說為真，將需要種植多少平方英里(1000 英畝 = 1.56 平方英里)的微藻類才足以應付這樣的需求量？

尾註

[1] U.S. Environmental Protection Agency. (2011). *Municipal solid waste generation, recycling, and disposal in the United States: Facts and figures for 2010* (EPA-530-F-11-005). Washington, DC: EPA.

[2] Environmental Research Foundation. (1992). *New evidence that all landfills leak*. Annapolis, MD: Rachel's Hazardous Waste News #316; G. F. Lee & A. Jones-Lee. (1992). *Detection of the failure of landfill liner systems*. El Macero, CA: G. Fred Lee & Associates.

[3] R.M. Cruise & C. G. Herndl. (2009). Balancing corn stover harvest for biofuels with soil and water conservation, *Journal of Soil and Water Conservation*, 64(4), 286–291; K.L. Kadam & J. D. McMillan. (2001). *Logistical aspects of using corn stover as a feedstock for bioethanol production*. Golden, CO: National Renewable Energy Laboratory.

[4,5] U.S. Energy Information Administration. (2011). *Annual energy outlook 2011* (DOE/EIA-0383), Washington, D.C.: U.S. Department of Energy.

Chapter 11 非太陽能之再生能源

© George Burba/www.Shutterstock.com

簡介

人類所需的能量幾乎都來自太陽。無論是直接透過光伏模組，還是間接從生質能、石化燃料，或透過風和水的流動獲得，太陽驅動了我們身處的世界。相比之下，並非源自陽光的潮汐能及地熱能是很小的。然而，這兩種非太陽能形式的再生能源，在此能源存在的地區提供寶貴的資源。本章探討潮汐和地熱能及其對人類的重要性。

潮汐能

潮汐能 (tidal energy) 源自月球及太陽對地球海洋的重力相互作用的影響 (參見下面的延伸學習：每日兩次潮汐)。最終，潮汐能的來源是地球旋轉的動能。潮汐的日運動消耗 3.7 萬億瓦特的功率，並逐漸減慢地球的旋轉，每年大約延長 2000 萬分之一秒。

延伸學習　每日兩次潮汐

在地球和月球之間的引力吸引，導致海洋在地球的近端與遠端向外膨脹，每天造成兩次高潮和兩次低潮。

從地球的角度來看，月球繞地球旋轉。實際上，地球和月球彼此繞軌道運行，地球和月球都被相同的引力吸引。這與一個成人和一個孩童拉著一條繩子同時在彼此間溜冰相似。孩童在成人周圍做大幅圓周運動，並且速度相對地快。然而，成人在一個較小的圓周溜冰，移動速度相當緩慢。在繩索中同樣的力量拉向彼此，但是由於成人質量較大，對該力響應就不會太快。地球和月球與此系統類似。在任何時

候，地球向月球移動，而月球繞著地球跑，地球不斷地改變方向跟隨月亮，就像面對溜冰孩童的成人。

　　成人距離所在物體遠，則作用在他們之間的重力越弱。結果，重力在地球最靠近月球的那一側最強，在地球中心較弱，而在離月球最遠的那一側也較弱。由於海洋是流體且能夠變形，它們透過沿不同方向往上膨脹來響應重力的不同強度。在靠近月球的一側，海洋比地球本身更向月球移動，因為近側的力大於地球中心的力。在遠離月球的一側，由於較弱的重力，海洋向地球移動的程度小於地球本身。海洋的慣性抵抗地球運動的變化，就很像是每次以一個圓周在溜冰時身上穿的寬鬆衣服向外吹，抵抗溜冰者的運動變化。類似地，地球遠側的向外凸起是由於地球調整其跟隨月球的路線而海洋隨之改變的現象。

　　兩個潮汐凸起的位置相對於月球幾乎保持恆定，同時地球繞其軸線旋轉，導致陸地移動到凸起中，並產生可觀察到的潮汐變化。

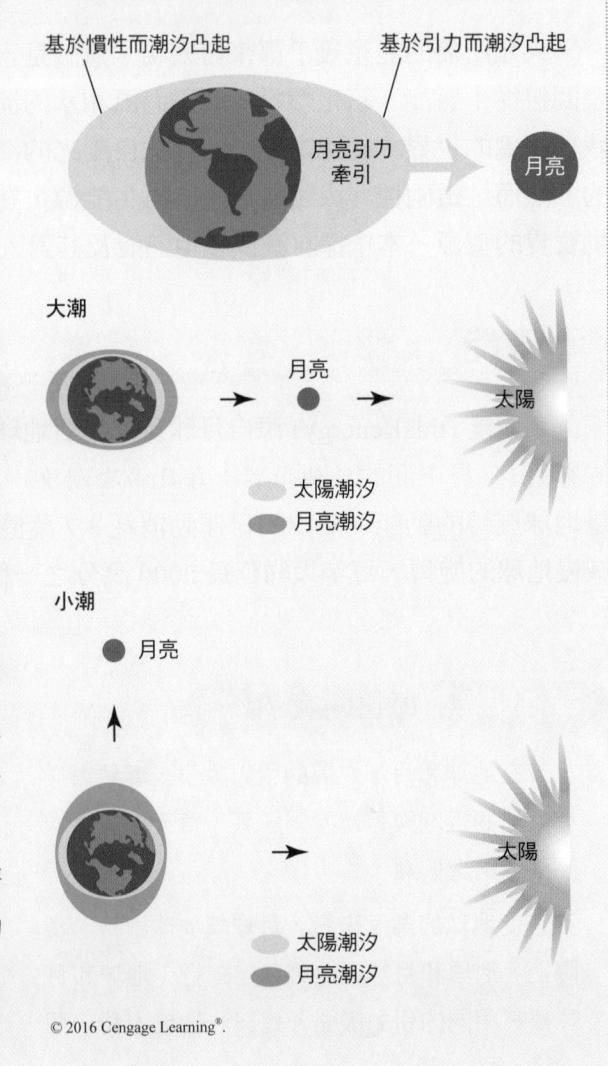

Chapter 11 非太陽能之再生能源

雖然月球對地球潮汐的影響最大，但太陽也很重要。當太陽和月亮的重力在相同方向上作用於地球上時，例如在滿月或新月期間，潮汐是最大的，稱為大潮 (spring tides)。當它們的重力相互垂直作用於地球上時，例如在第一或最後四分之一月的期間，潮汐是最小的，稱為小潮 (neap tides)。每個大潮和小潮之間的時間是農曆月的四分之一，或約 7.5 天。

雖然潮汐能與太陽能驅動形式僅為地表太陽總量 121,800 兆瓦的 0.0030% 相比是微不足道的，但它對一些沿海群落，特別是那些缺乏可靠太陽能源地區的海洋群落提供大量的貢獻。潮汐能是無汙染的，高度可預測的。它不消耗燃料，其運行不會造成氣候變化。然而，其應用僅限於合適的位置，如圖 11.1 所示。

在海洋中間的高潮和低潮之間的平均範圍約 1.6 英尺，太小的話則不能用於發電。然而，許多沿海地區的情況顯著地大於此潮汐，由地形特徵如半島，狹窄的入口和淺的河口擴大。在沿海水域中，高潮和低潮之間的範圍可以高達 50 英尺或更多，導致每天在水位上的變化顯著，並提供大量提取能量的機會 (圖 11.2)。

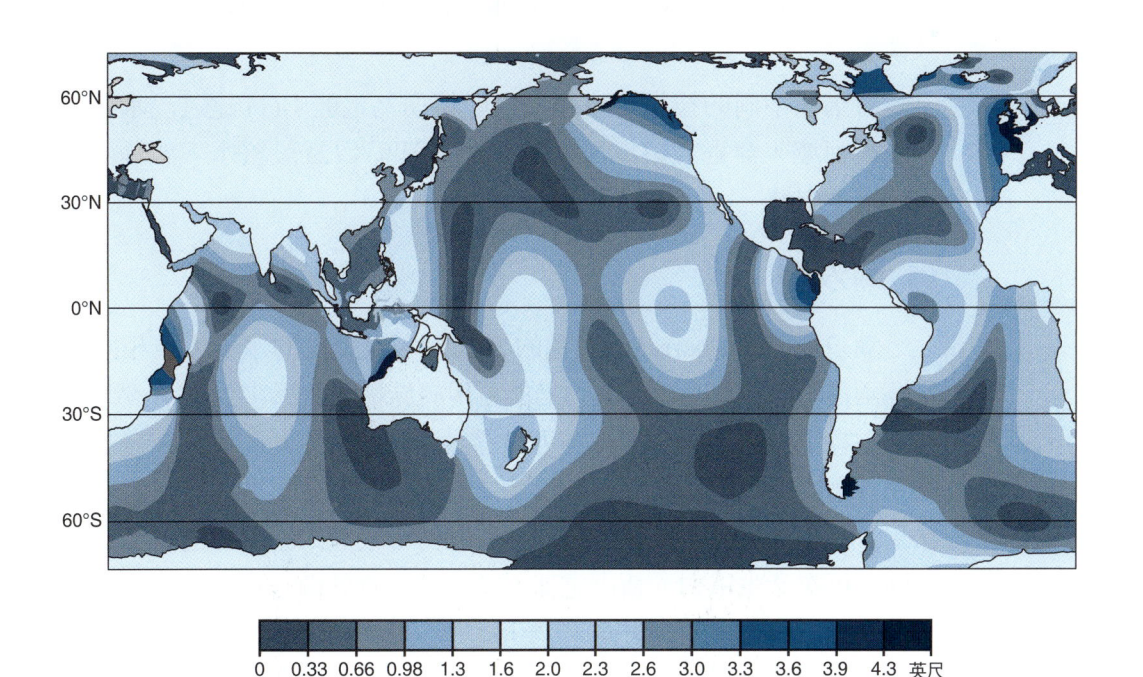

圖 11.1 經歷大潮變化的地點，以漸深的藍色色調顯示，可讓一些沿海群落利用潮汐能。© 2016 Cengage Learning®.

圖 11.2 位於芬地灣，其潮汐變化可能高達 50 英尺，新斯科舍的霍爾港 (Hall's Harbor) 經歷了海平面的巨大變化。 Courtesy of Terri McCulock/Bay of Fundy Tourism, Nova Scotia.

潮汐能應用的首次記錄可以追溯到一千年前或更久的時期，沿著西班牙、法國，以及英國的沿海地區使用潮汐磨粉機。由潮水流入儲水池所提供的水，在低潮期間流經裝有水輪的通道之後被清空。轉輪提供機械動力來磨碎顆粒，就像傳統的水磨。第一座主要的潮汐發電廠在 1966 年於法國聖馬洛附近修建，並採用類似的技術，儘管它攔阻整個河口用以儲存水。北美唯一的潮汐發電廠在加拿大新斯科舍運轉，並於 1984 年完成，使得潮汐發電成為世界電力相對新穎的一項技術。

有兩種不同的技術可以將潮汐能轉換為電能：(1) 建造淺水壩，稱為攔河壩，穿過入口或河口，提供高潮區；(2) 設置水下渦輪機，在潮流中旋轉。

潮汐壩

潮汐壩 (tidal barrage) 發電的方式與水力發電的水壩大致相同：水壩兩邊的水位差產生的重力勢能可用於旋轉渦輪機 (圖 11.3)。然而，與水力發電大壩不同，潮汐壩可以透過利用兩個方向的流動來發電。隨著漲潮增加海洋側的海平面，水透過渦輪機產生電力並衝擊河口。當潮汐潮和海平面是低位時，滯留在攔河壩後面的水就會透過渦輪機返回，再次產生電力。藉由這種方式，潮汐壩就像一條河上的水力發電大壩，每天翻轉四次方向。

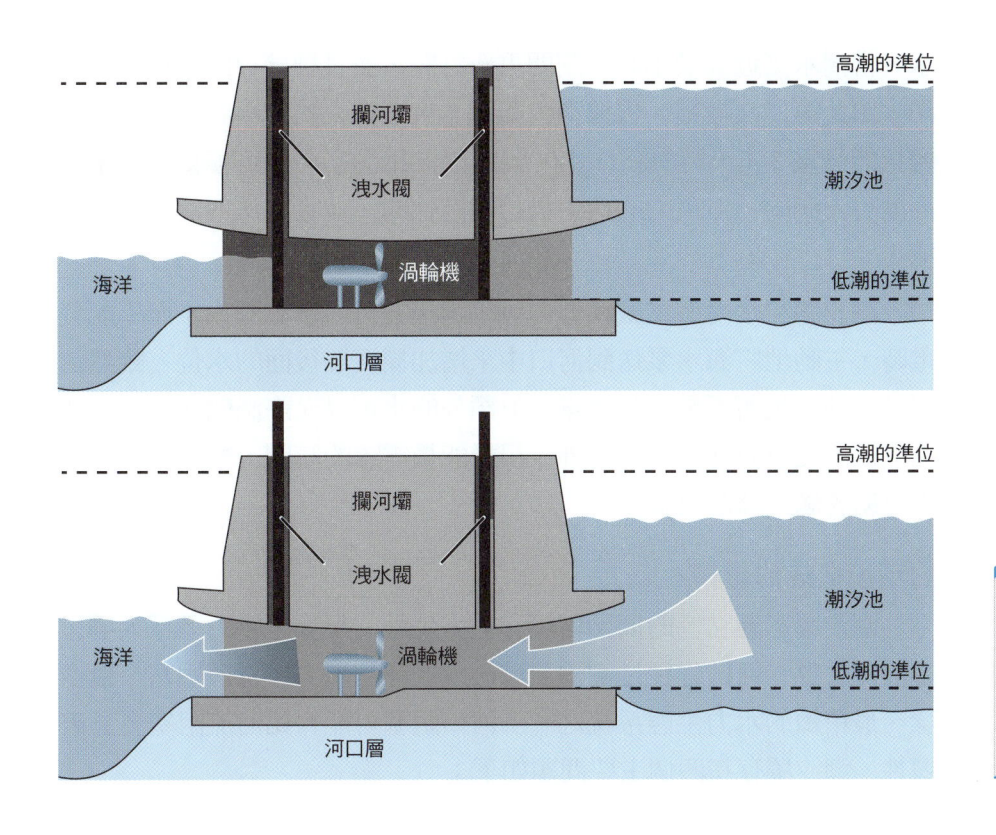

Chapter 11 非太陽能之再生能源

圖 11.3 潮汐壩中渦輪機作為低水源頭水力發電機，有時在高潮和低潮期間都會產生電力。© 2016 Cengage Learning®.

發電

與水力發電設施一樣，來自潮汐壩的功率取決於兩個參數：流量和水源頭。流量 (Q) 是以每秒多少加侖 (gal/s) 來測量通過渦輪機的海水的體積，並且取決於渦輪機的尺寸。水源頭 (H) 是以英尺測量，僅僅是攔河壩上的水位差。因此，高潮和低潮之間的範圍越大，可以產生越多的功率。潮汐功率 (P) 方程式與水力發電方程式相同，其中，g 為海水的重力、ρ 為密度；然而，海水比淡水略稠：

$$P = \rho g Q H$$

$$P = 11.6 \frac{\text{watts}}{(\text{gal/s})\text{ft}} QH$$

在系統中的摩擦及渦輪機對準和旋轉速度的缺陷，降低了實際功率輸出。由於渦輪機在有限旋轉速度範圍內執行最佳操作，大多數潮汐壩不隨潮汐變化持續產生動力，而是延遲水的通過，直到在堰壩上存在足夠大的高度差或水源頭。當水源頭足以允許渦輪機有效地操作時，閘門才會打開，並且使發電廠產生電力。當水位在攔河壩和水源頭之間平衡時，渦輪機失去效率。在高潮時，閘門關閉以匯集大量的

水，當潮水接近其最小時，閘門重新打開，並且讓儲存的水洩放至海洋，由此第二次發電。根據潮汐範圍，大壩在大約 6 小時的潮汐週期內只能發電 3-4 小時 (圖 11.4)。雖然潮汐和從它們中可獲得的能量是高度可預測的，但電力的產生仍是間歇性的，並且無法與能量需求匹配。

潮汐壩和水力發電廠相似，可以選擇在可用水源頭太小而不能發電時，主動地將海水泵送到河口中來增加攔河壩後面的水位。雖然這屬於消耗能量而不是產生能量，但額外的水可以允許渦輪機在下一個低潮期間更有效地操作。此外，根據能量需求的時間，額外的容量可能有助於滿足峰值負載。

對環境造成的影響

潮汐壩影響它們的周圍環境和地方生態，很像是水力發電大壩影響河流生態。河口往往是潮汐流域最大的經濟潛力，是最豐富、最多樣、最精緻的水力生態系統之一。河口阻塞可能會比河流阻塞更具破壞性。潮汐壩存在四個主要問題如下：

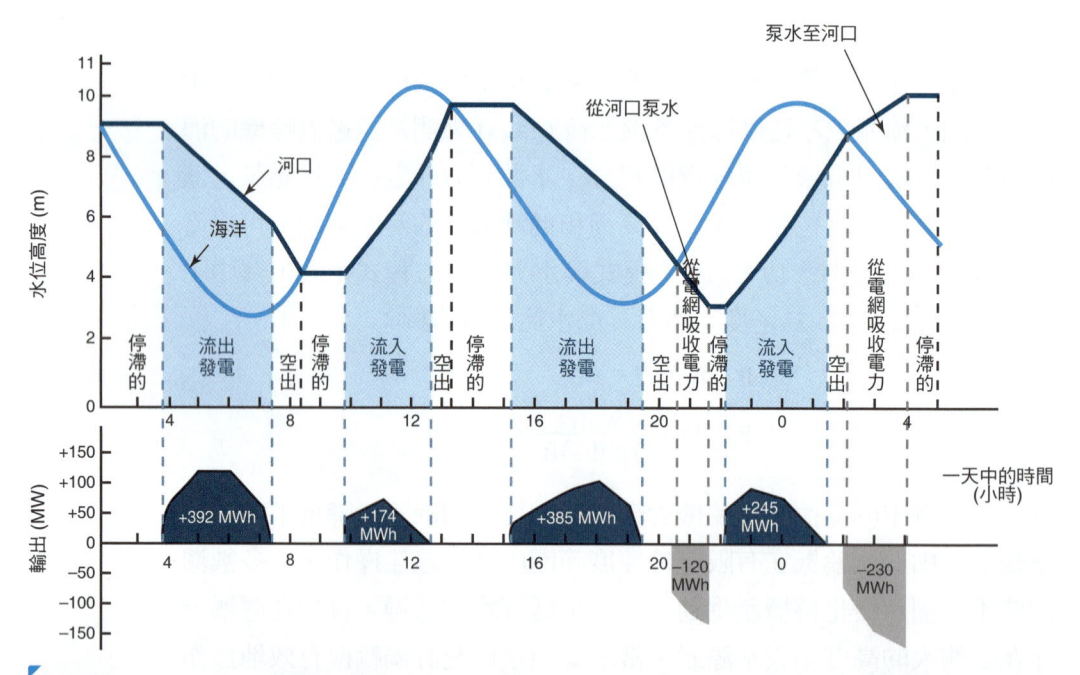

圖 11.4 海洋和河口之間的水位差異作為高低潮汐，提供發電機會。如泵操作渦輪機消耗電力而不是產生電力，但是可以使能量總體生產效率更高，並且可以幫助提供尖峰時負載。© 2016 Cengage Learning®. 資料來源：改編自 La Rance Tidal Power Plant, BHA Annual Conference Report, 2009.

- 阻礙魚類遷徙：許多魚類出生於淡水，在海洋中生活，回到淡水產卵。這些魚必須通過中間攔河壩的渦輪機至少兩次，而渦輪機被設計成允許讓魚通過，死亡率是顯著的。
- 改變潮汐間帶：在潮汐循環期間交替淹沒乾涸的區域 [稱為潮汐間帶 (intertidal zone)] 是生態多樣化及豐富的棲息地。潮汐壩通常改變潮汐循環和水位，可能危及這個生態系統。
- 減少自然沖刷：堰壩減少了潮汐的自由流動，從而造成廢物和碎屑的自然沖刷，導致潛在的水質與淤積物聚積的問題。
- 阻礙航行：雖然可以安裝阻攔物，但是它們對於船隻航行來說是緩慢且昂貴的，並且阻止了海洋哺乳動物和其他大型水生生物的自由通行。

這些關注一直是環保團體和當地居民反對的基礎，並很大程度地阻止了潮汐壩的進一步發展。高額的建設成本及缺乏合適的位置，進一步限制了開發。

水下渦輪機

潮汐能的另一種方法是，利用水下渦輪機攔截快速移動的潮汐流。水下渦輪機利用潮汐流 (tidal streams) 的動能，而不是利用水位差產生的勢能。在設計上類似於風力渦輪機，這些裝置可以設置在沿海水域中，並且在漲潮及退潮期間利用能量。

潮汐渦輪機相對於風力發電機更具有顯著的優點。與風力發電不同的是，潮汐流是高度可預測的，並以眾所周知的間隔產生能量，便於並聯到電網中。由於水的密度比空氣的密度大 830 倍，潮汐渦輪機可能比類似產量的風力渦輪機小得多，進而減少空間的需求及相關的影響。從表面上來看，潮汐渦輪機是不為人見且安靜無聲，減輕了風力渦輪機的主要環境問題：視覺汙染。

儘管有這些優點，但是任何海洋能量裝置 (包括潮汐流渦輪機) 的安裝仍是新興行業。海洋環境的腐蝕性和偶發的性質帶來許多技術上的挑戰。儘管目前正在進行研究並保有樂觀態度，但目前卻只有非常少的潮汐流渦輪機存在。

潮汐渦輪機具備兩個最有前景的設計：(1) 安裝在水下塔的可變槳距轉子；(2) 封閉在管道內，並且直接放置於海底框架上的轉子。

- 可變槳距轉子透過優化葉片對準,用以提取最大化能量。安裝在水平軸風力渦輪機的塔架上,透過使葉片完全圍繞及電樞轉動整個渦輪機以產生電流 (圖 11.5),它們在淹沒和衰退循環期間產生能量。可變槳距轉子具有能夠在必要時將槳葉調節到中立位置的優點,停止旋轉而不依賴機械驅動器。

- 封閉在管道內並直接設置在海底的轉子減輕了船舶航行的影響,並且比安裝在永久性塔架上的渦輪機的擾動來得小 (圖 11.6a)。有些設計採用擴口管道來加速通過渦輪機的潮汐流,進而提高性能 (圖 11.6b)。通常封閉在管道內的轉子比可變槳距轉子操作效率來得低,但是成本也較低、設置更快,並且更適用於多用途的地方。

這兩種類型的渦輪機透過提升力原理來獲得能量,而不是阻力,並且能將動能轉換成具有與風力渦輪機 59% 的限制效率等同的

圖 11.5 在海底之上時,水下渦輪機運行最佳。支撐可變槳距轉子的塔架可以安裝在重型機架上,如藝術表演舞台或使用半永久地基直接錨定到海底。© 2016 Cengage Learning®.

圖 11.6 (a) 由 OpenHydro 製造的中心開口渦輪機,利用中央孔緩慢旋轉渦輪機,以期對魚類及其他海洋生物的傷害降到最低。Courtesy of OpenHydro. (b) Lunar Energy 的設計採用特殊管道匯集海流,並加速通過渦輪機的流量。Courtesy of Lunar Energy.

電能。水下障礙物引起的湍流和與海底的摩擦減少了可用能量。在塔上安裝渦輪將它們提升到海底上方並更靠近陸地，此時潮汐流最強且且最少湍流，使能量產生優化。

雖然潮汐渦輪技術仍在發展，但是風力渦輪機設計的進步和多年的水力發電經驗保證潮汐發電快速發展。世界各地的許多國家正在投資水下渦輪技術，並在不久的將來設置潮汐能設備。

發電

水下渦輪機以風力渦輪機相同的方式提取能量，因此可用功率 (P) 取決於相同的三個參數：(1) 電流的速度 v，以 mph 測量；(2) 轉子掃過的面積，$A = \pi r^2$，以平方英尺測量；(3) 海水的密度 ρ。

$$P = \tfrac{1}{2}\rho A v^3$$

$$P = 4.25 \, \frac{\text{watts}}{\text{ft}^2 \text{mph}^3} \, A v^3$$

潮汐流的速度在潮汐和水滿週期的期間連續變化，導致潮汐渦輪機的電力輸出也跟著變化。由於可用功率取決於電流立方的速度，當潮汐衝入或流出時，水下渦輪機在峰值電流期間產生大部分功率。與潮汐攔河壩不同，潮汐攔河壩可以在一定程度上調節獲取水的釋放，水下渦輪機的輸出不太容易調整，產生的平均值僅為其額定功率的 30%。

例題 11.1

估計水下渦輪機所產生的電力，轉子覆蓋範圍為 215 平方英尺，用於 6 小時循環期間以峰值速度 9 mph 流動的潮汐流。估計更改流速如下：9 mph 流 1 小時，6 mph 流 1 小時，4 mph 流 1 小時，2 mph 流 1 小時，接近零流 2 小時。

解

6 小時內產生的總能量等於每一速度下產生的能量總和：$E_{總和} = E_1 + E_2 + E_3 + E_4$，其中能量等於功率乘以時間 (瓦特 × 小時)。每 kWh 等於 1000 瓦特小時。

$$\begin{aligned}
E_{總和} &= 4.25 A v_1^3 T_1 + 4.25 A v_2^3 T_2 + 4.25 A v_3^3 T_3 + 4.25 A v_4^3 T_4 \\
&= 4.25(215 \text{ ft}^2)(9 \text{ mph})^3(1 \text{ 小時}) + 4.25(215 \text{ ft}^2)(6 \text{ mph})^3(1 \text{ 小時}) \\
&\quad + 4.25(215 \text{ ft}^2)(4 \text{ mph})^3(1 \text{ 小時}) + 4.25(215 \text{ ft}^2)(2 \text{ mph})^3(1 \text{ 小時}) \\
&= 666 \text{ kWh} + 197 \text{ kWh} + 58 \text{ kWh} + 7 \text{ kWh} \\
&= 928 \text{ kWh}
\end{aligned}$$

再生能源與永續性設計

渦輪機產生總能量的三分之二以上發生在峰值速度的單一小時內。相比之下，渦輪機在潮汐流的最後一小時期間產生很少的電力。

環境影響

水下潮汐渦輪機與任何現有能量產生方法相比，具有最小的環境影響。幾乎所有居住在快速流動的潮汐水中的魚及海洋哺乳動物都具有足夠的靈活性和感知力，以避開緩慢旋轉的渦輪機，並且渦輪機對其他海洋生物具有最小的影響。與潮汐壩不同，水下渦輪機提供利用潮汐能量的方法，而並未造成顯著的環境影響。

位於地表附近的水下渦輪機可能干擾航運交通、釣魚和娛樂用途；而放置在海底的水下渦輪機雖然安裝不會太顯眼，但是會降低效率。

延伸學習　世界上第一座商業潮汐電廠

I. 潮汐攔河壩

世界上第一座潮汐發電廠在 1961 年到 1966 年建於法國聖馬洛附近。它由 24 個 10 兆瓦的低水源頭渦輪機組成，位於潮汐攔河壩內，在拉蘭斯 (La Rance) 河口的入口處延伸將近半英里。該發電廠產生高達 240 兆瓦，每年平均產生 5 億千瓦時的能源，並自創立以來一直持續運行。

拉蘭斯河口的面積超過 8.5 平方英里，擁有大約 500 億加侖的水。它的平均潮汐範圍為 27 英尺 (最大超過 44 英尺)，通過其入口的最大流量為每秒近 500 萬加侖。每個低水源頭渦輪機直徑為 17.5 英尺，產生 10 MW 的額定功率，水源頭為 18.5 英尺，流量為每秒 73,000 加侖。

潮汐壩的建設涉及建立跨越大部分入口的兩個臨時壩，嚴格地限制水流進入河口，並帶給生態系統突如其來的部分浩劫。許多形式的海洋生物，包括植物和動物，在這段時間內消失了。隨著攔河壩的完成，臨時水壩被拆除，

© 2016 Cengage Learning®.

每天在水域交換水量逐漸恢復生態系統。支持者聲稱，經過 40 多年的持續經營，拉蘭斯河口仍是豐富多樣的生態系統。他們認為，適當的設計和管理，適度定量的水流過大壩，並且了解生態環境的風險，如此可以允許潮汐壩是不會破壞生態的再生能源。其他人認為，複雜且往往很難理解的相互作用發生在河口處，使得風險不合理，並且認為資金可以更好地用於節約或其他形式能量的生成。

II. 潮汐流

第一個用於獲取潮汐流的商業水下發電設施，稱為 *SeaGen*，在 2008 年安裝於北愛爾蘭的斯特蘭福德海峽 (Strangford Lough)。該設施由兩個 52 英尺直徑的可變槳距轉子組成，高達 1.2 MW 的功率，並每年向電網提供約 40 萬 kWh 的能量。

兩個渦輪機以每分鐘小於 15 轉的速度緩慢旋轉，並且附接到在上方突出水面的中央塔架上，允許渦輪機維護時可以完全離開水面。

斯特蘭福德海峽是開闊大洋庇護的入口。它是一個環境敏感的地區、海豹的繁殖地，也是海豚和其他大型海洋哺乳動物的家。對 *SeaGen* 的良好監控，評定了水下渦輪機技術的可行性及其對環境影響的程度。自開始運轉以來，迄今環境影響已被證明是最小的，且海洋哺乳動物於渦輪機運轉附近出現並沒有受傷。

地熱能

地熱能 (geothermal energy) 來自地球的內部。地球核心 (約 9000°F) 和較冷的外部之間的溫度差，導致巨大熱流衝向地表 (圖 11.7)。這種地熱驅動地球內的對流運動，將地殼分割成結構板，並以每年約 1 英寸的速率將地板移動到表面周圍。它還產生火山和地震，拉開海洋盆地，迫使山脈排列，並偶爾加熱地下水製造出間歇泉、噴氣孔，以及溫泉。

縱觀歷史，世界各地的原住民都使用地熱源的熱水進行烹飪、清潔、沐浴，以及治療。臨近溫泉所建造的住宅利用了自然發生的溫升。羅馬人使用地熱應用建造公共浴室作為醫療和休閒之用。早期波利尼西亞移民在紐西蘭依靠地熱來做飯和取暖。美國所有主要的溫泉對於美洲原住民部落皆具歷史意義，所使用的考古學證據可追溯到 1 萬年以上。

地熱能的現代應用開始於十九世紀早期的水療和度假村。第一次

生產電力發生在 1904 年義大利拉爾代雷洛 (Larderello)。在那裡，一個小型蒸汽發生器產生足夠的電力能點亮五個燈泡。第一個商業地熱發電廠於 1911 年在同一地點開始運行 (圖 11.8)，並且仍是唯一的商業地熱發電廠。直到 1958 年，第二個設施為懷拉基 (Wairakei) 發電站在紐西蘭開始營運。1960 年，在美國加州建立第一座商業地熱發電廠，加州繼續控制美國 69 個地熱設施中的 43 個。

地熱的來源和取用

地熱能的主要來源是地球內放射性元素的衰變。少量長壽命放射性同位素，主要是鈾 238 和釷 232，釋放出大約 30 兆瓦的熱量。來自地球形成的原始熱和地球早期歷史較短壽命同位素衰變所產生的熱量，將總地熱輸出增加到大約 44 兆瓦特。雖然這些熱量大部分在地殼岩中釋放，但是它通常太深且太擴散，以致於無法在大多數的地區使用，使得僅僅以平均 0.065 瓦特/平方公尺溫暖大陸表面。與每平方公尺 1000 瓦特的陽光直接照射相比，地熱能量微乎其微。然而，在岩漿流出物傳遞接近表面的地熱處 (如圖 11.9 所示)，可用能量被極大地集中，並且對於直接加熱或發電有用。圖 11.10 標示世界各地的已知地熱資源集中的區域。

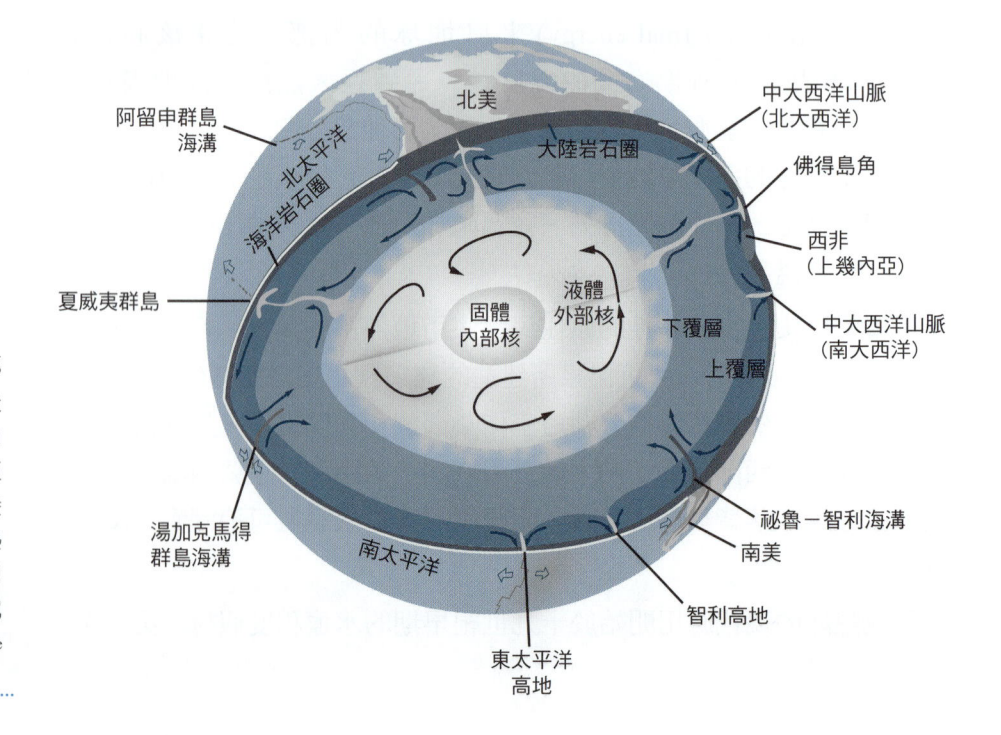

圖 11.7 地球內部的熱傳遞到較冷的表面過程中，在地球內部大大地發生了慢速對流運動。在穿透接近表面的地方，地熱能自然發生間歇泉和溫泉，並提供發電的方式。© 2016 Cengage Learning®.

Chapter 11 非太陽能之再生能源

圖 11.8 現今拉爾代雷洛的地熱設施產生超過 700 兆瓦的電力及每年平均近 50 億千瓦的電力。蒸汽從地面以 400°F 溫度排出，驅動渦輪機產生電力，並通過如圖所示塔中的蒸發器而冷卻。© Drimi/www.Shutterstock.com.

圖 11.9 岩漿的侵入使地熱靠近地表。通過裂縫滲透的地下水可能穿透的深度足以接觸高溫岩石。加熱後的水可以自然地返回地表或透過鑽孔方式來加以利用。© 2016 Cengage Learning®.

地球內的地熱能產生率是所有人類相關活動所消耗能量的兩倍以上。然而，世界上只有一小部分的地熱能可以被利用，使其成為一種有價值的再生能源形式，但是能量有限。

雖然在十六和十七世紀期間經由深礦坑挖掘，導致人們推斷地面溫度隨深度的增加而增加，但是直到很久以後，科學儀器才記錄了每加深 1 英里平均溫度增加 80°F。由於大多數的鑽孔機僅能穿透 2 英里

再生能源與永續性設計

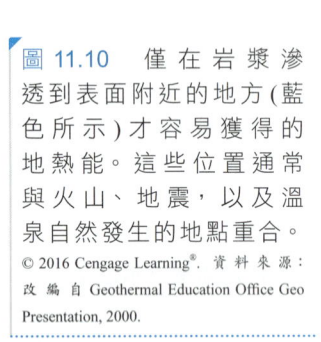

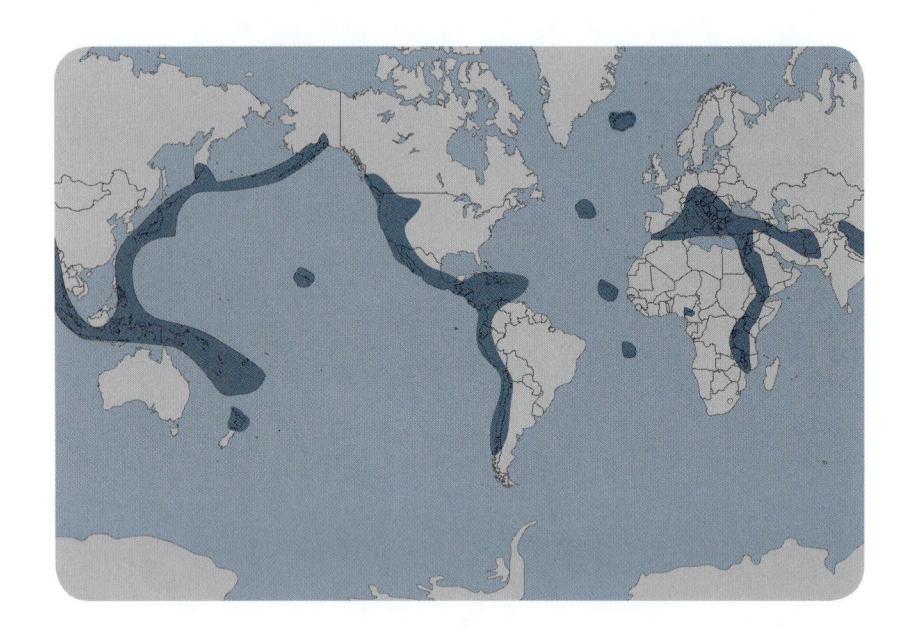

圖 11.10 僅在岩漿滲透到表面附近的地方 (藍色所示) 才容易獲得的地熱能。這些位置通常與火山、地震，以及溫泉自然發生的地點重合。
© 2016 Cengage Learning®. 資料來源：改編自 Geothermal Education Office Geo Presentation, 2000.

的深度，在大多數位置可達到的最高溫度通常太低而不能用於發電。只有最近鑽探技術 (源自石油工業) 的進步，允許較深的鑽探且獲得更大的地熱機會。因此，世界上很少地方利用地熱能發電，而位於相鄰邊界的集中加熱區域的可用溫度通常超過 270°F。

例題 11.2

一個礦井穿透地表以下半英里。如果地面溫度為 60°F，則預期礦井底部有什麼溫度？

解

溫度的增加大約為 80°F/英里 × 0.5 英里 = 40°F，將礦井底部的溫度提高到 60°F + 40°F = 100°F。

現代地熱發電廠經由使循環流體通過地熱岩石以提取能量，該流體通常是含有相對高濃度的溶解礦物質和從熱岩石中瀝濾鹽的水溶液。雖然大多數早期發電廠只是將這種富含礦物質的鹽水傾倒在地表上，但是造成地表水汙染、地下含水層枯竭，以及地面可能沉降的環境問題，促使新的發電廠重新注入抽取出的液體。此外，雖然地熱能是分佈於全球的再生資源，但它可能會局部耗盡，必須進行監測以防止過度使用。三個最古老的遺址——拉爾代雷洛、懷拉基，以及蓋瑟

> **延伸學習　地源熱泵**
>
> 　　常常與地熱能混淆的地源熱泵與地球內部產生的熱量無關。儘管通常被稱為地源熱泵 (geothermal heat pumps)，這些系統能量全部歸因於不同的來源：太陽。太陽傳遞到地球表面大約 1000 瓦特/平方公尺，遠遠大於地熱貢獻的 0.065 瓦特/平方公尺。地面作為一個巨大的太陽能集熱器，像熱電池儲存能量。
>
> 　　地源熱泵是用於通過從地面 (或到地面) 傳遞熱量來加熱 (或冷卻) 建築物的系統。該系統使用電動泵使流體通過管道來循環，管道通常由塑料管製成埋在地下或浸沒在水中。地源熱泵在冬季當地面溫度比空氣暖時，利用比地面相對穩定的溫度吸收來自地面熱量，並且在夏季當地面比空氣更冷時，將熱量散失到地面中。電動壓縮機放大溫度差異，並創造一種高效的加熱或冷卻建築物的方法，通常轉換比系統運行所需電力增加三到五倍的能量。
>
> 　　地源熱泵利用地面相對穩定的溫度來提高效率並降低加熱和冷卻的成本。深度越大，在地面的海洋變化溫度變化力就越小。在深度大約 20 英尺處，地面保持在大約等於年平均表面溫度。

(在加州) —— 由於過度抽取，已經減少產量。有時將額外的流體泵送到提取區中，可以振興生產。

發電

　　地熱發電的原理類似於常規蒸汽發電廠，除了是地球的熱量而不是石化燃料提供蒸汽之外，其他都和蒸汽發電廠相同。對於任何蒸汽驅動的渦輪機，蒸汽越熱，就越可以有效地轉換成電力。由於大多數地熱源產生的蒸汽比常規石化燃料鍋爐內的溫度 (僅為 300°F-430°F，比 900°F-1000°F) 低得多，因此地熱發電廠的效率較低，從 10%-20%，而典型的石化燃料工廠為 35%。

　　使用地熱能的最有效方法取決於其溫度及儲層是由蒸汽或熱水組成。三種不同的技術可將地熱能轉化為電：

- 乾蒸汽發電廠 (dry steam power plants) 是最簡單及古老的設計，直接使用從地面冒出來的地熱蒸汽 (圖 11.11a)。為了節約地操作動力裝置，蒸汽必須為至少 350°F 且不含液態水。世界上只有兩座大型發電廠使用乾蒸汽：噴泉 (圖 11.12) 和拉爾代雷洛 (圖 11.8)。乾蒸汽發電廠將地熱轉化為電的效率大約為 18%-20%。
- 閃蒸蒸汽發電廠 (flash steam power plants) 是當今最常見的運行類型 (圖 11.11b)。這類發電廠連接熱水蓄水池，而不是投入蒸汽。

再生能源與永續性設計

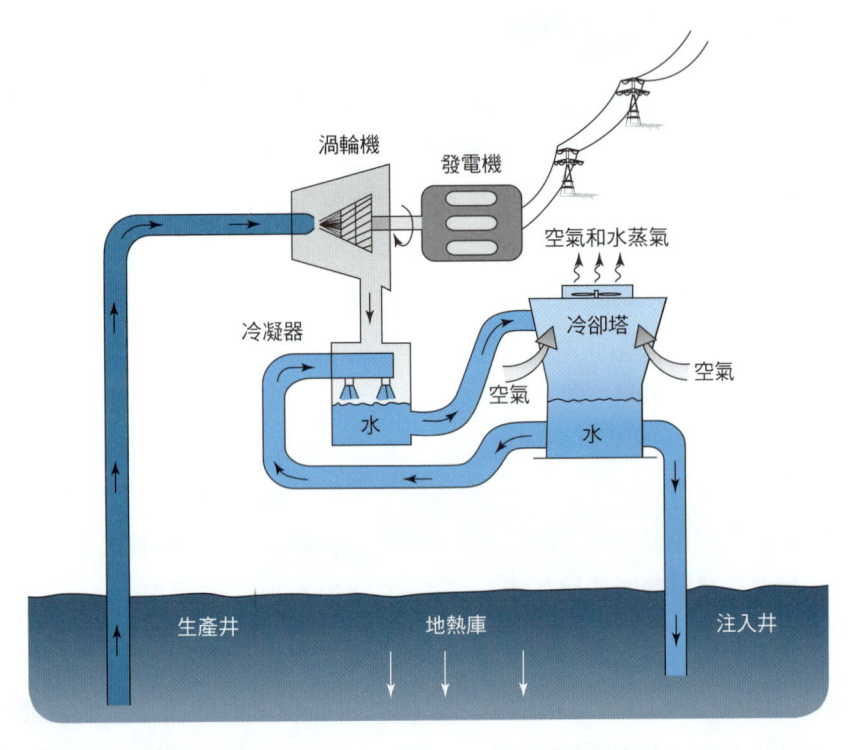

圖 11.11a 當地熱資源由不存在液態水 (稱為乾蒸汽) 的高溫蒸汽所組成時,它可以直接用於旋轉渦輪機並發電。當蒸汽從渦輪機出來時,冷凝器將其冷卻成液態水,以減少渦輪機上的背壓並提高渦輪機的效率。從冷凝器出來的熱水通過冷卻塔,其中蒸發產生可見的蒸汽雲,或通過使用風扇的空氣冷卻散熱器,不產生任何排放物。一些冷卻的水流回用以操作冷凝器,而其餘的則被重新注入蓄水池以補充含水層。© 2016 Cengage Learning®.

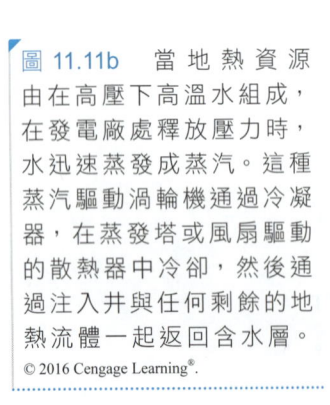

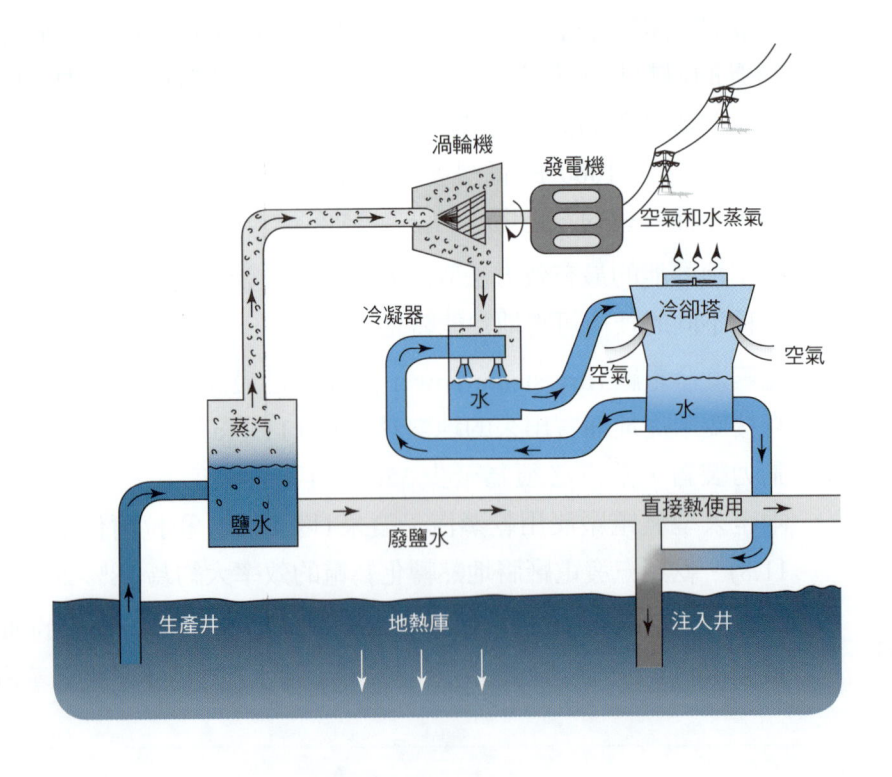

圖 11.11b 當地熱資源由在高壓下高溫水組成,在發電廠處釋放壓力時,水迅速蒸發成蒸汽。這種蒸汽驅動渦輪機通過冷凝器,在蒸發塔或風扇驅動的散熱器中冷卻,然後通過注入井與任何剩餘的地熱流體一起返回含水層。
© 2016 Cengage Learning®.

278

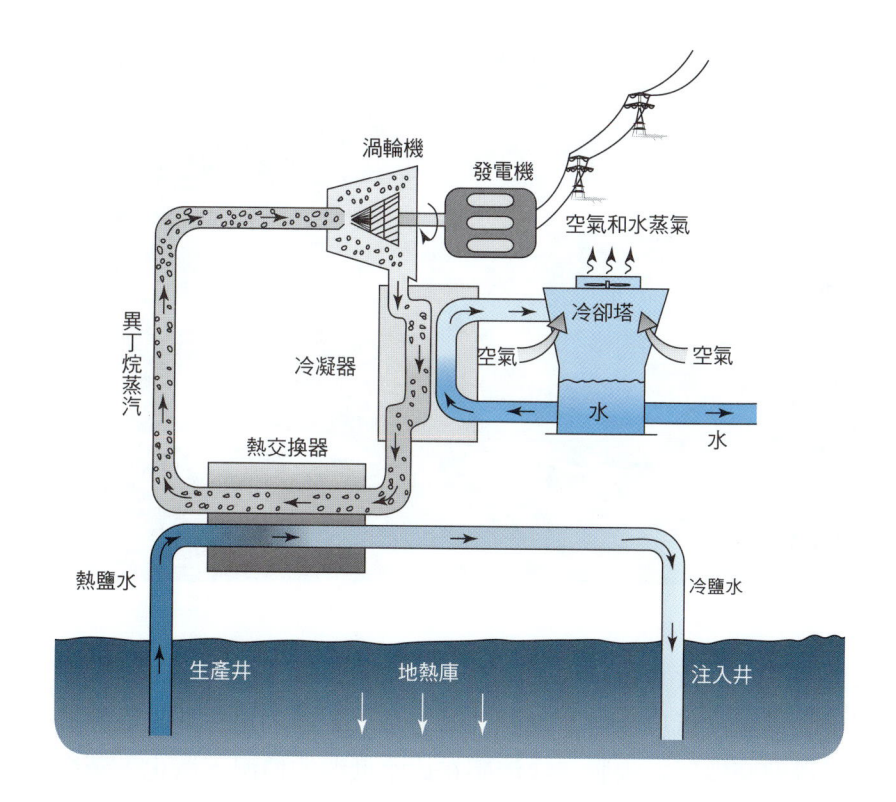

▶ 圖 11.11c 二元循環發電廠不是直接將地熱流體通過渦輪管道，而是將地熱轉移到在比水更低溫下來沸騰的操作流體。操作流體在熱交換器中蒸發驅動渦輪機，並在冷凝器中轉換回流體。地熱流體返回到含水層，形成閉迴路，使大氣排放最小。
© 2016 Cengage Learning®.

雖然熱水的溫度通常為 350°F 或更高，但巨大的地下壓力防止水沸騰，直到它到達地面且壓力被釋放為止，此時一些水迅速蒸發成蒸汽並驅動渦輪機。剩餘的水及冷凝的蒸汽通過注入井返回到地熱儲層，補充含水層並防止表面汙染 (圖 11.13)。這些發電廠的運行效率約為 18%-20%。

▶ 圖 11.12 美國的第一座商業地熱發電廠於 1960 年在加州北部的間歇泉開始運行，並利用世界上已知的最大乾蒸汽蓄水池。在 50 年的連續運行中，蓋瑟地熱區支援多達 24 座的發電廠，產生的峰值輸出功率接近 1600 MW。目前蓋瑟運行 18 台機組，總產量約 750 MW。在過去 50 年的歷史中，蓋瑟向公用電網提供 2800 億 kWh 的電力 (平均每年 56 億 kWh)，其中大部分用於舊金山灣區。資料來源：David Parsons/NREL.

再生能源與永續性設計

圖 11.13 位於加州中部的科索溫泉地熱設施包括九個使用閃蒸技術的發電廠。從 1987 年開始商業運行，該設施每年產生高達 23 億度的電力，雖然目前的產量已經從峰值發電時的 270 百萬瓦降低到今天的不到 200 百萬瓦。
資料來源：J.L. Renner/NREL.

- **二元循環發電廠** (binary cycle power plants) 採用較新穎的技術，提供利用溫度低於 300°F 地熱源的方法 (圖 11.11c)。熱的地熱流體通過熱交換器並沸騰二次流體在比水低溫的情況下汽化。蒸發的第二流體 (如戊烷或異丁烷) 以與蒸汽大致相同的方式驅動渦輪。這是考慮未來發展最普遍的發電廠類型，因為它可以利用更加豐富及廣泛分佈的低溫資源。此外，由於地熱流體在閉環中移動，它幾乎不會釋放汙物進入大氣 (圖 11.14)。由於溫度較低，這些發電廠的運行效率只有 10%-13%。

圖 11.14 曼莫斯－帕西非克設施包括 1984 年到 1990 年期間建造的三座發電廠，透過二元循環技術產生 29 百萬瓦電力。位於曼莫斯湖滑雪勝地附近，該設施包括一座空氣冷卻系統，以避免可見的蒸汽雲。此外，該設施包括綠色的低窪結構，以融入自然環境。在熱交換器中蒸發成異丁烷氣體之後，冷卻的地熱流體被再注入地下，產生自足且無排放的系統。資料來源：J.L. Renner/NREL.

直接供熱

溫度低於 300°F 的地熱儲層 (geothermal reservoirs)──和其他不適合生產電力的地熱儲層──替家庭、辦公室和溫室提供直接供熱 (direct heating) 來源。此外，為世界各地的低溫蓄水池的水產養殖、食品加工廠和各種工業應用提供有用的熱量。

大多數直接地熱系統利用鑽入蓄水池的井，為其提供穩定的熱水流。由於地熱水中裝載有溶解的礦物質和有害氣體，熱交換器在通過熱交換管網絡循環之前將熱量傳遞給淡水。然後將從熱交換器排出的冷卻地熱流體回流地面，以防止表面汙染並補充蓄水池。

此外，來自現有地熱發電廠電力生產之後的廢熱，可以適於直接供熱給社區和工業中心，只要工廠位於幾英里之內的使用點；相反地，二元循環技術的進步可允許一些低溫蓄水池除了提供直接供熱之外，還可以產生電力。

環境影響

通過熱岩石的流體循環含有各種溶解的礦物質、鹽和氣體，如果釋放到環境中會產生風險。從早期地熱相關計畫中流出的有毒氣體 (包括硫化氫、氨，以及二氧化硫) 引起環保組織的批評，並阻止了一些設施的建設。然而，重新注入的地熱流體和化學捕集不可冷凝氣體 (如二氧化碳和硫化氫) 的技術，彌補了大部分這些問題，並允許地熱發電廠幾乎可以無排放地運行。此外，地熱發電廠和相似輸出的常規發電廠相比，空間與土地的需求更少，如圖 11.15 所示。

雖然在鑽井時會發生一些環境破壞，特別是如果鑽井液未得到妥善管理時，但傳統的地熱設施可顯著地減少對環境的影響。

新興技術

從三種類型的地熱發電廠 (乾蒸汽、閃蒸蒸汽和二元循環) 產生電力需要存在近表面的蒸汽或熱水水庫，嚴重地限制可行的位置。最近由石油和天然氣工業開發的技術大幅擴展地熱能源提取的潛力。該技術用於建立增強型地熱系統 (enhanced geothermal system, EGS)，它允許從比地表之下 5 英里深、相對冷的 (小於 300°F) 乾燥地殼岩提取地熱能，使得地熱能可以在大多數位置取得。

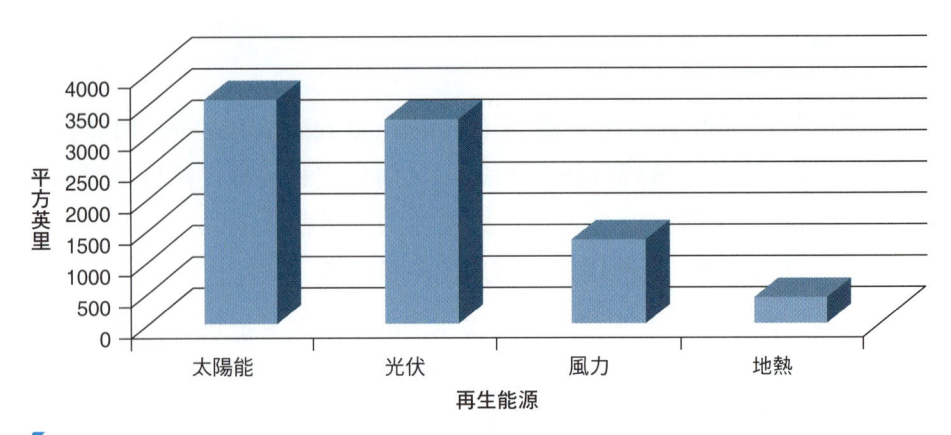

圖 11.15　每年產生 100 萬千瓦能源所需的實體空間比較顯示，地熱發電廠的總面積小於其他形式的再生能源。需要考慮服務道路的土地、將太陽能熱能轉換為電力的中心站，以及光伏陣列的最大陰影面積與風力渦輪機的基礎平台。© 2016 Cengage Learning®. 資料來源：Geothermal Energy 的數據。

　　EGS 依賴於水力壓裂 (hydraulic fracturing) 或壓裂 (fracking) 技術，其中水 (通常與砂和腐蝕性化學品混合) 在高壓下深埋在地下，以在岩石中產生新的裂縫並擴大現有裂縫。水力壓裂增強岩層的滲透性，允許水自由移動通過互連裂隙的系統。注入新建水庫的水在熱滲透通過熱岩層時吸熱，最終到達一個或多個位於戰略位置的提取井。提取井將地熱加熱的水輸送回地面，其中傳統的二元循環渦輪機產生電力。與其他二元循環發電廠一樣，含礦鹽水重新注入地下並重新加熱，形成幾乎無汙染的封閉循環。然而，與 EGS 相關的深井可能產生逸散到大氣中的放射性元素，最顯著的是氡，不管是冷凝還是捕集技術都有可能造成逸散。其他問題包括與水力壓裂相關的一般問題：地下水汙染、氣體和危險流體遷移到地表、誘發的地震活動，以及與深井鑽井相關的空氣和水汙染。

　　支持者預計 EGS 在美國可以增加地熱發電量到目前水準的 40 倍以上，國家能源網總計增加 1000 億瓦特，滿足美國總用電需求的 10% 以上。其他人認為，利用美國大陸可用的地熱水庫的一小部分可以提供美國目前總需求的 2000 多倍。EGS 是否實現其承諾取決於進一步的發展、資金和額外的研究。圖 11.16 顯示美國境內提供有利 EGS 潛力的位置及當前的地熱位置。

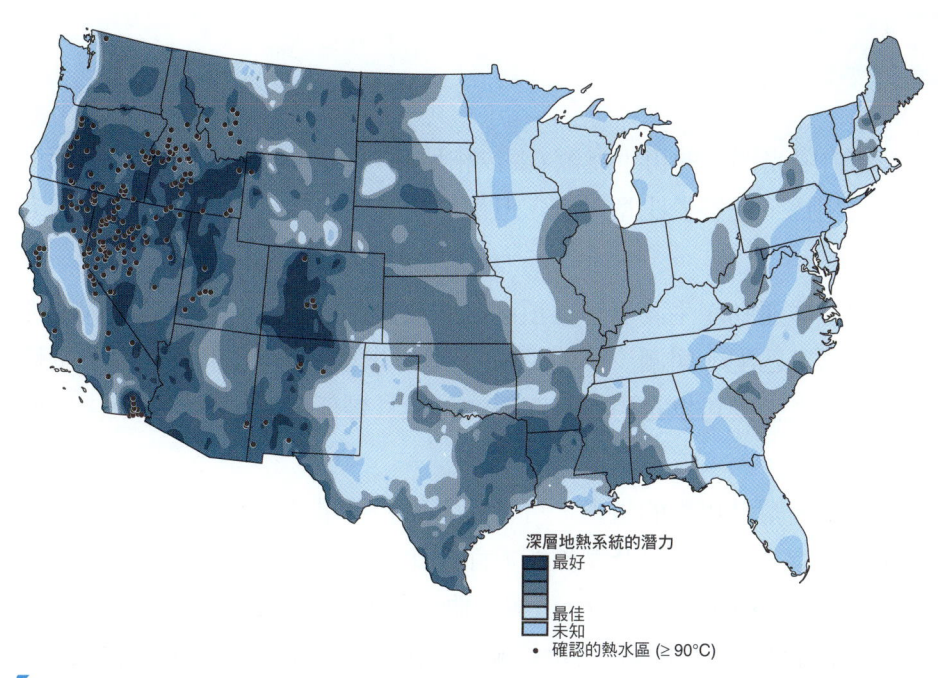

圖 11.16　在美國，最有利的地熱資源──溫度高於 300°F──在加州、內華達州、俄勒岡州和愛達荷州。© 2016 Cengage Learning®.

　　EGS 的承諾似乎是巨大的，特別是作為一種生產潔淨能源以遠離石化燃料的方法。然而，地熱計畫水準通常超過地殼內的熱產生速率，有時高達一千倍。從地球提取熱量的全域後果比自然過程補充過程更快，迄今尚未得到技術支持者的充分考慮。

　　EGS 在美國的第一個商業成功運行發生於 2013 年 4 月內華達州的沙漠峰地熱場。該項目由美國能源部資助，並透過使用 EGS 技術讓一個非生產性地熱井恢復活力，使該井的產量增加近 38%，並產生額外 1.7 兆瓦的電力。

本章總結

　　這兩種不是源自陽光形式的再生能源(潮汐和地熱)提供有限的再生能源資源。雖然與太陽能形式相比，它屬於小型系統，但潮汐能和地熱能仍是世界上許多地方重要潔淨能源的來源。

　　月球與太陽的星球運動產生高度的可預測之潮汐變化。然而，潮汐能是間歇性的，並無法與能量需求匹配。與潮汐條件相關的環境問題，使得它們不如水下渦輪機有前景，這些水下渦輪機可以是隱形且安靜的，並且是任何能量產生系統中環境影響最小之一。

　　地熱發電廠提供連續且可靠的電力，可免受天氣和行星週期的波動。這種可靠性使得地熱能在太陽能、風能，以及潮汐能方面相比具有明顯的優勢。儘管將地熱轉換成電能的效率低於常規蒸汽發電廠，但與其他大多數方法相比，它不消耗燃料、產生最少的汙染，而且發電較少中斷。然而，雖然地熱能在全球規模內是可再生的，但如果過度開發，則可能局部耗盡，特別是如果地熱流體不被再注入的情況下。在深井開挖的進步、增強型地熱系統，以及低溫二元循環技術的進步，使地熱能可更廣泛地獲取。

複習題

1. 曾經在潮汐池中用於磨碎穀物的水輪類型，類似於在水上使用的常規水輪。潮汐研磨機與蒸汽驅動碾磨機相比有什麼優缺點？

2. 水下渦輪機利用來自任何形式的洋流獲取能量。潮汐流和洋流之間的主要區別是什麼 (在第 8 章的延伸學習：潮汐發電討論過)？這種差異如何影響渦輪機設計？

3. 跨越河口或潮汐壩或群佈在同一地點海底的水下渦輪機，哪一個擁有更多的潮汐能？為什麼？

4. 當水下渦輪機從潮汐流中提取能量時，會降低海流的速度。這對沿海入口及河口的生態會有什麼影響？在評估環境影響時是否應考慮此點？

5. 地球中產生的地熱主要是透過放射性元素的衰變。四種基本形式的能量中哪一種 (參見第 5 章) 是地熱能源的最終來源？

6. 地熱能提供冰島國家 80% 以上的住宅供熱和熱水需求。為什麼地熱不能在美國提供類似的供熱和熱水需求？

7. 人們經常將地源熱泵與地熱能源混淆。地源熱泵透過地下管道循環水，有時埋在地下不超過 8 英尺，以從地面提取熱量來溫暖建築物。實際上地球上表面熱能的主要來源是什麼？

8. 請解釋為什麼單一地熱發電廠 (額定功率為 2 兆瓦) 可能在一年內和五台風力渦輪機的額定功率為 2 兆瓦，產生相同數量的能源。

9. 噴氣孔是蒸汽和火山氣體逸散到大氣中的通風口。噴泉是間歇地噴出的沸水泉。如果這兩個自然地熱現象被用於發電，分別為哪一種類型的發電廠？

10. 假設革命性科技設計一種以無汙染方式來利用地球所有地熱能的方法。這將對地球帶來什麼後果？

11. 假設天然溫泉用於加熱公共浴室。從浴室溢出的沐浴後雜質，並流回到原來的溫泉。請描述利用這種資源的環境影響 (如果有的話)。

12. 什麼形式的再生能源最有可能單獨提供人類所有的能源需求？如何以最小的環境影響做到這一點？

練習題

1. 在一個特定的沿海地區，一個蓄水池在高潮時獲 5 億加侖的水，並在蓄水池和海洋之間的垂直落差為 20 英尺時，於退潮時 30 分鐘內釋放這些水。

   a. 請估計最大功率產量 (以瓦特為單位)。

   b. 如果 30 分鐘內的平均功率是最大功率的一半，潮汐期間產生的總能量 (kWh) 是多少？

2. 位於北愛爾蘭的斯特蘭福德海峽的商業潮汐發電廠由兩個渦輪機所組成，每個渦輪機具有直徑為 52 英尺的轉子。該公司

聲稱，每個渦輪機在以 5.4 mph 移動的潮汐流中產生 600 kW 的功率。

a. 請求出渦輪機將潮汐動能轉換為電力的效率。

b. 如果每個渦輪機於每個潮汐週期產生 5000 kWh 的電能，其平均發電量 (kW) 是多少？每個潮汐循環持續 12 小時 25 分鐘。

c. 請估計從兩個渦輪機產生的年能量 (kWh)，假設每天有兩個相同的潮汐。

3. 塔式水下渦輪機和類似的垂直軸風力渦輪機都具有直徑為 32 英尺的轉子。 如果兩個無擾動的發電流速為 18 mph，則比較每個產生的功率 (kW)。考慮流體密度的差異：$\rho_{海水} = 830 \rho_{空氣}$。

4. 一種具有 450 英尺直徑的風力渦輪，轉子在額定風速為 20 mph 時產生 3.3 MW 的功率。哪一種轉子直徑將允許以 6 mph 潮汐流的水下渦輪機產生相同的功率？因為兩個渦輪機以相同的效率運行。考慮流體密度的差異：$\rho_{海水} = 830 \rho_{空氣}$。

5. 假設地熱發電廠和石化燃料發電廠都產生 10 MW 的電力。地熱發電廠使用 300°F 的蒸汽，運行效率為 15%。石化燃料發電廠使用 1000°F 的蒸汽，運行效率高達 32%。

a. 請比較每種類型的發電廠產生餘熱的速率。

b. 哪一種類型的發電廠可替住宅和商業建築提供更好的直接供熱機會？

6. 地源熱泵通過鑽探到 1/10 英里 (528 英尺) 深度來循環水。

a. 如果平均表面溫度為 45°F，則在 1/10 英里的深度處估計溫度。

b. 地面與其 1/10 英里最低點之間的鑽孔管的平均溫度為何？

c. 如果循環水在表面溫度 45°F 開始並加熱到平均溫度，其溫度增加多少？

d. 如果每加侖水在溫度每增加 1°F 時吸收 8.35 Btu 的熱量，那麼多少加侖的水必須通過地源熱泵循環，為家庭提供每天 260,000 Btu 的熱量？

7. 在地熱場，如鑽一個 2 英里深的孔需要 200 萬美元，並可提供 350°F 的水；或是鑽一個 3 英里深的井花費 400 萬美元，並可提供 420°F 的水。使用 350°F 水時，發電效率為 17%，使用 420°F 水時為 20%。

a. 如果一座地熱發電廠可以使用來自 2 英里深井的 350°F 水產生 10 MW 的電力，那麼假設其他條件相等，從 3 英里深井預期的輸出為多少 (MW)？

b. 如果設施在 85% 的時間內發電，每年由更深的井產生多少額外能量 (kWh)？

c. 如果電費成本為 0.12 美元/kWh，需要多長時間才能支付鑽深井的額外成本？

8. 為城市社區服務的 20 MW 地熱發電廠可在兩個地點建造：在第一個地點位於離社區 20 英里遠的地方，3 英里深的水井有 650°F，成本 800 萬美元。在社區邊緣鑽探類似鑽井費用為 2000 萬美元，但提供的是熱水來替區域加熱之用。

a. 如果發電廠以 25% 的效率運行，它產生多少廢熱 (MW)？

b. 請計算每年由廢熱產生的熱能 (kWh)，如果設施 85% 的時間產生功率。

c. 如果區域供熱的淨值是每千瓦時 0.03 美元，透過利用發電廠的餘熱，每年可為社區節省多少成本。

d. 如果安裝集中供熱的基礎設施成本是額外的 2000 萬美元，在發電廠位於社區邊緣的成本要營運多少年才能回收？

附錄
Appendix

附錄一：能源發展綱領 (核定本)

壹、前言

能源影響層面廣泛，與國家安全、民生需求、經濟發展、環境保護、國民健康及永續發展等議題密切相關。考量我國能源系統為獨立型態，能源供給 99% 以上仰賴進口，且化石能源依存度高，面對傳統能源日益耗竭、國際能源情勢動盪、能源價格波動劇烈、全球氣候變遷衝擊，以及國內能源需求持續成長、能源開發計畫推動不易與能源價格調整爭議等挑戰，爰我國之能源發展首重確保能源安全及滿足民生基本需求，兼顧環境保護與經濟發展，並考量社會正義與跨世代公平原則下，促進能源永續發展。

為確保短中長期能源供需的平衡與穩定，並達成上開能源發展目標，爰訂定本綱領，規範我國能源政策原則與方針，作為擘畫國家總體能源發展之準據。

本綱領定位為國家能源發展之上位綱要原則，除作為國家能源相關政策計畫、準則及行動方案訂定之政策方針，並據以訂定「能源開發及使用評估準則」及「能源開發政策」，以落實能源先期管理及規劃國家未來分期之能源供給總量與各類能源發展定位及其配比。

貳、法源依據

本綱領依「能源管理法」第 1 條第 2 項規定訂定。

參、發展願景

建構安全穩定、效率運用、潔淨環境之能源供需系統，營造有助節能減碳之發展環境，以達成國家節能減碳目標，實現臺灣永續能源發展。

一、安全目標：建立可負擔、低風險之均衡能源供需體系。
二、效率目標：逐步降低能源密集度，提升能源使用質的成長及降低量的成長，提升國家競爭力。
三、潔淨目標：逐步降低碳排放密集度與減少污染排放，達成國際減碳承諾，打造潔淨能源體系與健康生活環境。

肆、政策原則

促進能源體系之安全、效率、潔淨為我國能源發展之核心思維，相關能源政策方針應依下列原則據以規劃：

一、安全：穩定能源供給來源與管道，確保能源供需均衡與系統正常運作，完善系統風險管理。

二、效率：強化能源使用管理，提高能源轉換、輸配及使用效率，增加能源運用的附加價值。

三、潔淨：發展低碳能源及運用低碳技術，降低能源之開發及使用對環境衝擊。

伍、政策方針

一、需求端：分期總量管理及提升能源效率

(一) 分期總量管理

1. 依分期之國家能源供給總量，管理能源之使用，以符合國家整體能源發展規劃。
2. 衡量各類能源特性及發展條件，擬訂分期、分區之供給容量，以進行能源開發及使用之先期管理。

(二) 提升能源效率

1. 規範大型投資生產計畫採用商業化最佳可行技術，強化能資源整合運用效能。
2. 推動工業、服務業、農業、運輸、及住宅部門之能源管理、能源節約、能源效率提升，並逐年檢討及改善。
3. 研訂及逐步提高器具、設備、車輛、建築物與場所之能源效率基準與管理方式。
4. 善用市場機能引導節能，逐步規範浪費能源之行為與活動。
5. 研發或引進高效率能源技術與產品，適時推動示範應用或導入推廣。

二、供給端：多元自主來源及優化能源結構

(一) 多元自主來源

1. 建構跨部會強化能源安全機制，統籌布建整體能源安全戰略。
2. 開發自產能源潛能，加強新及再生能源開發利用。
3. 推動國際能源開發與技術合作，獎勵業者積極參與海內外能源探勘開發與投資併購，拓展各類能源供給管道，增加自主能源比重。
4. 分散能源採購來源與方式，降低能源供應風險。

(二) 優化能源結構

1. 依我國各類再生能源發展潛力及再生能源相關技術進程，逐步提高再生能源之發電及熱能利用分期發展目標，並建構電網併聯基礎設施。
2. 考量天然氣供應安全與燃料成本等因素，規劃及促進低碳天然氣合理使用。

3. 衡量能源安全及供電穩定因素，彈性調整煤炭使用，並視國內外技術進展，適時導入淨煤減碳技術，以減少煤炭利用之碳排放。
4. 推動替代石油之能源技術發展與應用，逐步降低對石油的依賴，並考量石油煉製產品為聯產品之特性，依石化產業發展政策原則，進行石油煉製業管理。
5. 確保核能安全，強化核子事故與複合式災害整備與應變能力，在符合安全及環境保護要求下妥善進行核廢料後端處理；推動穩健減核，逐步降低對核能的依賴。
6. 穩定電力供應，並提升供電品質，鼓勵有助區域供需均衡之分散式電源設置。
7. 提升能源轉換效率，規範能源設施採用商業化最佳可行技術，降低電力系統碳排放，減少對環境衝擊與健康危害。

三、系統端：均衡供需規劃及促進整體效能

(一) 均衡供需規劃

1. 以合理需求訂定供給總量，以有限供給能力管理能源需求之原則，強化國家總體能源管理。
2. 抑低能源需求成長及電力尖峰負載，加強電力負載管理，進行合理電力負載規劃。
3. 推動區域能資源整合運用，加強餘熱、餘冷回收整合再利用。

(二) 促進整體效能

1. 建構電力儲存相關基礎設施，並改善能源輸配系統之效率。
2. 建構綠能市場機制，強化綠能需求誘因。
3. 推動智慧電網基礎設施規劃與佈建，提升電力系統之調度效率，完善電網管理之效能，並導入需求面管理。
4. 強化區域與都市之整體規劃，建構智慧便捷之節能減碳生活環境。
5. 健全能源事業發展管理，維護能源市場秩序。

陸、應變機制與風險管理

一、建立安全存量機制，健全能源運輸、卸收及儲存之安全管理，確保系統正常運作，提升運送調度能力。

二、建立能源預警機制，定期追蹤各項能源安全指標。

三、訂定能源緊急應變機制，規範緊急時期能源及價格管制、與安全存量運用，以因應突發之能源供需失衡或價格大幅波動。

四、因應氣候變遷，規劃能源供給體系及設施之調適策略與行動。

柒、低碳施政與法制配套

一、國家施政計畫、基礎建設、產業發展應將節能減碳納入考量。

二、健全有助永續能源發展相關法制基礎。

三、推動能源價格合理化,建立公開透明之檢討及調整機制,促使能源價格合理反映內部及外部成本,以符合使用者付費原則。

四、政府各項施政措施應確保弱勢族群獲得基本能源服務。

五、完善市場誘因機制,運用多元之獎勵、輔導、管制、租稅、融資及其他必要之措施。

六、訂定國家能源科技發展策略,積極擴張新及再生能源、節能減碳等相關能源科技研發能量。

七、推動綠色能源產業發展,帶動綠色成長與促進綠色就業。

八、深化能源科學教育,培育能源科技人才,紮根全民能源教育宣導,鼓勵公眾參與,提升國民節能減碳素養,建立以節能減碳為核心之生活文化。

附錄二：能源發展綱領 (101 年核定版) 架構

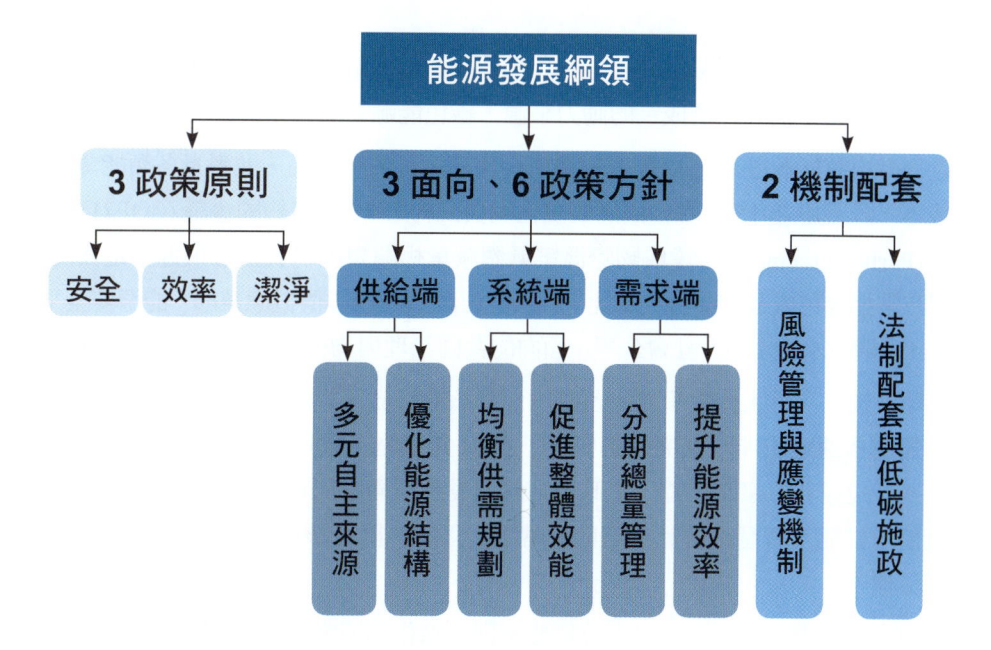

```
                          能源發展綱領
                               │
          ┌────────────────────┼────────────────────┐
      3 政策原則          3 面向、6 政策方針         2 機制配套
          │                    │                    │
    ┌──┬──┬──┐    ┌────────┬────────┬────────┐   ┌────┬────┐
   安全 效率 潔淨   供給端     系統端     需求端   風險管理  法制配套
                    │          │         │      與應變機制 與低碳施政
                 ┌──┴──┐   ┌──┴──┐   ┌──┴──┐
              多元自主 優化能源 均衡供需 促進整體 分期總量 提升能源
               來源   結構    規劃    效能    管理    效率
```

293

附錄三：能源發展綱領 (修正草案)

壹、前言

全球正處在能源轉型的關鍵時代，綠色低碳能源發展將扮演著引領第三次工業革命的關鍵角色，能源不只是推動經濟成長的動力來源，綠色能源發展更是驅動經濟發展的新引擎。

衡量臺灣自有能源匱乏，98% 依賴進口，化石能源依存度高，並考量各類能源使用所衍生外部成本，及因應 2015 年聯合國氣候變化綱要公約第 21 屆締約國會議 (COP21) 通過「巴黎協定」(Paris Agreement)，達成國際溫室氣體減量相關規範，我國必須迎上這波能源轉型浪潮，同時掌握綠色成長的契機。為此，我國能源政策的核心價值應兼顧「能源安全」、「綠色經濟」、「環境永續」與「社會公平」面向的共同治理與均衡並進，以促進能源永續發展。

在全球歷經三次重大核災事件，及國內面臨核廢料處理議題下，我國重新檢視核能發電的定位，體認儘速達成非核家園的必要性，且 91 年通過「環境基本法」已明定「政府應訂定計畫，逐步達成非核家園目標」之政策方針，爰應積極增加資源投入，全面加速推動包含節能、創能、儲能及智慧系統整合之能源轉型，以逐步降低核能發電占比，期 2025 年達成非核家園目標。

本綱領定位為國家能源發展之上位綱要原則，除作為國家能源相關政策計畫、準則及行動方案訂定之政策方針，並據以落實推動能源開發及使用評估準則及研擬能源開發政策。

貳、法源依據

本綱領依「能源管理法」第 1 條第 2 項規定訂定。

參、發展目標

確保能源安全、綠色經濟、環境永續及社會公平之均衡發展，期達成 2025 非核家園目標，實現能源永續發展。

一、能源安全：增加能源自主性與多元性，降低進口能源依賴，推動能源先期管理，布建分散式能源供給系統，建構可負擔及低風險之能源供需體系。

二、綠色經濟：強化節能、創能、儲能與智慧系統整合之全方位發展，結合區域資源特性與人才優勢，以綠能帶動科技創新研發與在地就業機會，創造綠色成長動能。

三、環境永續：優化能源供給結構，提升能源使用效率，逐步降低能源系統溫室氣體排放密集度並改善空氣品質，打造潔淨能源體系與健康生活環境。

四、社會公平：落實能源賦權精神，建構公平的能源市場環境，並強化政策溝通與公眾參與，確保世代間與跨世代公平，實現能源民主與正義。

肆、綱要方針

一、能源安全

(一) 需求面強化節能

1. 以「創新、就業、分配」之新經濟發展模式，持續推動產業結構優化轉型。
2. 落實大型投資生產計畫之能源使用先期管理，規劃採用商業化最佳可行技術，以提升能源使用效率。
3. 擴大能源查核與導入能源管理系統、逐步提高車輛與設備器具等能源效率標準，透過節能技術研發與示範應用，並提供適當誘因引導節能，以提升工業、住商及運輸各部門能源效率。
4. 規範新建築納入節約能源設計，鼓勵既有建築進行節能改善，並逐步提高建築節約能源標準。推動建築能源資訊透明與活化市場機制，以逐步達成近零能耗之建築、社區為目標。
5. 透過政府帶頭、產業響應、全民參與，推動自願性節能措施，逐步規範浪費能源之行為與活動，全面落實節能之生產、消費與生活模式。
6. 整合節能、能源管理與儲能，並強化電力需量反應等負載管理措施，導入創新商業模式，增加用戶參與率，以抑低尖峰負載需求。
7. 規範電業推動節能義務與配套機制。

(二) 供給面開源自主低碳

1. 建構效率化、自主化、多元化的能源組合，強化能源安全運作機制及戰略，確保能源供給安全。
2. 掌握自產能源潛能，推動國際能源開發與技術合作，獎勵業者積極參與海內外能源探勘開發與投資併購，拓展各類能源供給管道，增加自主能源比重。
3. 確保能源進口管道的穩定性，分散能源採購來源與方式，降低進口能源供應風險。
4. 擴大再生能源設置，強化綠能發展誘因，建構再生能源友善發展環境，鼓勵有助區域供需均衡之分散式電源設置，促進再生能源加速發展。
5. 推動替代化石能源之技術發展與應用，逐步降低對化石能源的依賴。
6. 擴大天然氣使用，並布建天然氣接收站與輸儲設備，以確保供應之充足與安全。
7. 適時導入淨煤減碳技術，減少煤炭利用之碳排放。
8. 提高發電廠效率，規範新電廠採用商業化最佳可行技術，並善用汽電共生系統供電潛力維持穩定電力供應，確保供電品質。

(三) 系統面整合智慧化

1. 以合理需求訂定供給總量，以有限供給能力管理能源需求，並在確保能源供應穩定安全原則下，逐步落實分期分區供給容量之能源先期管理，逐步達成區域能源供需均衡，並推動區域能資源整合，提升整體能資源運用效能。
2. 積極布建智慧電表與輸配電網之基礎建設，推動區域配電系統整體改善；加強綠電輸出預測與控制，確保綠電優先併網。
3. 配合儲能技術商業化時程，逐步推動各類型儲能系統布建，以提升電網可靠度及穩定性。
4. 在確保電力穩定供應下，調整電力調度模式，以低碳電力優先運用為原則。
5. 利用資通訊、物聯網等智慧化技術促進能源系統整合應用，以提升服務能力與品質，及提高系統效率。

二、綠色經濟

(一) 打造綠能產業生態系

1. 完善綠能產業發展所需之法規獎勵、土地取得、融資機制、周邊服務與基礎建設等，營造優質產業發展環境。
2. 以國內綠能需求扶植產業，擇定重點產業，整合運用既有產業優勢，推動跨業整合，從零件走向系統，建立新綠能產業鏈，形成具全球競爭力的綠色能源產業生態系，搶攻全球綠能商機。
3. 培育綠能產業人力與素質，活絡國內外綠能人才流通管道，厚植國內綠能產業發展能量。

(二) 普及綠能在地應用

1. 運用區域資源特性，結合產業及學研機構，發展地方型綠能應用計畫與示範場域，帶動地域綠能產業發展，創造在地就業。
2. 結合在地特色，培植產業在地化，提升地方參與綠能應用發展意願。
3. 結合智慧城市與農村發展，接軌物聯網發展契機，培植產業在地化綠能服務及整體輸出拓銷能力。

(三) 創新綠能減碳科技

1. 結合企業、法人與學校，精進能源科技研發能量，同時加強前瞻能源關鍵技術與全球專利布局，配合發展進程導入前瞻能源示範，並透過技術移轉或資源共享，促進產業創新與競爭力。
2. 強化儲能與智慧電網技術研發與布建，加速發展雲端智慧化能源管理系統，由市場需求引導研發能量發展，建構商業模式及核心能力。
3. 強化國際連結，積極與全球技術領先國家商業化合作接軌，以提升綠色創新能量。

三、環境永續

(一) 維護空氣品質

1. 於電廠興建規劃時,將空氣污染物排放總量管制列為規劃基礎,考量各區域污染物負荷程度,以降低民眾健康風險。

2. 在確保能源穩定供應之前提下,強化地方空氣污染治理權責,以促進區域空氣品質提升及確保公共健康。

3. 能源設施布建時應考量環境資源條件之保護與限制,並依區域空氣品質狀況,併同考量污染防制設備提升,以促進環境永續與空氣品質改善。

(二) 溫室氣體減量

1. 參考氣候變遷相關國際公約決議事項及國際氣候談判情勢,並在維護我國產業競爭力及考量成本效益等原則下,訂定能源部門溫室氣體階段管制目標,以兼顧經濟發展與環境永續。

2. 掌握能源產業溫室氣體排放量及評估減量潛力,推動能源結構低碳化,以逐步降低單位燃料使用之溫室氣體排放。

3. 強化能源用戶減量誘因,依不同類型能源用戶規劃階段性減碳之獎勵、抵換或管制等彈性機制,以鼓勵全面持續性的減量行動。

(三) 達成非核家園

1. 在確保公眾知情權、在地社區參與、採用國際最佳可行措施等三大原則下,推動既有核電廠如期除役計畫。

2. 強化核子事故與複合式災害整備與應變能力,比照國際核能標準,加強核電廠安全監管,並定期執行核電廠整體安全評估。

3. 基於公開透明原則妥善規劃短中長期高、低階放射性廢棄物管理與處置政策,以及最終處置相關法規之修正與研擬。

4. 適時檢討核能發電後端營運基金徵收額度與運用辦法,同時建立專責機構負責推動與執行,以確保核廢料處理之落實。

(四) 建構低碳環境

1. 建構低碳生活環境及低碳循環型社會,推動低碳社區改造計畫及全民節能減碳生活運動,並深化全民節能減碳教育,以加速低碳社會轉型。

2. 加速綠色運輸路網建置、智慧運輸系統導入,及低碳節能運具之推廣使用,以建構人本、安全、高效率綠能低碳交通環境。

3. 整合地方政府,利用在地資源,打造低碳城鄉,營造節能減碳居住環境;改變都市紋理減少熱島效應,擴大低碳施政廣度。

四、社會公平

(一) 促進能源民主與正義

    1. 推動能源轉型政策之資訊公開與能源治理風險溝通,提高能源政策研擬與推動之透明性,並建立公眾參與機制,中央及地方政府共同合作完善能源治理。

    2. 中央及地方政府施政應促進跨世代公平,確保弱勢族群獲得基本能源服務,兼顧能源使用之公平正義,避免能源貧窮,促進能源永續發展。

(二) 能源市場革新

    1. 以發電市場自由競爭、電網公平公正使用、用戶購電自由選擇為目標,分階段推動我國電業改革,創建公平競爭的電力市場環境。

    2. 建立透明公開之能源價格調整機制,兼顧社會民生及能源事業永續經營。

伍、政策配套

一、完善能源轉型法制:提供各部門能源轉型所需市場結構與法制基礎;適時推動綠色稅制或其他政策工具,以有效反映能源外部成本;推動綠色金融商品及導入綠色金融機制,營造推升綠能經濟之金融環境。

二、全面低碳施政:中央與地方施政計畫、基礎建設、區域計畫、產業發展規劃應納入節能減碳思維,以深化低碳施政。

三、多元配套機制:適時運用多元之獎勵、輔導、管制、融資或其他必要之配套措施,加速政策落實。

四、氣候變遷調適:因應氣候變遷,評估能源供給體系及設施之潛在風險,並規劃調適策略與行動,強化氣候調適韌性。

陸、推動機制

訂定推動能源轉型白皮書,規劃未來能源發展目標與具體推動措施,每年提出執行報告,每 5 年定期檢討。

附錄四：能源發展綱領 (修正草案) 架構

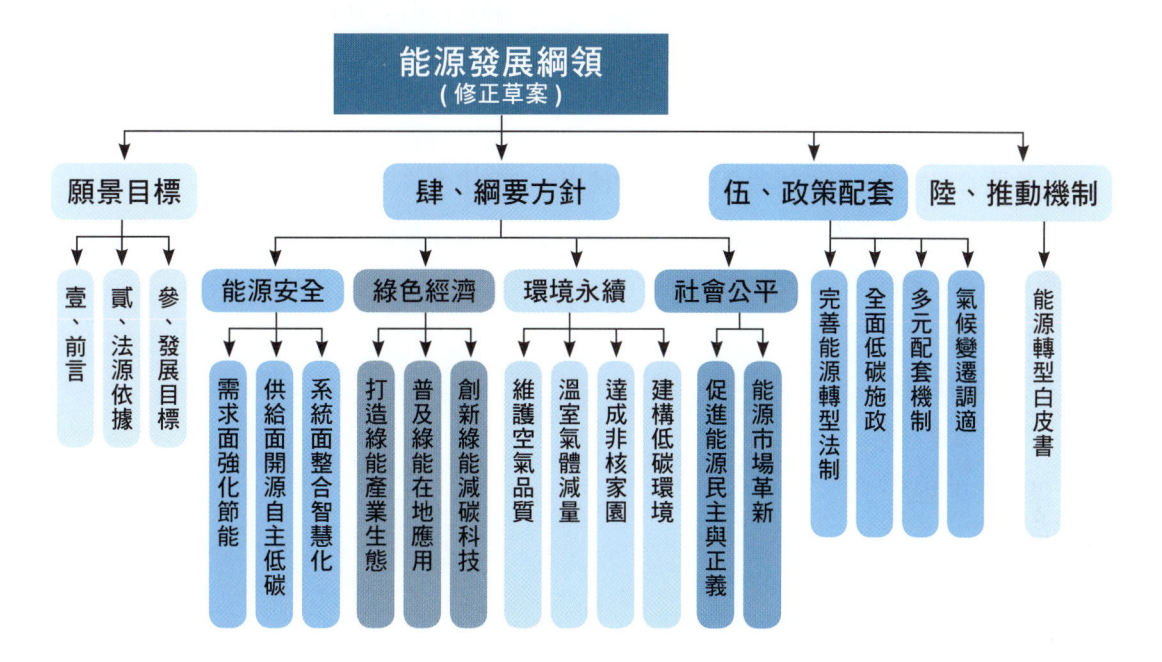

- 能源發展綱領 (修正草案)
  - 願景目標
    - 壹、前言
    - 貳、法源依據
    - 參、發展目標
  - 肆、綱要方針
    - 能源安全
      - 需求面強化節能
      - 供給面開源自主低碳
      - 系統面整合智慧化
    - 綠色經濟
      - 打造綠能產業生態
      - 普及綠能在地應用
      - 創新綠能減碳科技
    - 環境永續
      - 維護空氣品質
      - 溫室氣體減量
      - 達成非核家園
    - 社會公平
      - 建構低碳環境
      - 促進能源民主與正義
      - 能源市場革新
  - 伍、政策配套
    - 完善能源轉型法制
    - 全面低碳施政
    - 多元配套機制
    - 氣候變遷調適
  - 陸、推動機制
    - 能源轉型白皮書

附錄五：能源管理法

修正日期：中華民國 105 年 11 月 30 日

第一章　總則

第 1 條

　　為加強管理能源，促進能源合理及有效使用，特制定本法。

　　中央主管機關為確保全國能源供應穩定及安全，考量環境衝擊及兼顧經濟發展，應擬訂能源發展綱領，報行政院核定施行。

第 2 條

　　本法所稱能源如左：

一、石油及其產品。

二、煤炭及其產品。

三、天然氣。

四、核子燃料。

五、電能。

六、其他經中央主管機關指定為能源者。

第 3 條

　　本法所稱主管機關：在中央為經濟部；在直轄市為直轄市政府；在縣(市)為縣(市)政府。

第 4 條

　　本法所稱能源供應事業，係指經營能源輸入、輸出、生產、運送、儲存、銷售等業務之事業。

第 5 條

　　中央主管機關得依預算法之規定，設置能源研究發展特種基金，訂定計畫，加強能源之研究發展工作。

　　前項基金之用途範圍如左：

一、能源開發技術之研究發展及替代能源之研究。

二、能源合理有效使用及節約技術、方法之研究發展。

三、能源經濟分析及其情報資料之蒐集。

四、能源規劃及技術等專業人員之培訓。

五、其他經核定之支出。

法人或個人為前項第一款、第二款之研究，具有實用價值者，得予獎勵或補助。

　　中央主管機關應每年將能源研究發展計畫及基金運用成效，專案報告立法院。

第 5-1 條

　　能源研究發展基金之來源如下：

一、綜合電業、石油煉製業及石油輸入業經營能源業務收入之提撥。

二、基金之孳息。

三、能源技術服務、權利金、報酬金及其他有關收入。

　　前項第一款之提撥，由中央主管機關就綜合電業、石油煉製業及石油輸入業每年經營能源業務收入之千分之五範圍內收取。

　　第一項第一款之事業已依其他法律規定繳交電能或石油基金者，免收取能源研究發展基金。

第二章　能源供應

第 6 條

　　能源供應事業經營能源業務，應遵行中央主管機關關於能源之調節、限制、禁止之規定。

　　經中央主管機關指定之能源產品，其輸入、輸出、生產、銷售業務，非經許可不得經營。

　　前項許可管理辦法，由中央主管機關訂定，並送立法院。

第 7 條

　　能源供應事業經營能源業務，達中央主管機關規定之數量者，應依照中央主管機關之規定，辦理左列事項：

一、申報經營資料。

二、設置能源儲存設備。

三、儲存安全存量。

　　依前項第二款規定設置儲存設備，於課徵營利事業所得稅時，得按二年加速折舊。但在二年內如未折舊足額，得於所得稅法規定之耐用年限一年或分年繼續折舊，至折足為止。

第三章　能源使用與查核

第 8 條

　　經中央主管機關指定之既有能源用戶所使用之照明、動力、電熱、空調、冷凍冷藏或其他使用能源之設備，其能源之使用及效率，應符合中央主管機關所定節約能源之規定。

　　前項能源用戶之指定、使用能源設備之種類、節約能源及能源使用效率之規定，由中央主管機關公告之。

第 9 條

　　能源用戶使用能源達中央主管機關規定數量者,應建立能源查核制度,並訂定節約能源目標及執行計畫,報經中央主管機關核備並執行之。

第 10 條

　　能源用戶生產蒸汽達中央主管機關規定數量者,應裝設汽電共生設備。

　　能源用戶裝設汽電共生設備,有效熱能比率及總熱效率達中央主管機關規定者,得請當地綜合電業收購其生產電能之餘電,與提供系統維修或故障所需備用電力。當地綜合電業除有正當理由,並經中央主管機關核准外,不得拒絕。

　　前項收購餘電費率、汽電共生有效熱能比率與總熱效率基準及查驗方式之辦法,及裝設汽電共生之能源用戶與綜合電業相互併聯、電能收購方式、購電與備用電力費率及收購餘電義務之執行期間等事項之辦法,由中央主管機關定之。

第 11 條

　　能源用戶使用能源達中央主管機關規定數量者,應依其能源使用量級距,自置或委託一定名額之技師或合格能源管理人員負責執行第八條、第九條及第十二條中央主管機關規定之業務。

　　前項能源使用級距、技師或能源管理人員之名額、資格、訓練、合格證書取得之程序、條件、撤銷、廢止、查核、管理及其他應遵行事項之辦法,由中央主管機關定之。

第 12 條

　　能源用戶使用能源達中央主管機關規定數量者,應向中央主管機關申報使用能源資料。

　　前項能源用戶應申報使用能源之種類、數量、項目、效率、申報期間及方式,由中央主管機關公告之。

第 13 條

　　(刪除)

第 14 條

　　廠商製造或進口中央主管機關指定之使用能源設備或器具供國內使用者,其能源設備或器具之能源效率,應符合中央主管機關容許耗用能源之規定,並應標示能源耗用量及其效率。

　　不符合前項容許耗用能源規定之使用能源設備或器具,不准進口或在國內銷售。

　　未依第一項規定標示之使用能源設備或器具,不得在國內陳列或銷售。

　　第一項使用能源設備或器具之種類、容許耗用能源基準與其檢查方式、能源耗用量及其效率之標示事項、方法、檢查方式,由中央主管機關公告之。

第 15 條

　　廠商製造或進口中央主管機關指定之車輛供國內使用者,其車輛之能源效率,應符合中央主管機關容許耗用能源之規定,並應標示能源耗用量及其效率。

　　不符合前項容許耗用能源規定之車輛,不准進口或在國內銷售。

　　未依第一項規定標示之車輛,不得在國內陳列或銷售。

　　第一項車輛容許耗用能源基準、能源耗用量與其效率之標示事項、方法、檢查方式、證明文件之核發、撤銷或廢止、管理及其他相關事項之辦法,由中央主管機關會同中央交通主管機關定之。

第 15-1 條

　　中央主管機關應依第一條第二項能源發展綱領,就全國能源分期分區供給容量及效率規定,訂定能源開發及使用評估準則,作為國內能源開發及使用之審查準據。

第 16 條

　　大型投資生產計畫之能源用戶新設或擴建能源使用設施,其能源使用數量對國家整體能源供需與結構及區域平衡造成重大影響者,應製作能源使用說明書送請受理許可申請之機關,轉送中央主管機關核准後,始得新設或擴建。

　　中央主管機關為前項核准前,應依前條所定能源開發及使用評估準則,對能源用戶之使用數量、種類、效率及區位等事項進行審查。

　　能源用戶應依前項審查結論,就能源使用數量、種類、效率及設施設置區位切實執行;中央主管機關並應定期追蹤查核其執行情形。

　　第一項能源用戶適用之範圍、能源使用說明書之格式及應記載事項,由中央主管機關公告之。

第 17 條

　　新建建築物之設計與建造之有關節約能源標準,由建築主管機關會同中央主管機關定之。

第 18 條

　　能源用戶裝設中央空氣調節系統,且其冷凍主機容量達中央主管機關規定數額者,應裝設個別電表及線路。

　　綜合電業為實施中央空氣調節系統用電之負載管理,得經中央主管機關核准,採行差別費率。

　　中央空氣調節系統之能源用戶,其空調電表、分表及線路裝置方式、採用電纜種類及表計規格等事項之規則,由中央主管機關定之。

第 19 條

　　中央主管機關於能源供應不足時，得訂定能源管制、限制及配售辦法，報請行政院核定施行之。

第 19-1 條

　　中央主管機關得派員或委託專業機構或技師，對於本法公告或指定之能源用戶、使用能源設備、器具或車輛之製造、進口廠商或販賣業者，實施檢查或命其提供有關資料，能源用戶、製造、進口廠商及販賣業者不得規避、妨礙或拒絕。

　　實施前項檢查之人員，應主動出示有關執行職務之證明文件或顯示足資辨別之標誌。

　　第一項專業機構或技師，其認可之申請、發給、撤銷、廢止、收費及其他遵行事項之管理辦法，由中央主管機關定之。

第四章　罰則

第 20 條

　　能源供應事業違反中央主管機關依第六條第一項所為之規定者，主管機關應通知限期辦理；逾期不遵行者，處新臺幣一萬五千元以上十五萬元以下罰鍰，並再限期辦理；逾期仍不遵行者，除加倍處罰外，並得停止其營業或勒令歇業；經主管機關為加倍處罰，仍不遵行者，對其負責人處一年以下有期徒刑、拘役或科或併科新臺幣三十萬元以下罰金。

第 20-1 條

　　未經許可而經營中央主管機關指定之能源產品之輸入、輸出、生產、銷售業務者，處一年以下有期徒刑、拘役或科或併科新臺幣三十萬元以下罰金。

第 21 條

　　有下列情形之一者，主管機關應通知限期改善；屆期不改善者，處新臺幣二萬元以上十萬元以下罰鍰，並再限期改善；屆期仍不改善者，按次加倍處罰：

一、未依第七條第一項第一款規定申報經營資料或申報不實。

二、未依第十一條第一項規定自置或委託技師或合格能源管理人員執行中央主管機關規定之業務。

三、未依第十二條第一項規定申報使用能源資料或申報不實。

四、未依第十四條第一項或第十五條第一項規定標示能源耗用量及其效率或標示不實。

五、違反第十四條第三項或第十五條第三項規定，陳列或銷售未依法標示之使用能源設備、器具或車輛。

第 22 條

　　能源供應事業違反第七條第一項第二款、第三款未設置能源儲存設備或儲存安全存量者，主管機關應通知限期辦理；逾期不遵行者，處新台幣十五萬元以上六十萬元以下罰鍰，

並再限期辦理；逾期仍不遵行者，得加倍處罰。

第 23 條

能源用戶違反中央主管機關依第八條所定關於能源使用及效率之規定者，主管機關應限期命其改善或更新設備；屆期不改善或更新設備者，處新臺幣二萬元以上十萬元以下罰鍰，並再限期辦理；屆期仍不改善者，按次加倍處罰。

第 24 條

有下列情形之一者，主管機關應通知限期辦理；屆期不改善者，處新臺幣三萬元以上十五萬元以下罰鍰，並再限期辦理；屆期仍不改善者，按次加倍處罰：

一、未依第九條規定建立能源查核制度或未訂定或未執行節約能源目標及計畫。

二、未依第十條第一項規定裝置汽電共生設備。

三、違反第十四條第二項或第十五條第二項不准進口或在國內銷售之規定。

四、違反第十六條第三項規定，超過能源使用數量或未符合能源種類及效率。

五、違反第十九條之一第一項規定，規避、妨礙或拒絕中央主管機關所為之檢查或要求提供資料之命令。

六、違反第十九條之一第三項所定之管理辦法。

第 25 條

能源用戶違反第十六條第一項未經核准而新設或擴建者，中央主管機關得禁止其輸入能源或命能源供應事業停供能源。

第 26 條

能源用戶違反依第十七條所定之節約能源標準者，得停供其能源。

第 27 條

違反中央主管機關依第十九條所定之能源管制、限制及配售辦法者，主管機關應通知限期辦理；逾期不遵行者，處新台幣一萬五千元以上十五萬元以下罰鍰，並得停供其能源。

第 28 條

(刪除)

第五章　附則

第 29 條

本法施行細則，由中央主管機關訂定，報請行政院核定之。

第 30 條

本法自公布日施行。

附錄六：永續能源政策綱領 (核定本)

一、政策目標──「能源、環保與經濟」三贏

永續能源發展應兼顧「能源安全」、「經濟發展」與「環境保護」，以滿足未來世代發展的需要。台灣自然資源不足，環境承載有限，永續能源政策應將有限資源作有「效率」的使用，開發對環境友善的「潔淨」能源，與確保持續「穩定」的能源供應，以創造跨世代能源、環保與經濟三贏願景。

(一) 提高能源效率：未來 8 年每年提高能源效率 2% 以上，使能源密集度於 2015 年較 2005 年下降 20% 以上；並藉由技術突破及配套措施，2025 年下降 50% 以上。

(二) 發展潔淨能源：

1. 全國二氧化碳排放減量，於 2016 年至 2020 年間回到 2008 年排放量，於 2025 年回到 2000 年排放量。
2. 發電系統中低碳能源占比由 40% 增加至 2025 年的 55% 以上。

(三) 確保能源供應穩定：建立滿足未來 4 年經濟成長 6% 及 2015 年每人年均所得達 3 萬美元經濟發展目標的能源安全供應系統。

二、政策原則──「二高二低」

永續能源政策的基本原則將建構「高效率」、「高價值」、「低排放」及「低依賴」二高二低的能源消費型態與能源供應系統：

(一)「高效率」：提高能源使用與生產效率。

(二)「高價值」：增加能源利用的附加價值。

(三)「低排放」：追求低碳與低污染能源供給與消費方式。

(四)「低依賴」：降低對化石能源與進口能源的依存度。

三、政策綱領──「淨源節流」

永續能源政策的推動綱領，將由能源供應面的「淨源」與能源需求面的「節流」做起。

(一) 在「淨源」方面，推動能源結構改造與效率提升：

1. 積極發展無碳再生能源，有效運用再生能源開發潛力，於 2025 年占發電系統的 8% 以上。
2. 增加低碳天然氣使用，於 2025 年占發電系統的 25% 以上。
3. 促進能源多元化，將核能作為無碳能源的選項。
4. 加速電廠的汰舊換新，訂定電廠整體效率提升計畫，並要求新電廠達全球最佳可行發電轉換效率水準。

5. 透過國際共同研發，引進淨煤技術及發展碳捕捉與封存，降低發電系統的碳排放。
6. 促使能源價格合理化，短期能源價格反映內部成本，中長期以漸進方式合理反映外部成本。

(二) 在「節流」方面，推動各部門的實質節能減碳措施：

1. 產業部門：

    (1) 促使產業結構朝高附加價值及低耗能方向調整，使單位產值碳排放密集度於 2025 年下降 30% 以上。

    (2) 核配企業碳排放額度，賦予減碳責任，促使企業加強推動節能減碳產銷系統。

    (3) 輔導中小企業提高節能減碳能力，建立誘因措施及管理機制，鼓勵清潔生產應用。

    (4) 獎勵推廣節能減碳及再生能源等綠色能源產業，創造新的能源經濟。

2. 運輸部門：

    (1) 建構便捷大眾運輸網，紓緩汽機車使用與成長。

    (2) 建構「智慧型運輸系統」，提供即時交通資訊，強化交通管理功能。

    (3) 建立人本導向，綠色運具為主之都市交通環境。

    (4) 提升私人運具新車效率水準，於 2015 年提高 25%。

3. 住商部門：

    (1) 強化都市整體規劃，推動都市綠化造林，建構低碳城市。

    (2) 推動「低碳節能綠建築」，全面推行新建建築物之外殼與空調系統節能設計與管理。

    (3) 提升各類用電器具能源效率，於 2011 年提高 10%~70%，2015 年再進一步提高標準，並推廣高效率產品。

    (4) 推動節能照明革命，推廣各類傳統照明器具汰換為省能 20%~90% 之高效率產品。

4. 政府部門：

    (1) 推動政府機關學校未來一年用電用油負成長，並以 2015 年累計節約 7% 為目標。

    (2) 政策規劃應具有「碳中和 (Carbon Neutral)」概念，以預防、預警和篩選原則進行碳管理。

5. 社會大眾：

    (1) 推動全民節能減碳運動，宣導全民朝「一人一天減少一公斤碳足跡」努力。

    (2) 從中央、地方政府到鄉鎮村里，自機關學校到企業及民間團體，發揮組織動員能量，推動無碳消費習慣，建構低碳及循環型社會。

(三) 建構完整的法規基礎與相關機制：

1. 法規基礎：

    (1) 推動「溫室氣體減量法」完成立法，建構溫室氣體減量能力並進行實質減量；

    (2) 推動「再生能源發展條例」完成立法，發展潔淨能源；

    (3) 研擬「能源稅條例」並推動立法，反應能源外部成本；

    (4) 修正「能源管理法」，有效推動節能措施。

2. 配套機制：

    (1) 建立公平、效率及開放的能源市場，促使能源市場逐步自由化，消除市場進入障礙，提供更優質的能源服務。

    (2) 規劃碳權交易及設置減碳基金，輔導產業以「造林植草」或其他減碳節能方案取得減量額度；推動參與國際減碳機制，透過國際合作加強我國減量能量。

    (3) 能源相關研究經費 4 年內由每年 50 億元倍增至 100 億元，提升科技研發能量。

    (4) 紮根節能減碳環境教育，推動全民教育宣導及永續綠校園。

四、後續推動

(一) 各部門依據本綱領項目，擬定具體行動計畫，並訂定各工作項目量化目標據以推動。

(二) 各部門行動計畫，應訂定部門節能減碳績效額度，以達成全國二氧化碳排放減量目標。

(三) 訂定追蹤管考機制，定期檢討執行成果與做法，以實現整體節能減碳目標。

附錄七：再生能源發展條例

中華民國 98 年 7 月 8 日
華總一義字第 09800166471 號

第 1 條

為推廣再生能源利用，增進能源多元化，改善環境品質，帶動相關產業及增進國家永續發展，特制定本條例。

第 2 條

本條例所稱主管機關：在中央為經濟部；在直轄市為直轄市政府；在縣(市)為縣(市)政府。

第 3 條

本條例用詞，定義如下：

一、再生能源：指太陽能、生質能、地熱能、海洋能、風力、非抽蓄式水力、國內一般廢棄物與一般事業廢棄物等直接利用或經處理所產生之能源，或其他經中央主管機關認定可永續利用之能源。

二、生質能：指農林植物、沼氣及國內有機廢棄物直接利用或經處理所產生之能源。

三、地熱能：指源自地表以下蘊含於土壤、岩石、蒸氣或溫泉之能源。

四、風力發電離岸系統：指設置於低潮線以外海域，不超過領海範圍之離岸海域風力發電系統。

五、川流式水力：指利用圳路之自然水量與落差之水力發電系統。

六、氫能：指以再生能源為能量來源，分解水產生之氫氣，或利用細菌、藻類等生物之分解或發酵作用所產生之氫氣，做為能源用途者。

七、燃料電池：指藉由氫氣及氧氣產生電化學反應，而將化學能轉換為電能之裝置。

八、再生能源熱利用：指再生能源之利用型態非屬發電，而屬熱能或燃料使用者。

九、再生能源發電設備：指除非川流式水力及直接燃燒廢棄物之發電設備外，申請中央主管機關認定，符合依第四條第三項所定辦法規定之發電設備。

十、迴避成本：指電業自行產出或向其他來源購入非再生能源電能之年平均成本。

風力發電離岸系統設置範圍所定低潮線，由中央主管機關公告之。

第 4 條

中央主管機關為推廣設置再生能源發電設備，應考量我國氣候環境、用電需求特性與各類別再生能源之經濟效益、技術發展及其他因素。

經中央主管機關認定之再生能源發電設備，應適用本條例有關併聯、躉購之規定。

前項再生能源發電設備之能源類別、裝置容量、查核方式、認定程序及其他應遵行事項之辦法，由中央主管機關定之。

第 5 條

　　設置利用再生能源之自用發電設備,其裝置容量不及五百瓩者,不受電業法第九十七條、第九十八條、第一百條、第一百零一條及第一百零三條規定之限制。

　　再生能源發電設備,除前項、第八條、第九條及第十四條另有規定者外,其申請設置、工程、營業、監督、登記及管理事項,適用電業法之相關規定。

　　前項工程包括設計、監造、承裝、施作、裝修、檢驗及維護。

第 6 條

　　中央主管機關得考量國內再生能源開發潛力、對國內經濟及電力供應穩定之影響,自本條例施行之日起二十年內,每二年訂定再生能源推廣目標及各類別所占比率。

　　本條例再生能源發電設備獎勵總量為總裝置容量六百五十萬瓩至一千萬瓩;其獎勵之總裝置容量達五百萬瓩時,中央主管機關應視各類別再生能源之經濟效益、技術發展及相關因素,檢討依第四條第三項所定辦法中規定之再生能源類別。

　　再生能源熱利用推廣目標及期程,由中央主管機關視其經濟效益、技術發展及相關因素定之。

第 7 條

　　電業及設置自用發電設備達一定裝置容量以上者,應每年按其不含再生能源發電部分之總發電量,繳交一定金額充作基金,作為再生能源發展之用;必要時,應由政府編列預算撥充。

　　前項一定裝置容量,由中央主管機關定之;一定金額,由中央主管機關依使用能源之種類定之。

　　第一項基金收取方式、流程、期限及其他相關事項之辦法,由中央主管機關定之。

　　第一項基金之用途如下:

一、再生能源電價之補貼。

二、再生能源設備之補貼。

三、再生能源之示範補助及推廣利用。

四、其他經中央主管機關核准再生能源發展之相關用途。

　　電業及設置自用發電設備達一定裝置容量以上者,依第一項規定繳交基金之費用,或向其他來源購入電能中已含繳交基金之費用,經報請中央主管機關核定後,得附加於其售電價格上。

第 8 條

　　再生能源發電設備及其所產生之電能,應由所在地經營電力網之電業,衡量電網穩定性,在現有電網最接近再生能源發電集結地點予以併聯、躉購及提供該發電設備停機維修期

間所需之電力；電業非有正當理由，並經中央主管機關許可，不得拒絕；必要時，中央主管機關得指定其他電業為之。

前項併聯技術上合適者，以其成本負擔經濟合理者為限；在既有線路外，其加強電力網之成本，由電業及再生能源發電設備設置者分攤。

電業依本條例規定躉購再生能源電能，應與再生能源發電設備設置者簽訂契約，並報中央主管機關備查。

第一項併聯之技術規範及停機維修期間所需電力之計價方式，由電業擬訂，報請中央主管機關核定。

再生能源發電設備及電力網連接之線路，由再生能源發電設備設置者自行興建及維護；必要時，與其發電設備併聯之電業應提供必要之協助；所需費用，由再生能源發電設備設置者負擔。

第 9 條

中央主管機關應邀集相關各部會、學者專家、團體組成委員會，審定再生能源發電設備生產電能之躉購費率及其計算公式，必要時得依行政程序法舉辦聽證會後公告之，每年並應視各類別再生能源發電技術進步、成本變動、目標達成及相關因素，檢討或修正之。

前項費率計算公式由中央主管機關綜合考量各類別再生能源發電設備之平均裝置成本、運轉年限、運轉維護費、年發電量及相關因素，依再生能源類別分別定之。

為鼓勵與推廣無污染之綠色能源，提升再生能源設置者投資意願，躉購費率不得低於國內電業化石燃料發電平均成本。

再生能源發電設備設置者自本條例施行之日起，依前條第三項規定與電業簽訂契約者，其設備生產之電能，依第一項中央主管機關所公告之費率躉購。

本條例施行前，已與電業簽訂購售電契約者，其設備生產之再生能源電能，仍依原訂費率躉購。

再生能源發電設備屬下列情形之一者，以迴避成本或第一項公告費率取其較低者躉購：
一、本條例施行前，已運轉且未曾與電業簽訂購售電契約。
二、運轉超過二十年。
三、全國再生能源發電總裝置容量達第六條第二項所定獎勵總量上限後設置者。

第 10 條

全國再生能源發電設備總裝置容量達第六條第二項所定獎勵總量上限前設置之再生能源發電設備，其所產生之電能，係由電業依前條躉購或電業自行產生者，其費用得申請補貼，但依其他法律規定有義務設置再生能源發電部分除外；費用補貼之申請，經中央主管機關核定後，由本條例基金支應。

前項補貼費用，以前條第四項及第五項所定躉購費率較迴避成本增加之價差計算之。

前條第六項及前項迴避成本，由電業擬訂，報中央主管機關核定。

第一項再生能源電能費用補貼之申請及審核辦法，由中央主管機關定之。

第 11 條

對於具發展潛力之再生能源發電設備，於技術發展初期階段，中央主管機關得基於示範之目的，於一定期間內，給予相關獎勵。前項示範獎勵辦法由中央主管機關定之。

第 12 條

政府於新建、改建公共工程或公有建築物時，其工程條件符合再生能源設置條件者，優先裝置再生能源發電設備。

第 13 條

中央主管機關得考量下列再生能源熱利用之合理成本及利潤，依其能源貢獻度效益，訂定熱利用獎勵補助辦法：

一、太陽能熱能利用。

二、生質能燃料。

三、其他具發展潛力之再生能源熱利用技術。

前項熱利用，其替代石油能源部分所需補助經費，得由石油管理法中所定石油基金支應。

利用休耕地或其他閒置之農林牧土地栽種能源作物供產製生質能燃料之獎勵經費，由農業發展基金支應；其獎勵資格、條件及補助方式、期程之辦法，由中央主管機關會同行政院農業委員會定之。

第 14 條

再生能源發電設備達中央主管機關所定一定裝置容量以上者，其再生能源發電設備及供電線路所需使用土地之權利取得、使用程序及處置，準用電業法第五十條至第五十六條規定。

第 15 條

再生能源發電設備及其輸變電相關設施之土地使用或取得，準用都市計畫法及區域計畫法相關法令中有關公用事業或公共設施之規定。

因再生能源發電設備及其輸變電相關設施用地所必要，租用國有或公有林地時，準用森林法第八條有關公用事業或公共設施之規定。

再生能源發電設備及其輸變電相關設施用地，設置於漁港區域者，準用漁港法第十四條有關漁港一般設施之規定。

燃燒型生質能電廠之設置，應限制於工業區內。但沼氣發電，不在此限。

第 16 條

　　公司法人進口供其興建或營運再生能源發電設備使用之營建或營運機器、設備、施工用特殊運輸工具、訓練器材及其所需之零組件，經中央主管機關證明其用途屬實且在國內尚未製造供應者，免徵進口關稅。

　　公司法人進口前項規定之器材，如係國內已製造供應者，經中央主管機關證明其用途屬實，其進口關稅得提供適當擔保於完工之日起，一年後分期繳納。

　　自然人進口供自用之再生能源發電設備，經中央主管機關證明其用途屬實且在國內尚未製造供應者，免徵進口關稅。

　　前三項免徵關稅或分期繳納關稅之進口貨物，轉讓或變更用途時，應依關稅法第五十五條規定辦理。

　　第一項至第三項之免徵及分期繳納關稅辦法，由財政部會商相關機關定之。

　　有關證明文件之申請程序、自然人供自用之再生能源發電設備之品項範圍及遵行事項辦法，由中央主管機關會商相關機關定之。

第 17 條

　　設置再生能源發電、利用系統及相關設施，依不同設施特性，就其裝置容量、高度或面積未達一定規模者，免依建築法規定請領雜項執照。

　　前項關於免請領雜項執照之設備容量、高度或面積標準，由中央主管機關會同中央建築主管機關定之。

第 18 條

　　中央主管機關於必要時，得要求再生能源發電設備設置者提供再生能源運轉資料，並得派員或委託專業機構查核；再生能源發電設備設置者不得規避、妨礙或拒絕。

　　第七條第一項設置自用發電設備達一定裝置容量以上者，應按月將其業務狀況編具簡明月報，並應於每屆營業年終了後三個月內編具年報，送中央主管機關備查；中央主管機關並得令其補充說明或派員檢查，自用發電設備設置者不得規避、妨礙或拒絕。

　　前項報告格式，由中央主管機關定之。

第 19 條

　　再生能源發電設備設置者與電業間因本條例所生之爭議，於任一方提起訴訟前，應向中央主管機關申請調解，他方不得拒絕。

　　中央主管機關應邀集學者、專家為前項之調解。

　　調解成立者，與訴訟上之和解有同一之效力；調解不成立者，循仲裁或訴訟程序處理。

　　第一項及第二項調解之申請、程序及相關事項之辦法，由中央主管機關定之。

第 20 條

有下列情形之一者，中央主管機關應通知限期改善；屆期未改善者，處新臺幣三十萬元以上一百五十萬元以下罰鍰，並命其再限期改善；屆期仍未改善者，得按次連續處罰：

一、違反第七條第一項規定，未繳交基金。

二、違反第八條第一項規定，未併聯或躉購或提供停機維修期間所需電力。

第 21 條

違反第十八條第一項或第二項規定，規避、妨礙、拒絕查核或檢查者，處新臺幣三十萬元以上一百五十萬元以下罰鍰。

第 22 條

違反第十八條第一項或第二項規定，未能提供、申報或未按時提供、申報資料，或提供、申報不實，或未配合補充說明者，中央主管機關應通知限期改善；屆期未改善者，處新臺幣二十萬元以上一百萬元以下罰鍰，並命其再限期改善；屆期仍未改善者，得按次連續處罰。

第 23 條

本條例自公布日施行。

索引 Index

low-E (低輻射) 的塗層　low-E (low-emissivity) coating　44
n 型 (負) 半導體　n-type (negative) semiconductor　161
p 型 (正) 半導體　p-type (positive) semiconductor　161
p-n 接面　p-n junction　162
PV 額定功率　PV power rating　177
R 值　R-value　35
U 值　U-factor　45

一劃

乙烯基地板　vinyl flooring　33
乙烯基牆　vinyl siding　29
乙醇　ethanol　249

二劃

二元循環發電廠　binary cycle power plants　280
入水口　water intake　227

三劃

土磚　adobe　88
大型景窗圖　picture windows　43
大潮　spring tides　265
小潮　neap tides　265
工地準備　site preparation　46
工程木地板　engineered wood flooring　32
工程木板　engineered wood siding　28

四劃

中水源頭　medium-head　222
中密度纖維板　medium-density fiberboard, MDF　24
介入速度　cut-in speed　207
分點　equinoxes　60
分離系統　isolated systems　74
化學能　chemical energy　114
化學轉換　chemical conversion　255
升力　lift　196
升力式設計　lift-based design　196
反應渦輪機　reaction turbines　225
太陽能追跡器　solar pathfinder　128
太陽能液體　solar fluid　134
太陽能等級與認證公司　Solar Rating and Certification Corporation, SRCC　151
太陽能塔發電廠　solar tower power plant　187
太陽能煙囪　solar chimney　74
太陽能資源　solar resource　125
太陽能熱水系統　solar hot water systems　120
太陽能熱電　solar thermal electricity　185
幻影負載　phantom loads　9
日光空間　sunspaces　74
木材架構建築　timber frame costruction　48
木板　wood siding　29
止回閥　check valve　140
水力壓裂　hydraulic fracturing　282
水泥地板　concrete floors　31
水泥泡沫隔熱　cementitious foam insulation　38
水泥隔絕磚　insulated concrete form, ICF　50

315

水能　hydro energy　110
水源頭　head, H　222
水電渦輪機　hydroelectric turbines　121
水閥門　penstock　227

五劃

主動太陽能熱水器系統　active solar hot water systems　135
主動式太陽能系統　active solar systems　77
功率　power　122
加蓋潟湖　covered lagoon　247
半導體　semiconductor　161
卡普蘭渦輪機　Kaplan turbines　225
可見光透射率　visible transmittance, VT　45
可運作風速　operational wind speeds　207
失速　stalling　209
失速控制　stall control　209
平板集熱器　flat plate collectors　144
平開窗　casement windows　42
弗朗西斯渦輪機　Francis turbines　225
未完成原料　prefinished materials　20
生物質能　biomass energy　110, 121
生物轉換　biological conversion　246
生質能　biomass　239
生質焦炭　bio-char　254
生質燃油　bio-oil　253
石化燃料　fossil fuels　110
石磚牆　brick and stone siding　28
石頭地板　stone flooring　33

六劃

交流　alternating current, AC　125
光伏　photovoltaics, PV　159
光伏陣列　photovoltaic array　168
光伏設備　photovoltaic device　161
光伏發電系統　photovoltaic systems　120
光伏模組　photovoltaic modules　168
光合作用　photosynthesis　239
再生能源　renewable energy　119
合成氣體　syngas　252
同步式逆變器　synchronous inverter　171
回排系統　drainback systems　142

回排罐　drainback tank　142
地基　foundation　46
地球船　Earthships　94
地毯　carpets　31
地熱能　geothermal energy　112, 273
地熱儲層　geothermal reservoirs　281
多晶矽太陽能電池　polycrystalline solar cells　164
多窗格　multiple panes　44
收折　furling　207
有孔混合　plug flow　247
汙染　pollution　19
灰泥/石膏　stucco/plaster　29
竹製地板　bamboo flooring　30

七劃

串聯　series　168
低水源頭　low-head　222
低等級能量　low-grade energy　117
刨花板　particleboard　24
吸熱表面　heat-absorbing surface　66
夾板　plywood　23
完全混合　complete mix　247
快速熱解　fast pyrolysis　253
沙包　earthbag　92
沙漠化　desertification　242

八劃

並聯　parallel　168
佩爾頓輪　Pelton wheel　226
固定式安裝系統　fixed-mount systems　172
定向刨花板　oriented strand board, OSB　24
性能和續航力　performance and durability　19
抽蓄發電　pumped storage　233
抽離速度　cut-out speed　207
拋物線槽電廠　parabolic trough power plant　186
放水路　tailrace　227
板岩磚　slate tiles　26
歧管　manifold　145
油氈地板　linoleum flooring　33
沼氣　biogas　246
沼氣池　digesters　247
直流　direct current, DC　125

Index 索引

直接供熱　direct heating　281
直接增益系統　direct gain systems　70
直接燃燒　direct combustion　242
矽光電池　silicon photovoltaic cell　162
矽酸鹽水泥　portland cement　20
社群所產出的垃圾　municipal solid waste　243
空氣密度　density of air, ρ　198
空氣滲透　air infiltration　45
金屬屋頂　metal roofing　26
金屬牆　metal siding　29
非晶太陽能電池　amorphous solar cells　165

九劃

建築外殼　building envelope　46
建築病態症候群　sick building syndrome　5
染色玻璃　tinted glass　44
毒性　toxicity　19
流量　flow rate, Q　221
玻璃纖維隔熱　fiberglass insulation　39
負載分析　load analysis　180
負碳　carbonnegative　252
重力勢能　gravitational potential energy　114
風力品質　wind quality　201
風力渦輪機　wind turbines　120
風能　wind energy　110
風速　wind speed, v　198

十劃

夏至點　solstice　61
家庭用水　domestic water　134
捏土　cob　89
效率　efficiency　118
核能　nuclear energy　115
格利斯-普特南指標　Griggs-Putnam Index　209
氣化　gasification　252
氣穴　cavitation　212
海流能　ocean current energy　110
特隆布牆　Trombe wall　71
能耗　embodied energy　7
能源保留換氣扇　energy recovery ventilator, ERV　47
草皮屋頂（活頂）　sod roof (living roof)　26
追蹤陣列　tracking arrays　174

逆變器　inverter　125, 171
閃蒸蒸汽發電廠　flash steam power plants　277
高水源頭水力發電廠設施　high-head hydroelectric power plants　222
高度　altitude　61
高效節能　energy efficient　3
高等級能源　high-grade energy　117

十一劃

乾蒸汽發電廠　dry steam power plants　277
健康的　healthful　3
動力室　powerhouse　227
動能　kinetic energy　113
強化木地板　laminate flooring　32
控制機制　control mechanisms　67
條毯式或滾筒式隔熱　batt or roll insulation　36
氫氟氯碳化物　hydrochlorofluorocarbon, HCFC　38
牽引力　drag　196
牽引式設計　drag-based design　196
現地噴霧式的泡沫隔熱　spray-in-place foam insulation　36
瓷磚地板　ceramic tile flooring　31
秸稈　stover　245
被動太陽能熱水器系統　passive solar hot water systems　135
被動失速　passive stall　209
被動式太陽能設計　passive solar design　59
被動式年度儲熱　passive annual heat storage　96
軟木地板　cork flooring　32
透光　aperture　66
通風窗　hopper windows　43
閉環式加壓系統　closed-loop pressurized systems　141
閉環式流動太陽能熱水器系統　closed-loop solar hot water systems　136
陶土瓦　clay tiles　26
雪松　cedar shakes　25

十二劃

單晶矽太陽能電池　monocrystalline solar cells　163
寒冷氣候的設計　cold climate design　13
揮發性有機化合物　volatile organic compound, VOC　5, 19

317

替代性建造　alternative construction　86
棉隔熱　cotton insulation　38
發光二極管　light-emitting diode, LED　8
發泡聚苯乙烯 (EPS) 隔熱　expanded polystyrene (EPS) insulation　39
發酵作用　fermentation　249
硬質泡沫隔熱　rigid foam insulation　36
硬質纖維板　hardboard　24
窗框質量　frame quality　44
結構隔絕板　structural insulated panels, SIP　48
絨線　wool insulation　41
舒適的　comfortable　3
蛭石隔熱　vermiculite insulation　41
軸心水平型風力渦輪　horizontal-axis wind turbines　204
軸心垂直型風力渦輪　vertical-axis wind turbines　205
開環式直接系統　open-loop direct system　139
開環式流動太陽能熱水器系統　open-loop solar hot water systems　136
間接增益系統　indirect gain systems　71
陽光熱得係數　solar heat gain coefficient, SHGC　45
飲用水　potable water　134

十三劃

亂流　turbulence　202
傳熱液體　heat transfer fluid　134
傳導　conduction　34
塑膠纖維隔熱　plastic fiber insulation　40
塗層的選擇性　selective coatings　44
微型水力發電　micro hydro　227
溫室氣體　greenhouse gas　244
溫帶氣候設計　temperate climate design　13
滑移式窗戶　gliding windows　43
資源耗損　resource depletion　19
資源節約型　resource efficient　3
電力　electricity　114
電功率　electrical power　122
電阻　resistance　122
電能　electrical energy　114, 122
電磁能量　electromagnetic energy　115
電壓　voltage　122

十四劃

厭氧消化　anaerobic digestion　246
實心木地板　solid wood flooring　33
對流　convection　35
摻雜　doping　161
構架　framing　46
碳中和　carbon-neutral　241
綠建築　green building　1
網路測量系統　net metering　171
緊湊型螢光燈　compact fluorescent, CFL　8
聚氨酯隔熱　polyurethane insulation　40
聚異氰脲酸酯隔熱　polyisocyanurate insulation　40
蒸餾法　distillation　249
蓄熱牆　thermal storage wall　71

十五劃

增強型地熱系統　enhanced geothermal system, EGS　281
摩擦　friction　222
標準化測試條件　standard test conditions　169
標準規格木材　dimensional lumber　45
歐姆定律　Ohm's Law　122
潮汐　ocean currents　212
潮汐流　tidal streams　269
潮汐能　tidal energy　111, 263
潮汐間帶　intertidal zone　269
潮汐壩　tidal barrage　266
熱、乾旱氣候設計　hot, arid climate design　13
熱力學第一定律　First Law of Thermodynamics　113
熱力學第二定律　Second Law of Thermodynamics　117
熱交換器　heat exchanger　134
熱回收通風機　heat recovery ventilator, HRV　49
熱虹吸管　thermosiphon　72, 138
熱虹吸管效應　thermosiphon effect　135
熱解　pyrolysis　253
熱質量　thermal mass　66
熱轉換　thermal conversion　251
稻草捆隔熱　straw-bale insulation　41
衝擊式渦輪機　impact turbines　226
遮陽棚窗戶　awning windows　42

十六劃

導體　conductors　122
整流器　rectifier　125
整體式收集儲存　integral collector storage, ICS　136
積木式建造　cordwood　91
輻射　radiation　35

十七劃以上

優良的風力品質　high-quality wind　202
壓裂　fracking　282
壓縮密封　compression seals　42
擠塑聚苯乙烯(XPS)隔熱　extruded polystyrene (XPS) insulation　39
環境破壞　environmental degradation　19
環境影響　environmental impacts　4
隱含能源　embodied energy　19
斷熱　thermal break　44

轉子　rotor　198
轉子覆蓋區域　rotor area, A　198
轉酯化　transesterification　255
雙軸追跡　dual-axis tracking　172
雙懸窗　double-hung windows　42
離網　off-grid　171
額定風速　rated wind speed　207
鬆散填充隔熱　loose-fill insulation　35
瀝青瓦　asphalt shingles　25
穩定流量　uniform flow　202
爐渣　clinker　246
礦棉隔熱　mineral wool insulation　39
纖維水泥壁板　fiber-cement siding　28
纖維水泥磚　fibercement tiles　26
纖維板　fiberboard　24
纖維素　cellulose　250
纖維素隔熱體　cellulose insulation　38
變槳控制　pitch control　207